高职高专材料工程类规划教材

预分解窑煅烧技术

赵晓东　编著

中国建材工业出版社

图书在版编目（CIP）数据

预分解窑煅烧技术/赵晓东编著. —北京：中国
建材工业出版社，2015.4
高职高专材料工程类规划教材
ISBN 978-7-5160-1085-3

Ⅰ.①预… Ⅱ.①赵… Ⅲ.①水泥-煅烧-高等职业
教育-教材 Ⅳ.①TQ172.6

中国版本图书馆 CIP 数据核字（2015）第 035627 号

内 容 简 介

本书是"重庆市高等教育学会 2013～2014 年高等教育科学研究课题（项目名称：高职
院校与企业合作长效机制的研究；项目编号：CQGJ13C767）"的阶段性研究成果。全书由
绪论、预分解窑系统的结构、预分解窑系统的操作控制、预分解窑中控模拟操作实训、预分
解窑的生产调试、预分解窑煅烧系统作业指导书及回转窑用耐火材料共 7 个项目及 27 个相
应工作任务组成，构建了以职业能力为核心、以工作项目任务为框架的课程内容体系。

本书适合作为高职高专院校、中等职业院校的硅酸盐工程、材料工程技术、水泥工艺、
无机非金属材料等专业的教材，也可作为预分解窑水泥企业员工培训教材。

预分解窑煅烧技术

赵晓东　编著

出版发行	：	中国建材工业出版社
地　　址	：	北京市海淀区三里河路 1 号
邮　　编	：	100044
经　　销	：	全国各地新华书店
印　　刷	：	北京雁林吉兆印刷有限公司
开　　本	：	787mm×1092mm　1/16
印　　张	：	18.25
字　　数	：	456 千字
版　　次	：	2015 年 4 月第 1 版
印　　次	：	2015 年 4 月第 1 次
定　　价	：	**56.80 元**

本社网址：www.jccbs.com.cn　　微信公众号：zgjcgycbs
本书如出现印装质量问题，由我社市场营销部负责调换。联系电话：(010) 88386906

前　言

自 2000 年开始，我国从东部沿海到西部内陆依次掀起了前所未有的水泥预分解窑生产线的建设高潮，全国水泥产量迅猛增长。2000 年我国预分解窑的水泥产量为 1 亿 t，大约只占水泥总产量的 12%，2013 年我国预分解窑的水泥产量为 20 亿 t，约占水泥总产量的 90%，期间预分解窑水泥产量的年平均增长率为 26%。截至 2013 年底，我国拥有四条日产 10000t、三条日产 12000t 的预分解窑熟料生产线，是世界上拥有万吨生产线最多的国家；预分解窑低温余热发电装机总容量达到 5500MW，为世界之最。这些数字充分说明，我国预分解窑生产技术已经占据水泥生产的主导地位。

随着预分解窑生产新工艺、新技术、新装备的不断更新换代和应用，预分解窑煅烧技术教材已完全不能满足目前高职高专院校的教学及预分解窑水泥生产企业职业技能培训的需要，所以作者撰写了《预分解窑煅烧技术》这本教材。

本书以预分解窑煅烧的实际工作过程为切入点，以职业岗位工作内容为基础，以职业技能为核心，以工学结合为原则，构建了以工作项目任务为框架的课程内容体系。本教材是"重庆市高等教育学会 2013~2014 年高等教育科学研究课题（项目名称：高职院校与企业合作长效机制的研究；项目编号：CQGJ13C767)"的阶段性研究成果。全书由绪论、预分解窑系统的结构、预分解窑系统的操作控制、预分解窑中控模拟操作实训、预分解窑的生产调试、预分解窑煅烧系统作业指导书及回转窑用耐火材料共 7 个项目及 27 个相应工作任务组成，构建了以职业能力为核心、以工作项目任务为框架的课程内容体系。

在撰写过程中，作者力求突出以下三方面的特色：

（1）根据高职高专院校的课程内容体系，重点撰写了预分解窑中控模拟操作实训内容，具有很好的针对性。

（2）根据预分解窑水泥企业的煅烧岗位所必备的专业知识和技能来设置教材内容，具有很好的实用性。

（3）根据预分解窑水泥企业的实际工作过程设置项目任务，突出职业技能核心，具有很好的适用性。

本书适合作为高职高专院校、中等职业院校的硅酸盐工程、材料工程技术、水泥工艺、无机非金属材料等专业的教材，也可作为预分解窑水泥企业员工培训的教材。

本书由重庆电子工程职业学院的赵晓东撰写。在撰写过程中，参考了水泥业界的专家及兄弟院校同仁的著作和论文，得到了重庆电子工程职业学院乌洪杰、朱红英、王立志、乌洪梅、疏勤、乌洪岩、梁冰、刘锴、易圣及湘潭大学赵鹏博的大力支持，在此特向他们表示诚挚的感谢！

由于作者水平有限，加之撰写时间仓促，书中难免有疏漏和错误之处，希望广大读者、水泥业界的专家及同仁提出宝贵意见。

赵晓东

2015 年 3 月

目　　录

项目 1　绪　　论

项目描述：本项目讲述了预分解窑煅烧技术的发展概况及生产工艺。通过本项目的学习，掌握中国预分解窑煅烧技术的发展历程；掌握预分解窑的生产工艺流程及技术特点。

任务 1　预分解窑煅烧技术

任务描述：熟悉预分解窑煅烧技术的发展演变历程；掌握预分解窑的生产工艺流程及技术特点。

知识目标：熟悉预分解窑煅烧技术的发展概况；掌握预分解窑的生产工艺流程。

能力目标：掌握预分解窑煅烧技术的优点及缺点。

1.1　预分解窑煅烧技术的发展

由于生料预热和分解阶段需要吸收大量热量，借鉴悬浮预热器利用稀相气固悬浮换热的成功经验，产生了将生料分解过程移至窑外以流态化方式来完成的新技术构想。但由热平衡可知，仅利用窑尾烟气中的热焓，尚不足以满足碳酸盐分解需要的全部热量。因此，必须在窑外开设第二热源，提出了在预热器与回转窑之间增加一个专门的设备即分解炉，并且要求燃料燃烧供热和分解反应在炉内同时进行。1971 年日本首先实现了这一设想，成为水泥煅烧技术的一次重大革命，很快在世界范围内得到推广和应用，成为现代水泥熟料煅烧的主导生产技术。

预分解窑技术的发展，可以划分为以下四个发展阶段：

1. 20 世纪 70 年代初期至中期，是预分解技术的诞生和发展阶段

德国多德豪森水泥厂于 1964 年用含有可燃成分的油页岩作为水泥原料的组分。为避免可燃成分在低温区过早挥发，改在悬浮预热器的中间级喂入含油页岩的生料，提高了入窑生料的分解率，开创了预分解技术的先河。但是，真正在分解炉内使用燃料作为第二热源的分解炉，则是 1971 年日本 IHI 公司与秩父水泥公司共同开发研制的第一台 SF 窑，水泥业界一般以此作为预分解技术诞生的标志。第一台 SF 窑诞生之后，日本各类型的预分解窑相继出现，如三菱公司 1971 年研制的 MFC 炉、小野田水泥公司 1972 年研制的 RSP 炉、川崎与宇部水泥公司 1974 年共同开发研制的 KSV 炉等。与此同时，其他国家也在研究开发预分解窑，如丹麦史密斯公司研制的 SLC 炉，德国伯力鸠斯公司研制的 Prepol 分解炉、KHD 公司研制的 Pyroclon 分解炉等。在此期间，分解炉都是以重油为燃料，分解炉的热力强度高、容积偏小，大多数分解炉仅依靠单纯的旋流、喷腾、流态化等效应来完成气固的分散、混合、燃烧、换热等过程。因此，这时期的分解炉对中、低质燃料的适应性较差。

2. 20 世纪 70 年代中期及后期，是预分解技术的完善和提高阶段

1973 年国际石油发生危机之后，油源短缺，价格上涨，许多预分解窑被迫以煤代油，原来以石油为燃料研制开发的分解窑难以适应。通过总结、改进和改造，各种改进型的第二

1

代、第三代分解窑应运而生，例如，日本开发研制的 N-SF 分解炉、CFF 分解炉、N-MFC 分解炉等即为典型代表。这些为适应煤粉燃煤而改进的分解炉，不仅增加了容积，在结构上也有很大的改进。为了提高燃料燃尽，延长物料在炉内的滞留时间，在结构上采用了旋流-喷腾、流态化-悬浮及双喷腾等叠加效果，大大改善和提高了分解炉的功效。

3. 20 世纪 80 年代至 90 年代中期，为预分解技术日臻成熟和全面提高阶段

为了降低综合能耗和生产成本，自 20 世纪 80 年代开始，由第二阶段的单纯对分解炉炉型和结构进行改进，发展成为对预分解窑全系统的整体改进和开发，包括旋风筒、换热管道、分解炉、回转窑、冷却机、隔热材料、耐火材料、耐磨材料、自动控制技术、收尘环保设备、原料预均化、生料均化等技术，成功开发研制了新型分解炉、高效低损旋风筒、新型高效冷却机、两支点短窑等一系列先进技术设备，熟料单位热耗降低到 3000kJ/kg 及以下，回转窑的热效率提高到 60% 及以上。

4. 20 世纪 90 年代中期至今，水泥工业向"生态环境材料型"产业迈进阶段

随着人类社会对地球环境的保护，实现可持续发展迫切性认识的迅速提高，发达国家水泥工业在工艺、装备进一步优化和实行"清洁生产"的同时，开始向"生态环境材料"产业转型。实现"生态环境材料"产业有五大标志：一是产品质量的提高，满足高性能混凝土耐久性的要求。二是尽量降低熟料热耗及水泥综合电耗，节约一次资源和能源。三是大力采用替代性能源和燃料，提高替代率。四是实行"清洁生产"，三废自净化。五是降解利用其他工业废渣、废料、生活垃圾及有毒有害的危险废弃物，为社会造福。

1.2　中国预分解窑煅烧技术的发展

1. 预分解窑发展准备阶段

新型干法装备国产化是预分解窑发展准备阶段的主要工作内容。20 世纪 70 年代，我国水泥工业水平较低，水泥生产技术未经历预热器窑发展阶段，预分解窑新型干法装备基础非常薄弱，新型干法装备国产化过程延续了近 30 载漫长岁月。在改革开放政策指引下，向国外购买新型干法成套设备建设日产 2000t 和 4000t 熟料生产线；引进和消化吸收国外 16 项新型干法关键装备设计与制造技术；不断开发创新，自主建设日产 1000～2500t 和 4000～5000t 熟料新型干法国产装备示范生产线。通过设计、科研和企业等单位的密切合作和长期不懈努力，2000 年前后，基本实现日产 2500～5000t 熟料新型干法成套装备国产化。

全面建设市场经济体制是准备阶段的一个方面内容。20 世纪 90 年代，随着经济体制改革深入，投资体制改革逐步到位，实行项目法人责任制。法人要对自己的行为负责，不仅负责贷款，还要负责还款。这就建立起投资行为中"精打细算"的约束机制，克服了计划经济体制"吃大锅饭"的浪费弊端。

由于装备国产化和投资体制等主要问题的解决，在生产企业、设计、科研和装备企业等单位的通力合作下，1996 年和 1997 年海螺宁国水泥厂和（山东集团）山东水泥厂在我国相继突破日产 2000t 熟料生产线低投资建设难关；2003 年海螺铜陵水泥厂和池州水泥厂先后突破日产 5000t 熟料生产线低投资建设难关。低投资建设难关的攻克为水泥新型干法在全国普遍推广铺平了道路。

在投资体制改革不断深化的同时，中国资本市场逐步形成并迅速发育壮大。国有企业纷纷建立与资本市场接通的融资渠道，可自行募集资金用于扩大生产。中共中央十四届三中全会后，民营企业快速发展，民间资本积累日益扩大，逐渐成长为重要投资者。进入 21 世纪，各方投资者都看到水泥工业技术转型带来的巨大商机已经成熟，将大量资金投向新型干法生产线建设，水泥工业现代化进程由准备阶段开始进入生产大发展阶段。

2. 预分解窑高速发展阶段

从 2003 年开始，在国民经济高速发展和市场需求拉动下，全国各地区从东部沿海到西部内陆依次掀起前所未有的水泥新型干法生产线建设高潮，全国水泥产量迅猛增长。2002 年我国新型干法水泥产量为 1.1 亿 t，约占总产量的 15％，到 2013 年新型干法水泥产量猛增到 20 亿 t，约占总产量的 90％。截至 2013 年底，中国拥有 4 条日产 1 万 t 熟料和 3 条日产 1.2 万 t 熟料新型干法生产线，是世界上建设万吨生产线最多的国家。海螺水泥集团已投产世界上最大的 Φ7.2×6.2×96m 水泥预分解窑；华润水泥集团已运行世界上最长的 42km 石灰石皮带输送长廊。全国水泥企业普遍推广预分解窑低温余热发电，2013 年发电装机总容量达 5000MW，其容量为世界之最。

3. 预分解窑可持续发展阶段

节能减排、保护环境已成为全球共识。水泥工业属资源型产业，有害气体排放量较大。CO_2 气体排放量占全球人类总排放量的 5％；NO_x 气体排放量仅次于火力发电、汽车尾气，排名第三。节能减排、保护环境是水泥工业生存和发展的必然选择。中国政府高度重视节能减排、保护环境，发出了建设资源节约型、环境友好型社会的号召，规定了生产发展中保护环境的一系列强制性控制指标。中国水泥行业在生产大发展进程中积极响应政府号召，努力开发节能和环保技术，主动采取各种可持续发展措施，将现代化进程逐步提升到新型干法可持续发展新阶段。

任务 2　预分解窑的生产工艺

任务描述： 掌握预分解窑的生产工艺流程；掌握预分解窑的生产工艺特点。

知识目标： 掌握预分解窑的生产工艺流程；掌握预分解窑的煅烧技术特点。

能力目标： 掌握预分解窑煅烧技术的优点及缺点。

2.1　预分解窑的生产工艺流程

以带五级悬浮预热器的预分解窑煅烧系统为例，说明预分解窑生产工艺流程。如图 1.2.1 所示，生料经提升设备提升，由一级旋风筒 C_1 和二级旋风筒 C_2 间的连接管道喂入，被热烟气分散，悬浮于热烟气中并进行热交换，然后被热烟气带入旋风筒 C_1，在 C_1 筒内与气流分离后，由 C_1 筒底部下料管喂入第二级旋风筒 C_2 的进风管，再被热气流加热并被带入 C_2 筒，与气流分离后进入 C_3 筒预热，在 C_3 筒内与气流分离后进入 C_4 筒预热，生料在 C_4 筒内与气流分离后进入分解炉，在分解炉内吸收燃料燃烧放出的热量，生料中碳酸盐受热分解，然后随气流进入五级旋风筒 C_5，大部分碳酸盐已完成分解的生料与气流分离后由 C_5 筒底部下料管喂入回转窑，在回转窑内烧成的熟料经冷却机冷却后卸出。

气流的流向与物料流向正好相反，在冷却机中被熟料预热的空气，一部分从窑头入窑作为窑的二次风供窑内燃料燃烧用；另一部分经三次风管引入分解炉作为分解炉燃料燃烧所需助燃空气（根据分解炉的形式不同，三次风可能在炉前或炉内与窑气混合）。分解炉内排出的气体携带料粉进入 C_5 旋风筒，与料粉分离后依次进入 C_4、C_3、C_2、C_1 旋风筒预热生料。由 C_1 旋风筒排出的废气，一部分可能引入生料磨或煤磨作为烘干热源，其余经增湿塔降温处理，再经收尘器收尘后由烟囱排入大气。

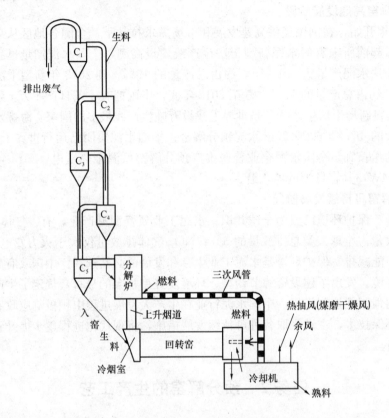

图 1.2.1 新型干法水泥熟料煅烧工艺流程

2.2 预分解窑的生产工艺特点

预分解技术（窑外分解技术）是指将经过悬浮预热后的生料，送入分解炉内，在悬浮状态下迅速吸收分解炉内燃料燃烧产生的热量，使生料中的碳酸盐迅速分解的技术。

传统水泥熟料煅烧方法，其燃料燃烧及需热量很大的碳酸盐分解过程都在窑内进行。预分解技术是在悬浮预热器与回转窑之间增设一个分解炉或利用窑尾上升烟道增设燃料喷入装置，将熟料煅烧所需的 60% 左右的燃料转移到分解炉内，不仅减少了窑内燃烧带的热负荷，更重要的是使燃料燃烧的放热过程与生料碳酸盐分解的吸热过程在悬浮状态下或流态化状态下极其迅速的进行，使入窑生料的分解率由悬浮预热窑的 30%～45% 提高到 85%～95%，大幅度提高窑系统的生产效率。

与其他类型回转窑相比，预分解窑有以下技术特点：

（1）在结构方面，预分解窑是在悬浮预热器窑的基础上，在悬浮预热器与回转窑之间，增设了一个分解炉，承担了原来在回转窑内进行的碳酸盐分解任务。

（2）在热工方面，分解炉是预分解窑系统的"第二热源"，将传统的回转窑全部由窑头加入燃料的做法，改变为少部分从窑头加入，大部分从分解炉内加入，从而改善了窑系统的热力强度分布。

（3）在工艺方面，熟料煅烧工艺过程中耗热最多的碳酸盐分解过程，移至分解炉内进行，由于燃料和生料混合均匀，燃料燃烧的放热过程与生料碳酸盐分解的吸热过程是在悬浮状态或流化状态下极其迅速的进行，使燃烧、换热及碳酸盐分解过程都得到优化，更加适应燃料燃烧的工艺特点。

预分解窑是继悬浮预热器窑后的又一次重大技术创新，具备强大的生命力，成为水泥生产的主导技术，代表回转窑的发展方向。预分解窑主要有以下优点：

（1）单机生产能力大，窑的单位容积产量高。一般预分解窑单位容积产量为悬浮预热器窑的 2～3 倍，为其他传统回转窑的 6～7 倍。

（2）窑衬寿命长，运转率高。由于窑内热负荷减轻，延长了耐火砖的寿命和运转周期，减少了耐火材料的单位消耗量。

（3）熟料的单位热耗较低。先进的预分解窑熟料的单位热耗已降低到 2800kJ/kg 及以下。

（4）有利于低质燃料的利用。由于分解炉内分解反应对温度要求较低，可利用低质燃料或废弃物作燃料。

（5）对含碱、氯、硫等有害成分的原燃料适应性强。因大部分碱、氯、硫在窑内较高温度下挥发，通过窑内的气体比悬浮预热器窑约减少一半，烟气中有害成分富集浓度大，当采用旁路放风技术时，可生产低碱水泥。

（6）NO_x 生成量少，对环境污染小。由于 50%～60% 的燃料由窑内移至温度较低的分解炉内燃烧，许多类型的分解炉还设有 NO_x 喷嘴，可减少 NO_x 生成量，减少对环境的污染。

（7）生产规模大，在相同的生产能力下，窑的规格减小，因而占地少，设备制造安装容易，单位产品设备投资、基建费用低。

（8）自动化程度高，操作稳定。

预分解窑煅烧技术具有显著的优点，但也有以下缺点：

（1）预分解窑虽然对原、燃料适应性较强，但当原、燃料中碱、氯、硫等有害成分含量高而未采取相应措施，或当窑尾烟气及分解炉内气温控制不当时，容易产生结皮，严重时可能出现堵塞现象。如果采用旁路放风，必将浪费热能，并需增加排风、收尘等设备，同时收下的高碱粉尘较难处理。

（2）自动化程度高，整个系统控制的参数较多，各参数间要求紧密精确配合，因此对技术管理水平及操作水平要求较高。

（3）与其他窑型相比，分解炉、预热器系统的流体阻力较大，电耗较高。

思　考　题

1. 预分解窑煅烧技术的发展概况。
2. 中国预分解窑煅烧技术的发展概况。
3. 预分解窑的生产工艺流程。
4. 预分解窑煅烧工艺的优点。
5. 预分解窑煅烧工艺的缺点。

项目 2　预分解窑系统的结构

项目描述：本项目比较详细地讲述了悬浮预热器的结构、技术性能、类型及工作原理。通过本项目的学习，掌握旋风预热器的结构及换热原理；了解立筒预热器的工作原理。

任务 1　悬浮预热器

任务描述：掌握悬浮预热器的结构、技术性能、类型及工作原理。

知识目标：掌握悬浮预热器的技术性能；了解立筒预热器的工作原理。

能力目标：掌握旋风预热器的结构及换热原理。

1.1　悬浮预热器技术

悬浮预热器技术是指低温粉状物料均匀分散在高温气流之中，在悬浮状态下进行热交换，使物料得到迅速加热升温的技术。其优越性主要表现在：物料悬浮在热气流中，与气流的接触面积大幅度增加，对流换热系数也较高，因此换热速度极快，大幅度提高了生产效率和热效率。

1.2　悬浮预热器的特性

悬浮预热器的种类很多，基本都可以归纳为两大类：旋风预热器和立筒预热器。它们具有共同的特征：利用稀相气固系统直接悬浮换热，使原来在窑内堆积状态进行的物料预热及部分碳酸盐分解过程移到悬浮预热器内，在悬浮状态下进行换热，生料粉能与气流充分接触，气固相间接触面积极大，传热速率极快，传热效率高。

无论是旋风预热器还是立筒预热器都由多级换热单元组成。多级换热的目的在于提高预热器的热效率。根据热力学第一定律，即使在良好的换热条件下，最终只能达到气固两相温度相等的平衡状态，气固热交换存在一个热力学极限温度。单机换热达不到有效回收废气余热的要求，不利于废气中热的有效利用，为此，需要利用多级预热器串联运行。如图 2.1.1 为生料经过多级预热器的预热效果图。

多级预热器串联的组合方式形成了单体内气固同流而宏观气固逆流的换热系统，每级预热器单元必须同时具备气固混合、换热和气固分离三个功能。

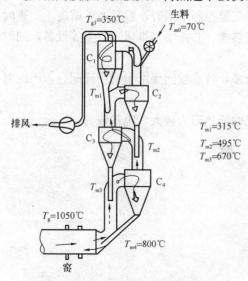

图 2.1.1　多级预热器的预热效果图

1.3　旋风预热器的结构及工作原理

旋风预热器每一级换热单元由旋风筒和换热管道组成，每级预热单元同时具备气固混合、换热和气固分离三个功能，如图 2.1.2 所示，单个旋风筒的工作原理与旋风收尘器类似，只不过旋风收尘器不具备换热功能，仅具备较高的气固分离效率，预热器旋风筒具有一定的换热作用，保持必要的气固分离效率即可。

旋风筒进风管道的风速一般在 16～22m/s 之间，气体流动时雷诺系数 $Re>10^4$，基本属于高度湍流状态。由加料管自然滑落喂入的生料粉在高速气流的冲击下迅速分散，均匀悬浮于气流中。由于气体温度高，生料温度低，接触面积极大，故气固之间的换热速率极快。生产实践证明，气固之间 80% 及以上的换热在进风管道中就已经完成，换热时间仅需要 0.02～0.04s，只有 20% 以下的换热在旋风筒中完成。

在管道中完成大部分热交换后，生料粉随气流以切线方向高速进入旋风筒，在筒内旋转向下，至旋风筒底部又反射旋转向上。固体颗粒在离心力和重力的作用下完成与气体的分离，经下料管喂入下一级旋风筒或入窑，气体经内筒排出。

旋风预热器的大部分换热在管道中完成，说明了料粉在悬浮状态下的热交换速率是极快的。旋风筒本身也具有一定的换热能力，只是由于入口处气固温差已经很小，旋风筒没有发挥换热功能的机会，因此设计时主要考虑旋风筒的分离效率。旋风筒的分离效率从表面上看不直接影响换热，但如果分离效率较低，将使较多的粉料由温度较高的单元流向温度较低的单元，降低热效率。

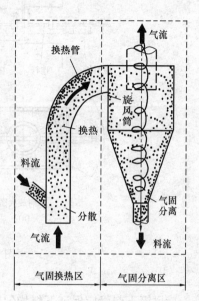

图 2.1.2　旋风预热器结构功能图

旋风筒的分离效率主要与旋风筒的结构和气体参数有关。旋风筒的直径较小，分离效率较高，增加旋风筒的高度有利于提高分离效率，排风管（内筒）直径较小，插入较深时，分离效率较高。其他如旋风筒入口风速、颗粒粉尘大小、含尘浓度及操作的稳定性等，均会影响旋风筒的分离效率。

换热管道是旋风预热器系统中的重要部分，承担着物料分散、均匀分布、锁风和换热的任务。在换热管道中，生料和气流之间的温差即相对速度都较大，热交换剧烈。如果换热管道内风速太低，可能造成生料悬浮不良而影响热交换，甚至是生料难以悬浮而沉降集聚，并使管道尺寸过小；风速过高则增大系统阻力，增加电耗，一般根据实践经验选定，通常设定为 10～25m/s。

连接管道除管道本身外还装设有下料管、撒料器、锁风阀等装置，它们与旋风筒一起组合成一个换热单元。为使生料迅速分散悬浮，防止大料团难以分散甚至短路冲入下级旋风筒，在换热管道下料口通常装有撒料装置，并可以促使下冲物料至下料板后飞溅并分散。撒料装置有板式撒料器和撒料箱两种形式。板式撒料器结构如图 2.1.3（a）所示，一般安装在下料管底部，撒料板伸入管道中的长度可调，伸入长度与下料管安装的角度有关，必须根据生料状况调节优化，以保持良好的撒料分散效果。撒料板暴露在炽热的烟气中，磨蚀严重，寿命较短。撒料箱结构如图 2.1.3（b）所示，下料管安装在撒料箱体的上部，下料管安装角度和箱内的倾斜撒料板角度经过试验优化并固定，撒料箱经优化并选定角度，打上浇注料后，既能保证撒料效果，又能降低成本，延长寿命。

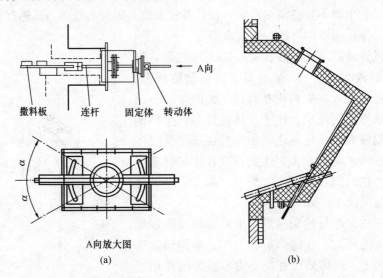

图 2.1.3　撒料板及撒料箱结构
（a）撒料板；（b）撒料箱

旋风筒下料管应保证下料均匀通畅，同时应密封严密，防止漏风。如密封不严，换热管道中的热气流经下料管窜至上级旋风筒下料口，引起已收集的物料二次飞扬，将降低分离效率。因此，应在上级旋风筒下料管与下级旋风筒出口换热管道的入料口之间的适当部位装设锁风阀（翻板排灰阀）。锁风阀可使下料管经常处于密封状态，既保持下料均匀通畅，又能密封物料不能填充的下料管空间，防止上级旋风筒与下级旋风筒出口换热管道间由于压差产生气流短路及漏风，做到换热管道中的热气流及下料管中的物料"气走气路，料走料路"。目前广泛使用的锁风阀有单板式和双板式两种，如图 2.1.4 所示。一般倾斜的或料量较小的下料管多采用单板阀，垂直的或料流量较大的下料管多采用双板阀。

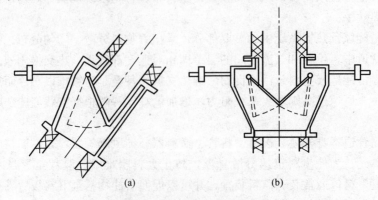

图 2.1.4　锁风阀结构示意图
（a）单板式锁风阀；（b）双板式锁风阀

1.4　立筒预热器的工作原理

立筒预热器的工作原理可简单描述为喷腾分散、同流换热、涡环分离。盖波尔型及ZAB 型立筒预热器内设置钵结构，窑尾热烟气从底部进入立筒由下向上流动，物料以团块的形式自上一钵室的缩口落下，在重力作用下进入下一钵室缩口，由于气流的喷腾作用而被高速气流分散，悬浮于气流中，随气流上升进行换热，并被卷吸扰动而进入涡流区，被涡旋气流推向边壁沉降到缩口斜坡而产生气固分离，物料堆积到一定程度时，在重力作用下滑过缩口，逆气流落入下一个钵室。料粉在每一钵室中经历分散—分离—堆积—滑落等几个过程。

立筒预热器内气流涡环的存在是气固分离的基本原因，与旋风预热器不同，涡环分离靠的是径向速度，而旋风预热主要靠切向速度。在可比条件下，立筒中的径向速度比旋风筒中的切向速度的数字要小一个数量级，这是立筒预热器的分离能力远不及旋风预热器的原因。

立筒预热器的每一钵室相当于一级，分别完成分散、换热和分离的三个功能。在每一钵室中实质上以同流换热为主，由于多室串联，在钵室间形成宏观的气固逆流。

普利洛夫型立筒预热器内不分钵，窑尾烟气由立筒下部切向进入，形成旋流运动。料粉由立筒出口管喂入，被上升气流分散，随气流进入旋风筒，与气流分离后由顶部喂入立筒。立筒内气流旋转上升，料粉则滞后于气流，在"旋风效应"和重力作用下旋转下降，与气流逆向进行热交换，是典型的逆向对流换热。料粉在旋转向下过程中逐渐移动到筒壁，富集于筒壁的滞留层中，当滞留层料粉浓度超过该处气流承载能力，产生干扰沉降，由立筒底部下料管喂入回转窑。

任务 2　分　解　炉

任务描述：熟悉分解炉的种类与结构；掌握分解炉的工艺性能及热工性能。

知识目标：熟悉分解炉的种类与结构。

能力目标：掌握分解炉的工艺性能及热工性能。

2.1　分解炉的种类与结构

分解炉是窑外分解系统的核心部分，主要具备流动、分散、换热、燃烧、分解、传热和输送等六大功能，其中分散是前提，换热是基础，燃烧是关键，分解是目的。

按设备制造厂商命名分类，分解炉的主要型式如表 2.2.1 所示。

表 2.2.1　分解炉的主要型式

分解炉型式	制造厂商
SF 型（N-SF 型、C-SF 型）	日本石川岛公司与秩父水泥公司
MFC 型（N-MFC 型）	日本三菱公司
GG 型	日本三菱公司
RSP 型	日本小野田公司
KSV 型（N-KSV 型）	日本川崎公司
SLC 型	丹麦 FLS 史密斯公司
DD 型	日本神户制钢所

分解炉型式	制造厂商
SCS 型	日本住友公司
FCB 型	法国 FIVES CAIL BABCOCK 公司
UNSP 型	日本宇部兴产公司
Prepol 型	德国伯力鸠斯公司
Pyroclon 型	德国洪堡-维达格公司
TDF 型	天津水泥设计院
CDC 型	成都水泥设计院
NC-SST 型	南京水泥设计院

1. SF 型分解炉

SF 型分解炉是世界上最早出现的分解炉，由日本石川岛公司与秩父水泥公司研制，于 1971 年 11 月问世，其结构如图 2.2.1 所示。

SF 炉由上部的圆柱体、下部的圆锥体及底部的蜗壳组成。入口气流在下部涡流室的作用下形成旋转气流，由下而上回旋进入燃烧反应室。在炉顶部装有燃油喷嘴，燃料经喷嘴喷入，在剧烈的湍流状态下进行燃烧。经 C_3 旋风筒预热的生料从炉顶部进入燃烧室，迅速吸收燃料燃烧放出的热，完成大部分碳酸盐分解后随气流进入 C_4 旋风筒，与气体分离后入窑煅烧。

2. N-SF 型分解炉

由于 1973 年世界石油危机，SF 型分解炉被迫改为烧煤，但其结构不适宜烧煤。针对烧煤的需要，石川岛公司对 SF 型分解炉进行改进，目的是延长燃料在炉内的停留时间。

N-SF 型分解炉属于旋流－喷腾式分解炉，其结构如图 2.2.2 所示。上部是圆柱＋圆锥体结构，为反应室；下部是旋转涡壳结构，为涡旋室。三次风以切线方向进入涡流室，窑气则单独通过上升管道向上流动，使三次风与窑气在涡旋室形成叠加湍流运动，以强化料粉的分散及混合；燃料由涡流室顶部喷入，C_4 筒来料大部分从上升烟道喂入，少部分从反应室锥体下部喂入，用以调节气流量的比例，因而不需在烟道上设置缩口，这样既降低通风阻

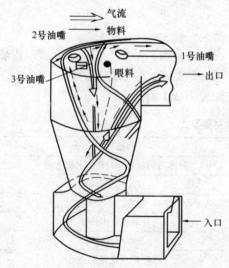

图 2.2.1 SF 型分解炉的结构简图

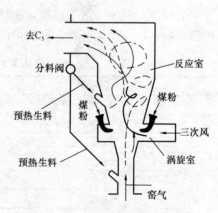

图 2.2.2 N-SF 型分解炉结构简图

力，同时也减少了这一部分结皮堵塞的可能。N-SF 型分解炉增大了分解炉的有效容积，改善了气固之间的混合，更有利于煤粉充分燃烧和气固换热，碳酸盐的分解程度高，热耗低，提高了分解炉效率。

3. C-SF 型分解炉

C-SF 型分解炉的结构如图 2.2.3 所示，主要是在 N-SF 型分解炉基础上再改进以下两点得到的：

（1）在分解炉上部设置了一个涡流室，使炉气呈螺旋形出炉。

（2）将分解炉与预热器之间的连接管道延长，相当于增加了分解炉的容积，其效果是延长了生料在分解炉内的停留时间，使得碳酸盐的分解程度更高，更重要的是有利于使用燃烧速度较慢的一些燃料。

4. DD 型分解炉

DD 型分解炉是由日本水泥公司和神户制钢所合作开发，并于 1976 年 7 月用于工业生产。DD 型分解炉的结构如图 2.2.4 所示，上部和中部为圆柱体结构，下部为倒锥体结构，两个圆柱体之间设有缩口，形成二次喷腾，强化气流与生料间混合。燃料分两部分，90% 的燃料在三次风处进入，与空气充分燃烧。10% 的燃料在下部倒锥体进入，燃料燃烧处于还原态。生料由中部圆柱体进入，处于悬浮分散状态。

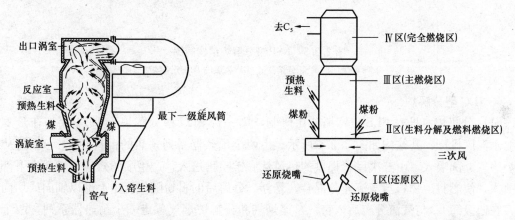

图 2.2.3　C-SF 型分解炉结构简图　　　　图 2.2.4　DD 型分解炉结构简图

DD 型分解炉直接装在窑尾烟室上，炉的底部与窑尾烟室连接部分没有缩口，无中间连接管道，阻力较小。炉内可划分为四个区段：Ⅰ区为还原区，包括喉口和下部锥体部分；Ⅱ区为生料分解及燃烧区；Ⅲ区为主燃烧区，经 C_4 预热的生料由此入炉，煤粉在此充分燃烧并与生料迅速换热；Ⅳ区为完全燃烧区。第Ⅲ、Ⅳ区之间设有缩口，目的是再次形成喷腾层，强化气固混合，在较低的过剩空气下使燃料完全燃烧并加速与生料的换热。

5. RSP 型分解炉

RSP 型分解炉由日本小野田水泥公司和川崎重工共同开发，并于 1974 年 8 月应用于工业生产，早期 RSP 型分解炉以油为燃料，在 1978 年第二次石油危机后改为烧煤。

RSP 型分解炉的结构如图 2.2.5 所示，由涡旋燃烧室 SB、涡旋分解室 SC 和混合室 MC 三部分组成。SB 内的三次风从切线方向进入，主要是使燃料分散和预热；经预热的生料喂入 SC 的三次风入炉口，并悬浮于三次风中从 SC 上部以切线方向进入 SC 室；在 SC 室内，燃料与新鲜三次风混合，迅速燃烧并与生料换热，至离开 SC 室时，分解率约为 45%。生料和未燃烧的煤粉随气流旋转向下进入混合室 MC，与呈喷腾状态进入的高温窑烟气相混合，使燃料继续燃烧，生料进一步分解。为提高燃料燃尽率和生料分解率，混合室 MC 出口与 C_4 级旋风筒的连接管道常延长加高形成鹅颈管。

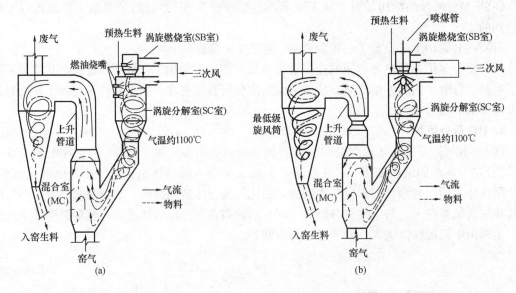

图 2.2.5　RSP 型分解炉结构简图
（a）烧油的 RSP 分解炉；（b）烧煤的 RSP 分解炉

6. SLC 型分解炉

SLC 分解炉由丹麦 FLS 史密斯公司研制，第一台 SLC 型分解炉于 1974 年初在丹麦丹尼亚水泥厂投产，其结构如图 2.2.6 所示。由两个预热器系列预热的生料经 C_3、C_4 筒从分解炉中、上部喂入，由三次风管提供的热风从底锥喷腾送入，产生喷腾效应。燃料由下部锥体喷入，使燃料、物料与气流充分混合、悬浮。分解后的料粉随气流由上部以轴向或切向排出，在四级筒 C_4 与气流分离后入窑。窑尾烟气和分解炉烟气各走一个预热器系列，两个系列各有单独的排风机，便于控制。分解炉内燃料燃烧条件较好，有利于稳定燃烧，炉温较高，煤粉燃尽度也较高。预热生料在分解炉中、上部分别加入，以调节炉温。分解炉燃料加入量一般占总燃料量的 60%。

SLC 窑点火开窑快，可如普通悬浮预热器窑一样开窑点火。开窑时分解炉系列预热器使用由冷却机来的热风预热，当窑的产量达到额定产量的 35% 时即可点燃分解炉，并把相当于全窑额定产量的 40% 的生料喂入分解炉列预热器。当分解炉温度达到大约 850℃ 时，即可增加分解炉系列预热器的喂料量，使窑系统在额定产量下运转。

7. N-MFC 型分解炉

MFC 型分解炉由日本三菱重工和三菱水泥矿业公司研制，第一台 MFC 窑于 1971 年 12 月投产。第一代 MFC 炉的高径比约为 1，第二代 MFC 炉高径比增大到 2.8 左右，第三代 MFC 炉的高径比增大到 4.5 左右，流化床底部断面减小，改变了三次风入炉的流型，形成 N-MFC 炉，其结构如图 2.2.7 所示。

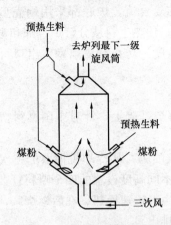

图 2.2.6　SLC 型分解炉结构简图

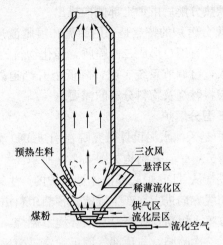

图 2.2.7　N-MFC 型分解炉结构简图

N-MFC 炉可划分为以下四个区域：

（1）流化区

炉底为带喷嘴的流化床，形成生料与燃料的密相流化区。流化床面积较小，仅为原始型的 20%，可延长燃料在炉内的停留时间，可使最大直径为 1mm 的煤粒约有 1min 的停留时间。C_4 来的生料自流化床侧面加入，煤粉可通过 1～2 个喂料口靠重力喂入。由于流化床的作用，生料、燃料混合均匀迅速，床层温度分布均匀。

（2）供气区

由冷却机抽取的一次风，以切线方向从分解炉下锥底部送入流化料层上部，形成一定的旋转流，促进气固换热与反应。

（3）稀薄流化区

该区位于供气区之上，为倒锥形结构，气流速度由 10m/s 下降到 4m/s，形成稀薄流化区。

（4）悬浮区

该区为细长的柱体部分，煤粉和生料悬浮于气流中进一步燃烧和分解，至分解炉出口时生料分解率可达 90% 以上。出炉气体自顶部排出，与出窑烟气在上升烟道混合，进一步完成燃烧与分解反应。

8. CDC 型分解炉

CDC 型分解炉是成都水泥设计研究院在分析研究 N-SF 分解炉的基础上研发的适合劣质煤的旋流与喷腾相结合的分解炉，有同线型（CDC-1）和离线型（CDC-S）两种炉型，图 2.2.8 所示的为 CDC 同线型分解炉。

煤粉从分解炉涡旋燃烧室顶部喷入，三次风以切线方向进入分解炉涡旋燃烧室。预热生料分为两路，一路由涡旋燃烧室上部锥体喂入，一路由上升烟道喂入，被气流带入涡旋燃烧室，与三次风及煤粉混合，再与直接进入分解炉的物料

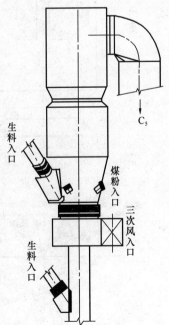

图 2.2.8　CDC 同线型分解
炉结构简图

13

混合，经预热分解后由炉上部侧向排出。

CDC型分解炉的特点是采用旋流和喷腾流形成的复合流。炉底部采用蜗壳型三次风入口，炉中部设有缩口形成二次喷腾，强化物料的分散；预热生料从分解炉锥部和窑尾上升烟道两处加入，可调节系统工况，降低上升烟道处的温度，防止结皮堵塞。出口可增设鹅颈管，满足燃料燃烧及物料分解的需要。

9. TDF型分解炉

TDF炉是天津水泥设计研究院在引进DD型分解炉基础上，针对中国燃料情况研制开发的双喷腾分解炉，其结构如图2.2.9所示。

窑尾废气从TDF炉底部锥体进入炉内产生第一次喷腾，从冷却机抽取的三次风从侧面两个进口切线方向进入，产生旋流。预热生料由下部不同高度设置的四个喂料管喂入，三次风入口上方喷入煤粉，在高温富氧环境下燃烧，并与生料迅速换热。在后燃烧区，气流经中部缩口产生二次喷腾，与顶部气固反弹室碰撞反弹后排出。

TDF型分解炉的特点是分解炉中部设有缩口，使炉内气流产生二次喷腾；预热生料由下部圆筒不同高度设置的四个喂料管喂入，有利于物料均匀分布和炉温控制；炉的顶部设有气固流反弹室，使气流产生碰撞反弹效应，延长物料在炉内的停留时间，有利于物料吸收热量。

10. KSV型分解炉

KSV型分解炉由日本川崎重工开发研制，第一台KSV型分解炉于1973年投入生产，其结构如图2.2.10所示。

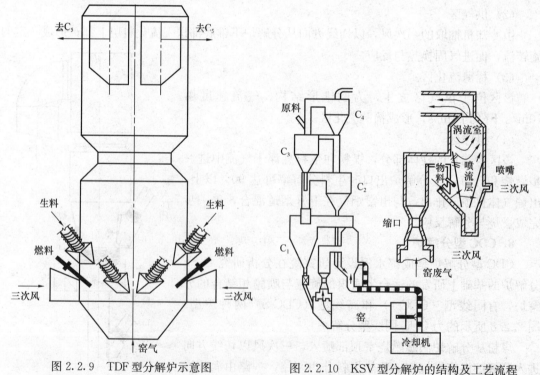

图2.2.9　TDF型分解炉示意图　　　　图2.2.10　KSV型分解炉的结构及工艺流程

KSV型分解炉由下部喷腾层和上部涡流室组成，喷腾层包括下部倒锥、入口喉管及下部圆筒等结构，而涡流室是喷腾层上部的圆筒部分。

从冷却机来的三次风分两路入炉，一路（60%～70%）由底部喉管喷入形成喷腾床，另一路（30%～40%）从圆筒底部切向吹入，形成旋流，加强料气混合。窑尾烟气由圆筒下部切向吹入，燃料由设在圆筒不同高度的喷嘴喷入。预热生料分成两路入炉，约 75% 的生料由圆筒部分与三次风切线进口处进入，使生料和气流充分混合，在上升气流作用下形成喷腾床，然后进入涡室，通过炉顶排出进入最下级旋风筒；约 25% 的生料由烟道缩口上部喂入，可降低窑尾废气温度，防止烟道结皮堵塞。炉内的燃料燃烧及生料的加热分解在喷腾床的喷腾效应及涡流室的旋风效应的综合作用下完成，入窑生料分解率可达 90%～95%。

11. N-KSV 型分解炉

N-KSV 型分解炉是在 KSV 型分解炉的基础上，进行技术改进形成的，其结构如图 2.2.11所示。

N-KSV 型分解炉在涡流室增加了缩口，形成二次喷腾效应。分解炉分为喷腾床、涡旋室、辅助喷腾床和混合室四个部分。

不同于 KSV 型分解炉，N-KSV 型分解炉的窑尾烟气从炉底喷入，产生喷腾效应，可以省掉烟道内缩口，减少系统阻力；三次风从涡旋室下部对称地以切线方向进入。

在喷腾层中部增加燃料喷嘴，使燃料在缺氧状态燃烧，可使窑尾烟气中 NO_x 还原，减少 NO_x 对环境的污染。

预热生料仍分为两部分，一部分从三次风入口上部喂入，另一部分由涡旋室上部喂入，产生两次喷腾和旋流效应，延长了燃料和生料在炉内的停留时间，使气体与生料均匀混合和进行热交换。

12. Prepol 与 Pyroclon 分解炉

Prepol 系列分解炉由德国伯力鸠斯公司与多德豪森的罗尔巴赫公司合作研制，Pyroclon 系列分解炉由德国洪堡公司研制。多德豪森水泥厂早在 1964 年就利用含可燃成分的油页岩作为水泥原料的组分，在悬浮预热器内煅烧，开始了预分解技术的实际应用，并进行了一系列的生产试验。但使用高级燃料进行这两种窑型的研究，则是从 1974 年开始的。这两类分解炉具有如下特点：

（1）不设专门的分解炉，利用窑尾与最低一级旋风筒之间的上升烟道作为预分解装置，将上升烟道加高、延长，形成弯曲管道并与最低一级旋风筒连接。

（2）燃料及预热后的生料在上升烟道的下部喂入，力求在气流中迅速悬浮分解。

（3）上升烟道内燃料所需的燃烧空气可从窑内通过，也可由单独的三次风管提供。

（4）上升烟道内的气流形成旋流运动和喷腾运动，以延长燃料和生料的停留时间，上升烟道的高度可根据燃料燃烧及物料停留时间的需要确定。

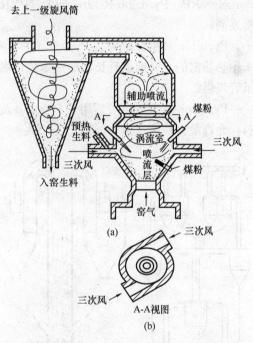

图 2.2.11　N-KSV 型分解炉结构简图

15

Prepol 型分解炉早期只有 Prepol-AT 和 Prepol-AS 两种炉型。自 20 世纪 80 年代中后期，为适应低质燃料、可燃工业废弃物及环境保护的要求，开发了 Prepol-AS-LC、Prepol-AS-CC、Prepol-MSC 等多种炉型，形成了比较完整的 Prepol 炉型系列，但 Prepol-AT 和 Prepol-AS 为其基本炉型。

Prepol-AT 型分解炉的结构如图 2.2.12 所示。上升烟道加高延长形成分解室，其特点是分解室燃料燃烧所需空气全部由窑内通过，系统流程简单，适用于任何类型的冷却机，也适用于对悬浮预热器窑的技术改造。

Prepol-AS 型与 Prepol-AT 型的主要区别在于分解室燃料燃烧所需空气由三次风管提供。当生产能力在 5000t/d 及以上时，选用 Prepol-AS 型可减小窑径，延长窑衬使用寿命。

Pyroclon 型分解炉早期也有燃烧所需空气由窑内通过的 Pyroclon-S 型和由三次风管提供燃烧所需空气的 Pyroclon-R 型两种炉型。此后，在此基础上又开发了 Pyroclon-S-SFM、Pyroclon-RP、Pyroclon-R-Low NO_x、PYROTOP 等炉型，形成了比较完整的 Pyroclon 炉型系列。

Pyroclon-R 型分解炉是 Pyroclon 炉系列中的基本炉型，其结构如图 2.2.13 所示。将原来预热器窑的上升烟道延长，形成鹅颈，燃料及预热生料由炉下部入炉，炉用三次风由三次风管提供。

Pyroclon-R 型分解炉适用于 5000t/d 及以上的预分解窑，可以使用块状燃料作为辅助燃料，允许最大粒度在 50mm 以下。

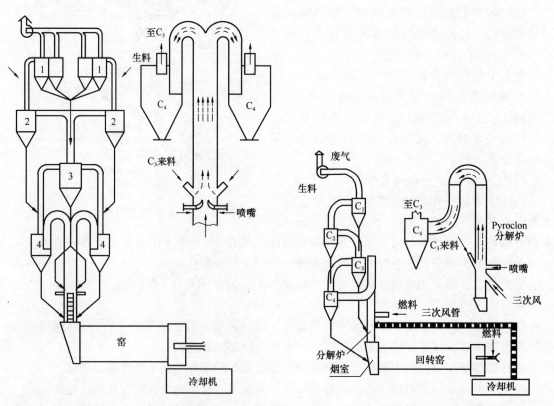

图 2.2.12　Prepol-AT 型分解炉的结构与工艺流程　　图 2.2.13　Pyroclon-R 型分解炉的结构与工艺流程

2.2　分解炉的工艺性能

1. 生料中碳酸盐分解反应的特性

碳酸盐的分解是熟料煅烧中的重要反应之一。因 $MgCO_3$ 的分解温度较低，且其含量较少，生料中碳酸盐分解反应主要是指 $CaCO_3$ 的分解反应，其分解反应方程式为：

$$CaCO_3 \longrightarrow CaO + CO_2 - Q$$

这一反应过程是可逆吸热反应，受系统温度和周围介质中 CO_2 分压的影响较大。为了使分解反应顺利进行，必须保持较高的反应温度，降低周围介质中 CO_2 分压，并提供足够的热量。

通常 $CaCO_3$ 在 600℃时已开始有微弱分解，800～850℃时分解速度加快，894℃时分解出的 CO_2 分压达 0.1MPa，分解反应快速进行，1100～1200℃时分解速度极为迅速。

2. 碳酸盐颗粒的分解过程

颗粒表面首先受热，达到分解温度后分解放出 CO_2，表层变为 CaO，分解反应面逐步向颗粒内层推进，分解放出的 CO_2 通过 CaO 层扩散至颗粒表面并进入气流中，反应可分为如下的五个过程：

(1) 气流向颗粒表面的传热过程。

(2) 颗粒内部通过 CaO 层向反应面的导热过程。

(3) 反应面上的化学反应过程。

(4) 反应产物 CO_2 通过 CaO 层的传质过程。

(5) 颗粒表面 CO_2 向外界的传质过程。

在这五个反应过程中，四个是物理传递过程，一个是化学动力学过程。显然，哪个过程的反应速度慢，该过程即为控制因素。随着反应的进行，反应面不断向核心推移。五个过程各受不同因素的影响，且各因素影响的程度不相同。

$CaCO_3$ 的分解过程受生料粉粒径的影响很大。生产实践证明，当生料颗粒粒径较大时，例如粒径 D 为 10mm 的料球，整个分解过程的阻力主要是气流向颗粒表面的传热，传热及传质过程为主要影响因素，而化学反应过程不占主导地位。当粒径 D 为 2mm 时，传热传质的物理过程与化学反应过程占同样重要的地位。因此，在立窑、立波尔窑和回转窑内，$CaCO_3$ 的分解过程属传热、传质控制过程。当粒径较小，例如粒径 D 为 30μm 时，分解过程主要取决于化学反应过程，整个分解过程由化学反应过程所控制。

3. 影响分解炉内 $CaCO_3$ 分解的主要因素

生料粉中 $CaCO_3$ 分解所需时间主要取决于化学反应速率。一般生料的比表面积在 200～350m²/kg，悬浮于气流中时，具有巨大的传热面积和 CO_2 扩散传质面积，又由于生料颗粒直径小，内部传热阻力和传质阻力均较小，相比之下，化学反应速率则较慢，化学反应过程成为 $CaCO_3$ 分解的主要控制因素。

回转窑分解带内的料粉，颗粒虽细，但处于堆积状态，与气流的传热面积小，料层内部颗粒四周被 CO_2 包裹，CO_2 分压大，对气流传质面积小，所以回转窑内 $CaCO_3$ 分解过程仍为传热传质控制过程，只有将分解过程移至悬浮态或流化态的分解炉，才使分解过程由物理控制过程转化为化学控制过程。

影响料粉分解时间的主要因素有分解温度、炉气中 CO_2 浓度、料粉的物理化学性质、料粉粒径及分散悬浮程度等因素。

分解温度高，分解反应速率加快。生产实践证明，分解炉内温度达到 910℃时，$CaCO_3$ 具有最快分解速度，但此时必须有极快的燃烧供热速度，故容易引起局部料粉过热而造成结皮堵塞。一般分解炉的实际分解温度为 820～850℃，入窑料粉分解率达 85％～95％，所需分解时间平均为 4～10s。

当分解温度较高时，分解速度受分解炉中 CO_2 浓度的影响较小，但温度在 850℃及以下时，其影响将显著增大。一般分解炉中 CO_2 的浓度随煤粉燃烧及分解反应的进行而逐渐增大，对分解速度的影响也逐渐增大。

表 2.2.2 列出了分解温度、CO_2 浓度、分解率与分解时间之间的关系。表中分解率指物料实际分解率，实际生产中的入窑物料分解率是指表观分解率，达到 85％～95％的表观分解率所需的分解时间比表 2.2.2 列出的时间要短些。

表 2.2.2 分解温度、CO_2 浓度、分解率与分解时间的关系

分解温度（℃）	炉气 CO_2 浓度（％）	特征粒径 $30\mu m$ 完全分解时间（s）	平均分解率达 85％ 的分解时间（s）	平均分解率达 95％ 的分解时间（s）
820	0	12.4	6.3	14.0
	10	19.5	11.2	22.6
	20	45.3	25.4	55.2
850	0	7.9	3.9	8.7
	10	10.2	5.4	11.3
	20	15.1	7.6	16.5
870	0	5.6	2.8	6.2
	10	6.9	3.7	7.6
	20	8.8	3.9	9.6
900	0	3.7	1.9	3.9
	10	4.3	2.3	4.6
	20	4.9	2.5	5.0

当燃料与物料在分解炉中分布不均匀时，容易造成气流与物料的局部高温及低温。低温部位物料分解慢、分解率低。高温部位则易使料粉过热而造成结皮堵塞。燃料与物料在炉内的均匀悬浮，是保证炉温均衡稳定的重要条件。

2.3 分解炉的热工性能

在分解炉中，燃料与生料混合悬浮于气流中，燃料迅速燃烧放热，碳酸盐迅速吸热分解。煤粉燃烧速度快，发热能力高，满足了碳酸盐分解反应的强吸热需要；碳酸盐的不断分解吸热，限制了炉内气体温度的升高，使炉内温度保持在略高于碳酸盐平衡分解温度的范围。

分解炉的生产工艺对热工条件的要求是：炉内温度不宜超过 1000℃，以防系统产生结皮堵塞；燃烧速度要快，以保证供给碳酸盐分解所需的大量热量；保持窑炉系统较高的热效率和生产效率。

1. 分解炉内的燃烧特点

回转窑内燃料的燃烧属于有焰燃烧。一次风携带燃料以较高的速度喷射于速度较慢的二

次风气流中，形成喷射流股。燃料悬浮于流股气流中燃烧，形成一定形状的火焰。

在分解炉内，燃烧用的空气也可分为一次风和二次风（系统的三次风）。一次风携带燃料入炉，因量较少且风速较低，燃料与一次风不能形成流股，瞬间即被高速旋转的气流冲击混合，使燃料颗粒悬浮分散于气流中，物料颗粒之间各自独立进行燃烧，无法形成有形的火焰，看不见一定轮廓的有形火焰，而是充满全炉的无数小火星组成的燃烧反应，只能看到满炉发光，通常称为辉焰燃烧。

当使用燃油时，油被雾化蒸发，往往附着在料粉颗粒表面迅速燃烧，形成无焰燃烧，这种燃料有利于物料的吸热。

分解炉内无焰燃烧的优点是燃料分散均匀，能充分利用燃烧空间而不易形成局部高温，有利于全炉温度均匀分布，具有较高的发热能力。物料能均匀分散于许多小火焰之间，放热与吸热相适应既有利于向物料传热，又有利于防止气流温度过高，很好地满足碳酸盐分解的工艺条件与热工条件。

2. 分解炉内的传热

在分解炉内，燃料燃烧速度很快，发热能力很高。料粉分散于气流中，在悬浮状态下，气固相之间的传热面积极大，传热速率极快，煤粉燃烧放出的大量热量在很短的时间内被物料所吸收，既达到很高的分解率，又防止气流温度过高。

分解炉内的传热以对流传热为主，大约占 90% 及以上，其次是辐射传热。炉内燃料与料粉悬浮于气流中，燃料燃烧产生的高温气流以对流方式传热给物料。若是雾化燃油蒸气或煤挥发物就附着在料粉表面进行燃烧，则传热效果更好，物料表面与气流将有近乎相同的温度。

分解炉中气体温度约 900℃，气体中含有大量固体颗粒，CO_2 含量较高，增大了气流的辐射能力，炉内的辐射传热对促进全炉温度的均匀极为有利。

分解炉内料粉在悬浮状态下传热传质速率极快，使生料碳酸盐分解过程由传热、传质的扩散控制过程转化为分解的化学动力学过程。极高的悬浮态传热、传质速率与边燃烧放热、边分解吸热共同形成了分解炉的热工特点。

3. 分解炉内气体的运动

分解炉内的气体具有供氧燃烧、悬浮输送物料及作传热介质的多重作用。为了获得良好的燃烧条件及传热效果，要求分解炉各部位气流保持一定的速度，以使燃烧稳定、物料悬浮均匀。为使炉内物料滞留时间长一些，则要求气流在炉内呈旋流或喷腾状态，以延长燃料燃烧的时间以及生料的分解时间；为提高传热效率及生产效率，又要求气流有适当高的固气比，以缩小分解炉的容积，提高热效率。在满足上述条件下，要求分解炉有较小的流体阻力，以降低系统的动力消耗。

分解炉内要求有一定的气体流速，保持炉内适当的气体流量，以供燃料燃烧所需的氧气，保持分解炉的发热能力；合理的气体流速，使喷入炉内的燃料与气流良好混合，使燃烧充分、稳定；利用旋风、喷腾等效应，使喂入炉内的物料能很快分散，均匀悬浮于气流中，并有一定的停留时间。以旋风型分解炉为例，一般要求缩口气体流速在 20m/s 以上，出口风速为 15～20m/s，锥体部分流速相应减小，圆筒部分流速最小。炉内气体流速通常用气体流量与断面积计算得到的表观风速，一般表观风速取 4.5～6.0 m/s。但炉内气体运动通常是回旋上升或下降，实际风速比表观风速要大。

气体在分解炉内的运动状态非常复杂，不同炉型内的气体运动状态各不相同，主要利用旋风效应、喷腾效应、流态化效应和湍流效应等来达到物料均匀分散的目的。

气体的流型影响分解炉功能的发挥。单纯旋流虽能增加物料在炉内的停留时间，但旋流强度过大易造成物料的贴壁运动，对物料的均布不利；单纯的喷腾有利于分散和纵向均布，但会造成疏密两区；单纯流态化由于气固参数一致，降低了传热和传质的推动力；单纯的强烈湍流则使设备的高度过高。因此采用喷（腾）-旋（流）、湍（流）-旋（流）等叠加的方式，更能达到使物料均匀分散的目的。

4. 分解炉内的旋风效应与喷腾效应

旋风效应是旋风型分解炉及预热器内气流作旋回运动，使物料滞后于气流的效应。

旋风效应如图 2.2.14 所示，气流经下部涡流室形成旋回运动，再以切线方向入炉，在炉内旋回前进。悬浮于气流中的物料，由于旋转运动，受离心力的作用，逐步被甩向炉壁，与炉壁摩擦碰撞后，运动动能大大降低，速度锐减，甚至失速坠落，降至缩口时再被气流带起。运动速度锐减的料粉，如果是在旋风预热器内，便沿筒壁逐渐下降至锥体并从气流中分离出来。而在旋风型分解炉中的料粉却不沉降下来，因为前面的气流将料粉滞留下，后面的气流又将料粉继续推向前进。所以物料总的运动趋向还是顺着气流，旋回前进而出炉。但料粉前进的运动速度，却远远落后于气流的速度，造成料粉在炉内的滞留现象，使炉内气流中的料粉浓度大大高于进口或出口浓度。料粉的细度越细，其滞留的时间越短；料粉细度越粗，滞留时间越长。

喷腾效应是分解炉或预热器内气流作喷腾运动，使物料滞后于气流的效应。

喷腾效应如图 2.2.15 所示，这种炉的结构是炉筒直径较大，上、下部为锥体，底部为喉管，入炉气流以 20～40m/s 的流速通过喉管，在一定高度内形成一条上升流股，将炉下部锥体四周的气体及料粉、煤粉不断卷吸进来，向上喷射，造成许多由中心向边缘的旋涡，形成喷腾运动。料粉和煤粉在旋涡作用下甩向炉壁，沿炉壁下落，降到喉口再被吹起，炉内气流的平均含尘浓度大大增加，使料粉、煤粉在炉内的停留时间大幅度延长。

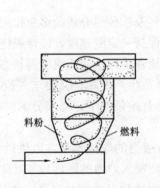

图 2.2.14 旋风效应示意图

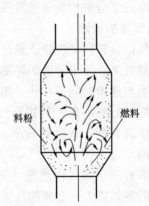

图 2.2.15 喷腾效应示意图

在旋风型分解炉如 SF 型炉以旋风效应为主，在喷腾型分解炉如 MFC 型炉中以喷腾效应为主，在 KSV 型分解炉中则存在先喷腾后旋风的效应，而 RSP 型分解炉中则存在先旋风后喷腾的效应。

　　悬浮在气流中的料粉及煤粉，如果在分解炉中与气体没有相对运动而随气流同时进出，则在炉内只有 2.5s 的停留时间，这对 $CaCO_3$ 分解反应以及煤粉的燃烧来说是远远不够的，因此必须大大延长料粉和煤粉在炉内的停留时间。单靠降低风速或增大分解炉的容积是难以解决的，主要的方法是使炉内气流作适当的旋转运动或喷腾运动，或是二者叠加结合，以造成旋风效应或喷腾效应，使气流与料粉间产生相对运动而使料粉滞留，延长料粉在炉内的停留时间，达到预期的分解效果。

5. 料粉及煤粉的悬浮及含尘浓度

　　料粉及煤粉的均匀悬浮，对于分解炉内的传热、传质速率和分解率有着巨大的影响。如果燃料和生料不能均匀分散悬浮于气流中，将使燃烧速度减慢，发热能力降低，生料不能迅速吸热分解，造成分解速度减慢、分解率降低，同时将造成炉内局部温度过高，容易引起结皮及堵塞现象。

　　为加强燃料和生料的分散与悬浮，首先分解炉内应有合理的气体流场和适当的风速，选择合理的喂料位置。喂料点应设在分解炉物料落差较小、气体流速较大的部位，以使物料和煤粉充分分散。同时，喂料点应尽量靠近气流入口，但以不致产生落料为前提。

　　操作中应注意来料的均匀性，要求下料管的翻板阀灵活密实，来料多时能起到缓冲作用，来料少时能防止漏风。

　　在喂料口安装适当形式的撒料装置，一方面可减缓物料下冲的速度，另一方面将料股冲散，并改变物料的运动方向，与气流充分接触悬浮。

　　气流的含尘浓度是一个重要的生产控制参数。气流含尘浓度高，可减小分解炉容积，减少废气带走热损失。对输送或预热物料来说，气流中的含尘浓度越高越好。但在分解炉中，含尘浓度的确定，还应考虑燃烧供氧的情况。例如 $1m^3$ 气体能输送 0.6kg 的料粉，但 $1m^3$ 气体供燃料燃烧放出的热量不足以提供分解所需的热量，因此含尘浓度过高会引起分解率的降低。

　　生产实践证明，对窑尾烟气不通过分解炉的系统，含尘浓度低于 $0.45kg/m^3$ 时，生料可充分分解；含尘浓度在 $0.45kg/m^3$ 以上时，供热量不足以提供分解所需的热量，此时多加燃料也无济于事，料粉浓度控制的越高，分解率下降的越多。

　　如果窑尾烟气通过分解炉，且占分解炉入口气流的一半，则尽管窑尾烟气本身含有大量显热，但由于 O_2 含量低，单位气体的发热量仅为纯空气的一半左右，含尘浓度为 $0.30kg/m^3$ 也不能完全分解，仅仅能使含尘浓度为 $0.25kg/m^3$ 的料粉分解率达到大约 90%。

　　由于含尘浓度与分解率的关系密切，在实际生产中，当分解炉的通风量一定时，其喂料量应限制在一定范围内，以保证入窑物料的分解率达到 90%～95%。

6. 分解炉的热工制度及技术特点

　　分解炉内各热工参数（如温度、风速、料粉及燃料浓度等）的分布与配合，就是分解炉的热工制度。

　　分解炉的热工制度是否合理，应从炉内燃料的燃烧过程、气固相之间的传热过程及料粉的吸热分解是否相互适应来衡量，应该达到发热量大、传热速率快、分解率高、热效率高，而又能长期稳定运转。

　　热工制度的合理、稳定是高效率的分解炉的必要条件。而炉温的均匀、稳定是分解炉热工制度稳定的重要标志。只有当加入分解炉内的燃料均匀分布、快速燃烧，才能提供稳定均匀的温度场及物料分解所需的热量。燃烧放出的热量如不能迅速传递给物料，则物料的分解率将降低，炉内气温过高而使系统产生结皮和堵塞。因此，高速率的传热是稳定分解炉热工制度的重要环节。物料的分解是分解炉的工艺任务，也正是物料分解大量吸热，才有可能使炉内温度限制在平衡分解温度附近。发热—传热—吸热相互配合，燃烧放热速度—气固传热速度—吸热分解速度达到高水平并保持平衡，才能使炉温稳定，分解炉达到较高的效率和较高的生料分解率。

分解炉合理的热工制度应符合下列要求：

（1）喂煤及喂料适当、均匀，物料流动稳定，产量高、质量好。

（2）燃烧过程稳定，有良好的燃烧条件和传热条件。

（3）气体流动顺畅，通风良好，能按工艺要求保证料粉和燃料良好的悬浮。

（4）温度分布能满足工艺制度的要求，保证工艺过程的顺利进行及产品的质量。

（5）整个分解过程均衡、稳定、安全、可靠。

为达到上述要求，使分解炉稳定、高效地运行，操作中应注意以下操作要点：

（1）控制风、煤、料及窑速之间的合理匹配。

（2）控制料粉和燃料迅速、均匀地分散与悬浮。

（3）控制炉内气流产生良好的旋风效应或奔腾效应。

任务 3　预分解窑

任务描述：熟悉预分解窑的分类方法及类型；掌握预分解窑的热工性能。

知识目标：熟悉预分解窑的分类方法及类型；掌握预分解窑工艺带的划分及烧成反应特点。

能力目标：掌握预分解窑的热工性能。

3.1　预分解窑的分类

1. 按分解炉内的流场分类

按分解炉内的流场进行分类，预分解窑主要分为以下五种类型：

（1）旋流-喷腾叠加流场类，例如 SF 型、N-SF 型、KSV 型等。

（2）旁置预燃室类，例如 RSP 型、GG 型等。

（3）流化床-悬浮层叠加流场类，例如 MFC 型、N-MFC 型等。

（4）喷腾或复合喷腾流场类，例如 SLC 型、DD 型等；

（5）悬浮层流场为主的管道炉类，例如 Prepol-AT 型、Pyroclon-R 型等。

2. 按全窑系统气体流动的方式分类

按全窑系统气体流动的方式进行分类，预分解窑主要分为以下三种类型：

（1）分解炉所需助燃空气全部由窑内通过，不设三次风管道，有时也不设专门的分解炉，而是利用窑尾的上升烟道经过适当改进或加长作为分解室，如图 2.3.1（a）所示，其特点是生产工艺系统简单、投资少，但窑内过剩空气系数大，降低烧成带的火焰温度。

（2）设有单独的三次风管，由冷却机引入热风，并在炉前或炉内与窑尾烟气混合，如图 2.3.1（b）所示。

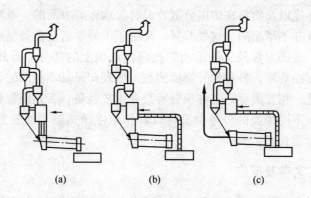

图 2.3.1　预分解窑的气体流动方式

（3）设有单独的三次风管，分解炉所需助燃空气全部由三次风管提供，窑尾烟气不入炉，如图 2.3.1（c）所示，这种方式可保持分解炉内较高的氧气浓度，有利于煤粉的燃烧及碳酸盐的分解反应。窑尾烟气还可在分解炉后与分解炉烟气混合，以简化工艺流程，如图 2.3.2（a）所示；也可经过一个单独的预热器系列，便于生产控制，如图 2.3.2（b）所示；还可将窑尾烟气单独排除，用于原料烘干或余热发电，或在原料中有害成分较高时采用旁路放风，如图 2.3.2（c）所示。

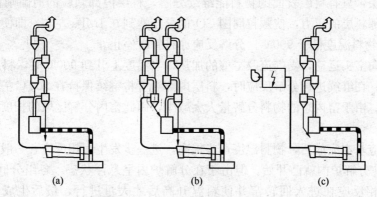

图 2.3.2　预分解窑尾的气体流动方式

3. 按预热器，分解炉、窑及主排风机匹配方式分类

按预热器，分解炉、窑及主排风机匹配方式分类，预分解窑主要分为以下三种类型：

（1）同线型

分解炉设在窑尾烟室之上，窑尾烟气进入分解炉后与炉气汇合进入最下级旋风筒，窑尾烟气与炉气共用一台主排风机，如图 2.3.1（b）所示，例如 N-SF 炉、DD 炉等。

（2）离线型

分解炉设在窑尾上升烟道一侧，窑尾烟气与炉气各进入一列预热器系，并各用一台排风机，如图 2.3.2（b）所示，例如 SLC 炉型。

（3）半离线型

分解炉设在窑尾上升烟道一侧，窑尾烟气与炉气在上升烟道汇合后进入最下级旋风筒，两者共用一组预热器系列和一台主排风机，如图 2.3.2（a）所示，例如 SLC-S 型。

各种类型的预分解窑各具特色，各不相同，分解炉结构、形式的差异，使炉内气、固运

23

动方式，燃料燃烧环境以及物料在炉内分散、混合、均布等方面的一系列条件发生变化，其设备性能及工艺布置亦不尽相同。这些差异，是由于不同学者及设备制造厂商基于对加强燃料燃烧、物料分解、气固混合及气流运动的机理在认识上的部分差异和专利法的限制而造成。但是，从宏观方面观察，各种预分解窑的技术原理却是基本相同的，并且随着预分解技术的发展而相互渗透、相互借鉴，各种预分解窑在工艺装备、工艺流程和分解炉结构形式方面又都大同小异的，不同种类的分解炉都可以看作悬浮预热器与回转窑之间改造了上升烟道，是对上升烟道的延长和扩展。

3.2 预分解窑的工艺带及反应

预分解窑将物料的预热过程移至预热器，碳酸盐的分解移至分解炉，使窑内的煅烧反应发生了重大变化，窑内只进行小部分分解反应、固相反应、烧成反应。因此，一般将预分解窑分为三个工艺带：分解带、固相反应带及烧成带。

从窑尾至物料温度 1280℃ 左右的区间，主要是少部分物料的碳酸盐分解和全部物料的固相反应；物料温度 1300～1450～1300℃ 区间为烧成带，主要完成熟料的烧成过程。

由最低一级旋风筒喂入窑内的物料温度一般是 850℃ 左右，入窑物料的分解率在 85%～95%，部分物料在窑内需要继续分解。物料刚进窑时，由于重力作用，沉积在窑的底部，形成堆积层，只有料层表面的物料能继续分解，料层内部颗粒的周围则被 CO_2 气膜包裹，同时受上部料层的压力，使颗粒周围 CO_2 的分压达到 0.1MPa 左右，即使窑尾烟气温度达 1000℃，因物料温度低于 900℃，分解反应亦将暂时停止。

物料继续向窑头运动，受气流及窑壁的加热，当温度上升到 900℃ 时，料层内部剧烈地进行分解反应。在继续进行分解反应时，料层内部温度将继续保持在 900℃ 左右，直到分解反应基本完成。由于窑内总的物料分解量大大减少，因此窑内分解区域的长度比悬浮预热器窑大为缩短。

当分解反应基本完成后，物料温度逐步提高，进一步发生固相反应。一般初级固相反应于 800℃ 左右在分解炉内就已开始。但由于在分解炉内呈悬浮状态，各组分间接触不紧密，所有主要的固相反应在进入回转窑并使料温升高后才大量进行，最后生成 C_2S、C_3A 及 C_4AF 等矿物。为加速固相反应的进行，除选择活性较大的原料以外，提高生料的细度及均匀性是很重要的。

固相反应时放热反应放出的热量使窑内物料温度较快地升高到烧结温度。预分解窑的烧结任务与预热器窑相比增大了一倍，其烧结任务的完成，主要是依靠延长烧成带长度及提高平均温度。

3.3 预分解窑的热工性能

预分解窑内的工艺反应需要的热量较少，但需要的温度条件较高。因此在预分解窑内的热工布局应是平均温度较高、高温带较长。

1. 预分解窑内燃料的燃烧和较长的高温带

预分解窑对燃料品质的要求以及燃料的燃烧过程等与传统回转窑大致相同。但预分解窑内的坚固窑皮约占窑长 40%，比一般传统的干法窑长得多。通常以坚固窑皮的长度作为衡量烧成带长度及燃烧高温带长度的标志。

预分解窑烧成带平均温度较高而热力分布较均匀,火焰的平均温度较高,有利于传热,特别是能加速熟料形成。但是如果火焰过于集中而高温带短,则容易烧坏烧成带窑皮及材料,影响窑的安全运转周期。

预分解窑能延长高温带的原因有两方面:一方面是燃烧条件的改变,另一方面是窑内吸热条件的改变。

传统回转窑窑内的通风受窑尾温度的限制,当窑内通风增大时,风速提高将使出窑烟气温度升高,热损失增大。对于预分解窑出窑烟气温度提高后,由分解炉及悬浮预热器回收,可在窑后系统不结皮的条件下,控制较高的窑尾烟气温度,窑的二次风量可增大,一次风及燃料的喂入量亦可适当调节而获得较长高温带。

传统回转窑内,$CaCO_3$ 分解一般紧靠在燃烧带,当生料窜进烧成带前部继续分解时,不但大幅度降低窑温,分解出的 CO_2 也干扰燃料的燃烧,影响高温带的长度。预分解窑受分解反应的干扰就小得多。

传统回转窑内,$CaCO_3$ 分解带处于燃烧带的后半部,料层内部温度只有 900℃ 左右,并强烈分解吸收大量热量,因此使气流迅速降温,高温带缩短。在预分解窑内,因 $CaCO_3$ 大部分已在窑外分解,窑内分解吸热量少,且在距燃烧带相当远的区域即已完全分解,料层温度升高,因此高温火焰向料层(包括窑衬)散热慢,高温带自然延长,坚固窑皮长度也增加。

2. 预分解窑的热负荷

窑的热负荷,又称热力强度,反映窑所承受的热量大小。窑的热负荷越高,对衬料寿命的影响越大。窑的热负荷常用燃烧带容积热负荷、燃烧带表面积热负荷及窑的截面热负荷表示。

在熟料产量相同的前提下,预分解窑的截面热负荷及表面积热负荷比其他窑型低得多。在成倍增大单位容积产量的同时,大幅度地降低了窑的烧成带热负荷,使预分解窑烧成带衬料寿命大大延长,耐火材料消耗减少,延长了窑的安全运转周期。

3. 预分解窑的物料运动

物料在预分解窑内运动的特点是时间较短而流速均匀,物料在窑内停留时间为 30～45min,为一般回转窑内的 1/3～1/2。窑内物料流速均匀,料层翻滚灵活、滑动减少,为稳定窑的热工制度创造了条件。

入窑 $CaCO_3$ 分解率的提高、窑内高温带及烧成带的延长,可大幅度提高窑速,提高生产能力,但仍需保持物料在烧成带停留 10～15min,这比一般回转窑要短很多时间。

4. 预分解窑的传热与发热能力

预分解窑内的传热方式以辐射为主,在过渡带,对流传热也占有较大比例。从窑内气流对物料的传热能力来看,预分解窑过渡带的物料温度升高比一般回转窑快,物料的平均温度较高,减小了气固相之间的温差,因而预分解窑比同规格的悬浮预热器窑的传热能力要小。由于预分解窑传热能力降低,如果保持与预热器窑相同的热负荷,窑尾烟气温度将升高到 1100℃ 以上,可能引起窑尾烟道、分解炉、预热器系统的超温和结皮堵塞。因此预分解窑的发热能力和热负荷比预热器窑要低。

任务 4　篦式冷却机

任务描述:熟悉回转篦式冷却机及振动篦式冷却机的结构、工作原理;掌握推动篦式冷却机的结构、类型及工作原理；掌握水泥企业常用的第三代及第四代篦式冷却机的技术性能。

　　知识目标：熟悉回转篦式冷却机及振动篦式冷却机的结构、工作原理；掌握四种推动篦式冷却机的结构、技术性能及工作原理。

　　能力目标：掌握水泥企业常用的第三代及第四代篦式冷却机的技术性能。

　　篦式冷却机简称篦冷机，是一种骤冷的气固换热设备。熟料进入篦式冷却机后，在篦板上铺成厚度均匀的料层，由鼓风机鼓入一定压力的冷风，冷风在穿过熟料层的过程中，与熟料实现高效的热交换，冷风可在数分钟内将熟料由1300℃冷却到200℃，实现骤冷熟料的目的。熟料冷却后的温度较筒式冷却机低很多，可达100℃及以下。篦式冷却机的冷却能力大，可以和日产12000t的预分解窑相配套。篦式冷却机属于快冷设备，有利于改善熟料质量，提高熟料的易磨性。但篦式冷却机比筒式冷却机的结构复杂，操作控制复杂，设备投资费用高很多，占地面积大。

　　按照篦板运动方式的不同，篦式冷却机可分为回转篦式冷却机、振动篦式冷却机及推动篦式冷却机三种类型，目前水泥企业常用的是推动篦式冷却机。

4.1　回转篦式冷却机

　　世界上第一台回转篦式冷却机是德国伯力鸠斯公司1930年开发研制的，其结构如图2.4.1所示。

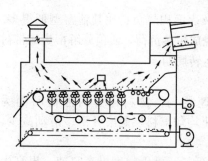

图2.4.1　回转篦式冷却机的
结构简图

　　回转篦式冷却机的结构与立波尔窑的回转炉篦式加热机很相似，具有可回转的无端篦条带，冷风自篦子下鼓入，为了加强冷却效果，热端还可鼓入高压风与熟料进行换热，冷却效率较筒式冷却机高，二次风温可以达到600℃及以上。但熟料在篦板上是静止的，熟料分散、分布不够均匀，因而熟料冷却不够均匀，出冷却机的熟料温度常常偏高。篦板有往复两层，不易在篦板底部隔仓鼓风，更不适应设备大型化的发展需求，因此20世纪60年代以后，回转篦式冷却机的使用越来越少，目前已经全部淘汰。

4.2　振动篦式冷却机

　　为了改进克服回转篦式冷却机的结构缺陷，美国阿利斯-查默尔公司在回转篦式冷机出世不久就研制生产了第一台振动式篦冷机，其结构如图2.4.2所示。

　　振动篦式冷却机安装在窑体的下方，机身由钢板制成，分上下两层，用篦板分开，篦板镶在下层机壳的上部，整个下层机身都是靠弹簧吊起。冷端有一个大弹簧，一端固定在机身上，另一端连接在横穿机身的偏心轴上，由电动机带动偏心轴回转以振动机体。由于篦床振动所产生的惯性力，使熟料除向冷端移动外，还向两边散开，在整个篦床上形成一层跳跃着的料层。冷风由鼓风机鼓入下面的风室内，并穿过篦床上面的料层将熟料冷却而形成热风。

熟料单位冷却空气量较大，一般为 4～4.5Nm³/kg 熟料，其中温度高的部分作为入窑的二次风，温度比较低的部分可作烘干原料的热风，多余的热风从烟囱排出。

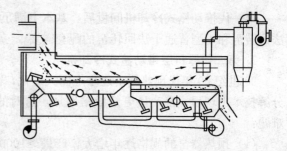

振动箅式冷却机的长度与宽度之比较大，一般都超过 15，甚至达到 20。由于振动箅式冷机的长度过长，入窑二次空气温度较低，振动弹簧在设计和材质方面都有

图 2.4.2 振动箅式冷却机的结构简图

特殊要求，生产上弹簧经常发生断裂现象，影响窑的运转率，不适应设备大型化的要求，它的使用和发展受到限制，目前已经全部淘汰。

4.3 推动箅式冷却机

自 1937 年美国富勒公司成功研制第一台用于水泥熟料冷却的推动箅式冷却机以来，箅式冷却机在世界水泥工业中得到了广泛地开发和应用。随着水泥生产技术的不断发展和水泥企业管理水平不断地提高，厚料层操作推动箅式冷却机技术的重要性已越来越被人们所认识，它直接影响到回转窑的产量、热耗和运转率，特别是对于新型干法水泥企业更是如此。由于出窑熟料温度高达 1300～1400℃，箅板处于高温和高磨损条件下工作，且产量波动大，最高可达 30％及以上，熟料带走的余热回收要求高，一般应大于 70％及以上，并要求能提供稳定的、温度可达 1000～1200℃二次风和 700～900℃的三次风，故对箅式冷却机的机械性能、自动控制性能和工艺性能等方面的要求越来越高。

箅式冷却机始终围绕如何提高单位箅床面积的产量、提高热能回收率、降低单位冷却空气量、降低磨损以及维护费用等方面研究开发，先后经历了四个发展阶段，其主要性能如表 2.4.1 所示。

表 2.4.1 推动箅式冷却机的性能指标

类别	单位箅床面积产量 [t/(m²·d)]	单位冷却风量 (Nm³/kg)	热效率 (％)
第一代	25～27	3.5～4.0	<50
第二代	32～43	2.7～3.2	65～70
第三代	40～50	1.7～2.2	70～75
第四代	45～55	1.5～2.0	75～80

1. 第一代推动箅式冷却机

箅式冷却机的工作原理是从窑头落下的高温熟料铺在进料端的箅床上，被箅板推动向前运动而铺满整个箅床，冷却空气从箅下透过熟料层，在此过程中熟料得以冷却，冷风得以加热变成热风，作为入窑的二次空气，也可作为入炉的三次空气。第一代推动箅式冷却机的主梁横向布置，为运送熟料需作纵向运动，横向布置的主梁在作纵向运动时很难做到密封，虽然箅下有隔仓板，也难以做到密封，在生产过程中，冷风从隔仓板上端漏出，形成箅下内漏风，因此冷却效率不高，料层控制的较薄，一般在 200～300mm，冷却风量为 3.0～3.5Nm³/kg，单位面积产量约 20～25t/(m²·d)，冷却效率<50％，入窑二次空气温度一般在 600～750℃。

第一代推动篦式冷却机问世后，基本上满足了当时水泥生产条件下的湿法回转窑、半干法回转窑和小型普通干法回转窑的配套需要。

2. 第二代厚料层推动篦式冷却机

20世纪60年代预热器窑逐步走向大型化，窑产量最大的为4000t/d；20世纪70年代预分解技术出现后，窑产量更是成倍增加，这时的第一代推动篦式冷却机面临了如下的技术难题：

（1）预热器窑的规格逐年增大，产量＞1000t/d时，熟料颗粒离析增加，细颗粒熟料随窑产量增大而增多，冷风透过料层时，部分细颗粒熟料流态化，篦板没法推动流态化颗粒，而一些堆积致密的细颗粒熟料层的熟料因料层阻力大，冷风没法透过，得不到充分冷却，仍然处在高温状况，极易将堆积下的篦板烧坏，其后果是出篦冷机熟料温度高，废气温度高，入窑二次空气温温低，冷却效率低，设备故障率高，窑的运转率低。

（2）一些水泥企业将传统窑改为预分解窑，窑产量成倍增加，但场地限制篦床面积增大，必须提高篦冷机的单位面积产量，才能满足扩建需求。显然，低单位面积产量、低热效率、薄料层技术操作的第一代推动篦式冷却机已很难满足窑系统大幅度提高产量、和降低熟料热耗的技术要求，于是就产生了第二代推动篦式冷却机，即厚料层篦冷机。

第二代推动篦冷机与第一代推动篦冷机的主要区别在于：第一代篦冷机的风室大，有时几个风室共用一台风机，漏风窜风相当严重，风于熟料的热交换差、热效率低。而第二代推动篦冷机的风室较小，分多个风室，各风室配置独立的风机，改进了各室间的密封，减少了漏风窜风现象，改善了风与熟料的热交换，料层厚度可达500~600mm，从而提高了篦冷机的热效率。其主要性能指标是：二次风温度达到600~900℃；三次风温度达到500℃及以上；冷却风量为 2.7 ~ 3.2Nm³/kg；单位面积产量约 32 ~ 42t/(m²·d)；冷却效率65％~70％。

第二代推动篦冷机依然存在的技术缺点：

（1）由于活动框架穿越各风室运动，无法解决风室间的密封，风室隔墙经长期运行后磨损，导致漏风、窜风现象严重。

（2）以室为单位划分区域，纵向料层厚度不均匀，造成阻力不均，阻力小处冷却风短路，阻力大处篦床局部过热，篦冷机篦板烧坏变形或脱落等事故时有发生，严重影响窑的运转率。

（3）由于窑的回转作用而形成出窑横向熟料的粗、细料离析现象，篦床上的熟料层形成颗粒不均、熟料厚度不均，造成料层阻力不均，冷风集中透过阻力较低部位的料层，而阻力高的料层得不到冷风透过，在同一室的宽度方向，同样引发冷却风短路问题，导致难以消除的"红河"现象。

（4）靠风室供风冷却，无法精确调解各熟料区域的冷却用风量，高温熟料得不到淬冷，维持生产的唯一途径就是提高单位冷风量，造成了二、三次热风温度的下降，热效率降低。

（5）窑的来料颗粒变化大，造成料层阻力变化大，相应透过料层风量变化也大，难以控制通风量。缩小各室的通风面积，改善料层阻力，加强密封，提高冷却机效率，成为第二代篦冷机优化创新的突破点。

3. 第三代控制流推动篦式冷却机

随着预分解技术的日臻成熟和市场的竞争日益激烈，进一步改善篦冷机热回收性能、提高热效率、完善篦冷机运行稳定性、可操纵性，就成为第三代篦式冷却机研制开发的目标。第三代推动篦式冷却机针对熟料入机后纵向和横向料层厚度、颗粒组成及温度状况，采取两项重大改进：一是改变第二代厚料层篦冷机分风室通风、各室冷却区域面积过大、难以适应料层不均匀状况，将篦床划分为众多的供风小区，便于供风调整；二是采用由封闭篦板梁和盒式篦板组成的阻力篦板冷却单元，使每个阻力篦板冷却单元形成众多的控制气流，从而克服了第二代篦冷机的缺点，显著降低了单位冷却风量，大幅度提高了冷却效率。第三代推动篦式冷却机也叫控制流篦式冷却机，其主要性能指标是：二次风温度达到1000℃及以上；三次风温度达到800℃及以上；冷却风量为$1.7\sim2.2Nm^3/kg$；单位面积产量约$40\sim50t/(m^2\cdot d)$；冷却效率70%～75%。

第三代控制流篦冷机的结构特点：

（1）高温区采用固定和活动充气梁技术进行热回收，中温区采用高阻尼低漏料篦板，低温区采用富勒改进型篦板。

（2）篦冷机结构上主要是充气梁安装高阻尼充气式篦板，固定式充气梁的供风由固定式分配风管实现篦板供风，活动式充气梁的供风由活套式分配风管或者关节式活动风管或者金属绕性软连接风管实现篦板供风。高阻尼低漏料篦板和富勒改进型篦板的供风由篦冷机空气室供风来实现。

第三代控制流篦冷机的技术特点：

（1）料层厚度增加。由于采用充气梁技术、高阻尼技术和高压风机，熟料冷却风的穿透能力上升，熟料在篦床上的厚度一般控制为600～800mm。

（2）高温区风机的风压上升。由于采用高阻尼篦板和充气梁技术，供风风机的风压上升，一般在8000～12000Pa，在实际工作时，高压风呈水平方向穿射出篦板并冷却高温熟料。

（3）总风量显著下降。第三代篦冷机采用高阻尼篦板，篦板阻力远远大于二代篦冷机篦板，空气穿过篦板缝隙产生速度达到40m/s。生产实践证明，当冷空气速度达到40m/s时，篦床上物料的压力再增加，风速不会发生明显变化，也就是穿过高阻力篦板的冷风，继续穿过料层时，风速变化很小，通过篦床熟料层的冷风速度均匀，熟料冷却速度均匀，所以不需要太多的风量。

（4）二次风温明显提高，篦冷机的热效率提高。二次风温由二代篦冷机普遍的600～900℃上升为1000～1200℃，促进了煤粉的燃烧，提高了窑产量和质量。

（5）漏料量减少。高阻尼篦板的结构设计合理，篦板结构缝隙减少，外形尺寸加工十分精确，每块篦板本身漏料量大大减少，篦床上熟料总漏料量也大大减少。

（6）单位电耗下降。采用空气梁技术，密封性能好，不容易产生漏风现象；在低温部位，不再像高温部位那样以每排篦板为单位配置冷却风量，而是采用分室供风，达到节省电能目的；高阻尼篦板大大减少了漏风和漏料，所以在产量不变的情况下，冷却单位熟料的电耗必然下降。

4. 第四代推动篦式冷却机

第四代推动篦式冷却机是丹麦史密斯公司和美国富勒公司共同开发研制的，也叫第四代推动棒式篦冷机，主要由熟料输送、熟料冷却及传动装置等三部分组成。与以往推动篦式冷却机的最大区别是熟料输送与熟料冷却是两个独立的结构。篦板是固定的，不输送物料。熟料输送是由固定箅床上的固定与活动交替排列的横杆做往复运动来实现的。运动横杆还起到搅拌、均化熟料的作用,使熟料完全暴露在冷空气中,迅速冷却。横杆通过固定夹固定更换、安装方便。横杆磨损对冷却机的运转及热效率没有影响。箅床与运动横杆之间始终保持有一层约 50mm 的料层,防止熟料的冲击,对箅板起到隔离保护的作用,所以箅板的寿命在 5 年及以上。

冷却熟料的冷风由固定箅床上的箅板提供用,每块箅板采用机械式空气调节阀,实现冷却空气分布的自动调控,使由于温度变化、料层厚度不均及回转窑出料时产生的粗、细料离析等引起的熟料层阻力差异得以自动均衡,实现最佳的空气分布。其主要性能指标是:二次风温度达到 1100℃ 及以上;三次风温度达到 900℃ 及以上;冷却风量为 1.5～2.0Nm³/kg;单位面积产量约 45～55t/(m²·d);冷却效率 75％～80％。

第四代推动棒式箅冷机的技术优点:

(1)熟料输送与冷却独立完成,箅板是固定的,磨损少,不会发生因箅板间隙加大而降低冷却效果,箅板寿命大大延长,设备运行可靠,设备故障率降低。

(2)箅板结构特殊,确保箅下无熟料落入风室,无须设置卸料斗、料封阀和拉链机等设备,工艺结构简单,操作维护方便。

(3)采用机械式空气调节阀,使冷空气的控制达到了最小模块化,无须使用密封风机,减少废气量,同等规格下风机数量减少一半。

(4)体积小,重量轻,体积及重量只是第三代控制流箅冷机的 1/2～1/3。

(5)模块化设计制造:安装快捷,能适应不同外形结构的各种规格箅式冷却机。

(6)附属设备、土建工程、安装工程少。

(7)易损件少,横杆的寿命一年半及以上,箅板寿命五年及以上,检修方便,节约成本。

(8)液压传动,轴承只需每年加油一次,维护工作量少。

第四代箅冷机的冷却效率和电耗等项工艺指标并不比第三代箅冷机先进多少,而且进料部位完全一致,但改进的结构装置主要解决了粉状和大块熟料的冷却及红热熟料对箅板的损坏,此外,取消风室下的拉链机,简化了工艺设备,提高了设备运转率,解决了第三代箅冷机难以解决的技术问题,满足了装备大型化及煅烧代替燃烧出现的工艺技术进展带来的需求,这是冷却机技术一大进步。

4.4 水泥企业常用的第三代及第四代箅式冷却机

4.4.1 IKN 型悬摆式箅冷机

IKN 型悬摆式箅冷机是德国 IKN 公司 20 世纪 80 年代开发研制的第三代推动箅式冷却机,它的成功问世,带来了水泥熟料冷却技术的革命。自 1991 年澳大利亚 Adelaidet-Brighton 水泥公司采用第一台全新 IKN 型悬摆式箅冷机以来,其优秀性能得到世界范围内水泥业界的高度赞誉,受到了德国、日本、菲律宾、韩国、中国、巴西、美国、哥伦比亚等国家青睐,1998 年成功和当时世界上最大生产能力 10000t/d 的预分解窑配套使用投产,目前已经实现和日产 12000t 熟料的预分解窑相配套。

1. IKN 型悬摆式箅冷机的技术特点

(1)采用水平喷流的 COANDA 喷流箅板。

（2）采用空气梁技术的熟料入口分配系统（KIDS）。

（3）采用单缸液压传动的自调准悬摆系统。

（4）采用液压传动的隔热挡板。

（5）采用箱形辊式破碎机。

（6）采用气力清除漏料装置（PHD）。

2. 采用水平喷流的 DOANDA 喷流篦板

熟料层内的气流分布式有效冷却的关键。具体地说，固体和气体的流动速度在每一体积单元内必须一致。气体流动是在熟料层内的空隙中进行的，水平喷流贴近篦板表面，等效于篦板张开无数喷口。同时由于篦板对气流阻力很大，故使得气流在熟料层内所有空隙中的垂直上升速度几乎处处相等，因此在熟料层内可获得一条光滑的温度分布曲线，接近冷风的是冷熟料，而热熟料则靠热风端，如果熟料分布不均匀，气流便可能穿透某些阻力较小的部位，导致气流和熟料分布紊乱，降低它们之间的热交换。因此，获得气流均匀分布的最重要因素是篦板对于气流的均匀高阻力。

在传统篦式冷却机中，垂直喷流引起反向空气流表面，造成篦板的损坏。这种篦板磨损可使篦板面积每年增加 4%，通常用缩小篦缝的办法来增加篦板对气流的阻力，然而窄缝会产生更加剧烈的空气喷流并在熟料层内引起湍流，导致更强的喷砂效应，使磨损加剧。

IKN 将具有水平喷流效应的 COANDA 篦板引入到熟料冷却中，从而找到了彻底解决这一问题的方法：用向篦板表面切向倾斜的弯曲气缝送气的方式来取代传统的垂直喷流。COANDA 喷流篦板的结构如图 2.4.3 所示，其设计保证熟料不能通过通气缝，喷出的强劲气流贴近篦板表面，同时其具有高阻力使得该气流场均匀

图 2.4.3　COANDA 喷流篦板的结构示意图

向上分布，透过料层空隙，将夹杂在粗粒熟料之中的细粉缓缓地带到料层表面，于是料层空隙中的细粒被扫清，空隙成为良好顺畅的气流通道，这些通道匀布于整个料床内，使向上气流阻力很小且处处均匀。

3. 采用空气梁技术的熟料入口分配系统（KIDS）

传统篦冷机在熟料入口处都有下述问题：由于热交换差及冷却速度低而导致熟料矿物活性低且易磨性差；由于热回收率低而导致热耗大；由于篦板阻力小而导致熟料层经常被冷却气流穿透，从而破坏熟料和气流之间的热交换，并使一些篦板直接承受高温熟料，导致篦板寿命减短。在此情形下不可能获得均匀的熟料分布，并易产生"红河"和"雪人"。

空气梁技术的发明可追溯到 1991 年。IKN 的第一台熟料入口分配系统（KIDS），由于发明了这一技术，实现了将冷却气流分别送入各排篦板的直接通风。在 KIDS 中，前 6~9 排篦板采用空气梁技术，先将若干 COANDA 喷流篦板连成为一个整体，再将它们嵌入空气梁并用一些特殊的水平螺栓将其相互固定在一起，以确保它们不发生垂直方向的变形，但允许受热膨胀或收缩时在水平方向的整体位移，篦冷机入口处的空气梁设计为固定式，具有极为可靠的机械性能。

IKN 采取了进一步的革新措施来控制熟料入口处的篦板阻力，可调节的空气栅格与 COANDA 喷流篦板的底部采用气密形连接。在 KIDS 后面的篦床采用仓式通气，每根空气梁下安有入口调节阀以保证将强劲气流通入活动篦板与固定篦板之间的缝隙之中，从而避免此处漏熟料而引起磨损。至今为止，200 多套 KIDS 已投产，用 KIDS 改造现有冷却机可得到均匀的熟料分布，提高热回收效率，降低冷却空气用量，延长篦板寿命。

4. 采用单缸液压传动的自调准悬摆系统

水泥熟料是一种磨蚀性强的材料，传统篦冷机由于"喷砂效应"引起的篦板磨损和活动框架辊轮支承部件每年可达 4%，故如何降低磨损是所有水泥厂家关心的问题之一，得益于水平喷流的 COANDA 喷流篦板，IKN 的冷却机已消除了由于"喷砂效应"及熟料穿过篦板而引起的磨损。

然而磨损也发生于固定和活动篦板之间的缝隙之中。这是由于活动框架下沉引起的，当活动篦板与固定篦板接触时就会产生磨损，传统辊式机械驱动的篦板运动不仅导致篦板本身的磨损，而且还导致相关部件（如托轮、轴承、滑动密封装置以及与它们相连的滑动接口等）的磨损。

为了避免这类磨损，固定篦板与活动篦板之间要保持相当小的垂直间隙并且需获得临界气流速度以清扫这些缝隙，使之无细料夹杂其中，鉴于这种认识研制出 IKN 悬摆式活动框架，框架采用了高强度铸件，安装精确，由于活动框架的摆动不再依赖传统冷却机的辊子运动，而是由弹簧钢板极小的弹性变形来完成，所以这种悬挂系统本身无任何磨损，故无需维护。

为了使合理的熟料分布以及熟料层内温度分布在运动过程不被破坏，IKN 开发了独特的液压传动装置，以缓慢向前和快速向后的运动方式进行运行。

5. 采用液压传动的隔热挡板

产生水平喷流的 COANDA 喷流篦板极大地加强了熟料和冷却空气之间通过传导和对流产生的热交换，但由于熟料向冷却机内壁，尤其是向低温冷端的辐射散热导致熟料层表面被冷却，这就限制了热回收率的进一步提高。IKN 采取的革新措施是在悬摆冷却机的气体分流交界处悬挂一个气冷的隔热挡板，其结构如图 2.4.4 所示，它可以用液压方式提起来或放下去，隔热挡板的冷却气体由其底部的 COANDA 喷嘴喷到熟料层表面，当大块熟料过来时，隔热挡板自动升起让其通过，在粉尘少和冷却机宽的情况下，隔热挡板带来的效益尤为显著。

图 2.4.4　自动升降隔热挡板结构示意图

当三次风是从冷却机机体内抽取时，需要考虑冷却机上的取风口位置，取风口一般位于或靠近冷却机上部机壳的气体分流处。在这种情况下，采用隔热挡板有效的隔开了回收热风和余风是极有利的。

6. 采用箱形辊式破碎机电耗较低

IKN 公司放弃使用锤式破碎机而选用箱形辊式破碎机，其原因是：

（1）箱形辊式破碎机的转速很低，一般每分钟大约只有 26 转，具有很高的耐磨性，而且不会引起扬尘，比使用锤式破碎机节省电耗大约 50%。

（2）通过调整辊间距来调整出破碎机熟料粒度，保证出破碎机的熟料粒度比较均匀，而且集中在生产控制的粒度范围之内。

（3）辊式破碎机对直径比较大的熟料块有较好的破碎效果，这主要归于辊子表面凹凸不平的辊齿，大块熟料是被辊齿一层一层剥掉，而不是像锤式破碎机一样需要将其打碎，并且每一个辊齿都被设计成同一规格，可以任意互换，大大提高了辊齿的使用寿命。

（4）当破碎机中进入了不可破碎的铁块等物品时，辊子在经过几次努力后会反转，铁块就会退出破碎机，这时只需人工前往取出铁块即可继续运转，因此可反转的辊子也很好地保护了辊齿，减少了维修工作量，提高了使用寿命。

7. 气力自动清除漏料系统

传统冷却机细粒熟料通过篦板漏入舱室，这些漏料通常用安装在冷却机下方的输送系统输送出去，易出现篦板磨损，许多活动接口必须密封润滑的维护。

IKN 悬摆式冷却机运作时能保持极小的篦板间隙，这些间隙中的熟料被强劲的气流喷吹掉，一般情况下没有漏料现象发生。然而，当漏料极少时，可能会产生冷却气体中的水分引起的混凝土问题。为解决这一问题，IKN 开发了气力自动清除漏料（PHD）系统，其结构如图 2.4.5 所示，将一钢管伸入盛有细熟料的漏斗集料器中，由冷风机提供的一般风压在管中产生 20～30m/s 的风速，它可提起集料器中的细熟料，通过管道送至

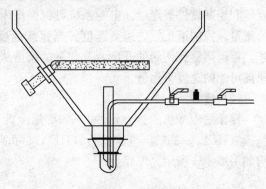

图 2.4.5　气力自动清除漏料系统

熟料破碎机下面的漏斗之中。直径达 20mm 的熟料均可被这一系统运走，即使所有漏斗中的管子同时连续吸料，耗气量也低于 0.02m³/kg 熟料。使用该系统，可节省一套位于冷却机下的熟料输送系统。

4.4.2　KC 型推动篦式冷却机

KC 型推动篦式冷却机是南京凯盛水泥设计研究院成功开发研制的第三代篦冷机，在我国数十条不同规模（1300t/d、1800t/d、2500t/d、3200t/d、5000t/d、6000t/d）的水泥熟料生产线上得到成功的应用。

1. 工艺设计及特点

根据冷却机篦床上物料温度、冷却特性和热回收要求，将冷却机分成"高温热回收 HTR 区"、"高温后续热回收 HTRC 区"、"中温冷却 MTC 区"和"低温冷却 LTC 区"四个功能区，每个功能区分别采用不同的冷却技术。

在高温区选用特殊的高效阶梯篦板（HET）并采用固定床布置，彻底避免了第二代、第三代冷却机热端漏料的问题，避免了热端熟料通风不均的现象，提高了冷却机的热回收效率。在高温后续的冷却区、中温区、低温区分别采用高效充气梁篦板（HEA）、鱼刺形篦板（FB）、高效防漏篦板（PL），优化了冷却机的配置，为冷却机安全、稳定、可靠、热效率高提供了重要条件。

该冷却机采用了高效率的固定床技术，为消除固定篦床无推动力、易堆"雪人"的缺点，将前几排固定篦床向下倾斜布置，并在冷却机热端的篦板上方配置若干空气炮，在必要时用空气炮清除固定床上过厚、过大大的物料。

2. 机械设计及特点

（1）传动装置

KC型推动篦式冷却机采用液压传动形式。

① 传动机构。传动机构是保证冷却机正常运转的核心部件，通过传动机构与篦床活动框架的连接，实现液压缸对篦床运动的动力传输，同时该机构还对篦床的支撑、导向和调节起重要作用。传动机构主要由液压缸、行走部分、支座和传动轴组成。

② 液压系统。采用机械同步的方法保证每段篦床左右两个液压缸同时驱动一根主轴，即：油缸一端于与壳体框架固定，另一端与主轴相连，工作时依靠导轨和导向轮导向，使整个活动部件平行移动，强制实现两侧液压缸的同步运行。

③ 液压电控系统。其功能使实现液压传动系统的控制、调整和自我保护等，主要由控制柜和控制软件等组成。电控系统可根据篦床运行情况，精准控制比例换向阀，调节液压油的流量，控制液压缸的运行速度。当篦床速度需要调节时，PLC根据位置传感器的反馈信号，重新调整比例阀的开度，改变系统流量从而改变篦床的运行速度，由此可以控制篦床在任何可能的速度下运行。

（2）篦板

篦床是冷却机的核心元件，KC型篦冷机主要采用了四种不同形式的篦板，即高效阶梯篦板（HEL）、高效充气梁篦板（HEA）、鱼刺形篦板（FB）和高效防漏篦板（PL），其结构如图2.4.6所示。

(a)　　　　　　　　　　　　　(b)

图 2.4.6　KC 型篦冷机的篦板
(a) KC 阶梯篦板图；(b) KC 控流篦板

篦板的结构主要根据各功能区的工艺性能要求及熟料特性来确定的。由于熟料粒度粗细不匀，料层厚薄不均，为降低料层阻力变化对冷却风的影响，则要求提高篦板的出口气流速度，使其具有高阻力及气流的高穿透性，克服由于熟料粒度变化及粗细料离析产生的不同料层阻力的影响，保持冷却风系统的稳定工作，确保熟料的冷却效果。

（3）篦床

篦床是冷却机的主要部件之一，它主要承担篦板及熟料载荷，并提供合理的供风管路结构。篦床主要包括固定篦床和活动篦床。

① 固定篦床。固定篦床主要用来支撑各固定篦板、熟料载荷以及运动件，其固定梁不仅要考虑篦板的连接简易且可靠，还要考虑通风系统阻力尽量小，加工方便等。在保证其承载要求下，尽量增加通风截面，使气流能较顺利地流动，且质量轻，装配方便。

② 活动篦床。活动篦床主要用来支撑各活动篦板、熟料载荷并做往复运动，其活动梁比较长，在强度及刚硬性方面有较高的要求。活动篦床采用整体箱形结构，保证其具有足够的强度和刚性；合理设置加工面可以减少加工量，节约成本，同时也可以大大提高安装精度。

（4）输送装置

早期的篦冷机，采用了内置式熟料拉链机。在实际生产中，当拉链机出现故障时，需要停窑检修，影响窑系统的正常运行。现在的输送装置均采用了外置式拉链机。由于新型篦冷机采用了低漏料技术，漏料量较小，因此外置式拉链机故障率较低，可以做到不停窑便可对篦冷机进行维护和检修，大大提高了系统运转率。

如将熟料板式输送机进行适当延长，也可以取消该拉链机，这样可以进一步降低设备高度，节省土建投资，降低设备故障率，提高系统运行的可靠性。

（5）冷却机灰斗锁风

由于篦冷机采用外置拉链机或取消拉链机，冷却机各灰斗的密封就显得非常重要。用电动弧形阀密封，并使用粒位计控制弧形阀的工作，这样既可保证弧形阀的工作可靠性，也能通过弧形阀和物料的双重密封，提高风室的锁风效果，使冷却效果得到有效保证。

（6）破碎装置

破碎装置采用锤式破碎机，主要用来破碎大块熟料，以保证出篦冷机熟料的粒度。破碎机设置有调节装置，能够方便地保证和控制出料粒度，壳体的易碎部分均配备耐磨衬板以防磨损，破碎机锤头采用耐磨铸钢件，结构简单且寿命较长。

4.4.3　BMH 型篦式冷却机

BMH 型篦式冷却机是瑞典 BMH 水泥公司成功开发研制的第三代篦式冷却机。

1. BMH 型篦式冷却机的工作原理

BMH 篦冷机是用一定压力的空气对篦板上运动着的熟料易互相垂直的方向进行骤冷，它主要由供风系统，篦床、废气处理及空气炮四部分组成。供风风机通过风管向篦床下的风室和篦板中吹风，冷空气通过篦板上的空袭与高温熟料完成热交换过程，冷却风机的风量和风压可根据各风室的密封情况、篦床上料层厚度以及窑的来料进行调节。BMH 篦冷机床由一段倾角为 3°的炉篦和两段水平炉篦组成，篦床上的活动篦板通过往复运动把熟料推向下一级篦板，先经过一段篦床冷却，最后至窑头出口的熟料温度为 85℃。第一段篦床上入窑的二级风约 1000℃，提供窑内煅烧所需要的氧气和热量，三次风（约 750℃）与预热器内的生料逆向流动完成生料的预热过程。BMH 冷却机安装在窑头下料侧，通过空气炮储气罐的压缩空气向相关区域瞬间释放，形成冲击波作用在料堆上，实现清堵助流的目的。BMH 型篦式冷却机的工艺流程如图 2.4.7 所示。

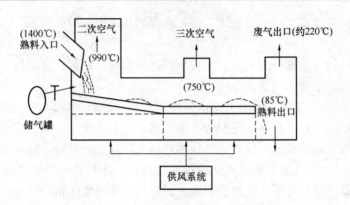

图 2.4.7　BMH 型篦式冷却机的工艺流程

2. BMH 型篦式冷却机的特点

（1）高效篦板（HE-MODULE）的使用，使得每一段篦床在水平空间不变的情况下，增大了篦床的冷却面积，提高了篦冷机的冷却能力，从而达到提高产量的目的；同时二次风温提高，节省了窑内煅烧所需的能量。

（2）供风系统的风机挡板可调节供风量，篦床篦速可控制熟料在篦床上流动的速度，从而控制熟料与冷空气的热交换时间，使得窑头出口的熟料温度可以控制。

（3）BMH 篦冷机中熟料热量的 80％回收到生产过程中，把作为燃烧用空气预热到很高的温度，从而使窑炉燃烧的空气保持尽可能低的温度。

（4）在窑头下料侧安装空气炮，根据堆料情况，采用手动和自动两种方式控制，达到清堵助流的目的，避免了人工捅料和人工爆破所耗费的人力物力，更好的实现安全生产和稳产高产。

（5）BMH 移动使篦式冷却机技术先进，设计合理，成功避免了堆"雪人"现象。入篦冷机的熟料温度从 1400℃降至 85℃，冷却能力可高达 10000t/d，能很好适应水泥企业生产能力越来越高的预分解窑。

4.4.4　TC 型梁篦式冷却机

TC 型篦式冷却机是天津水泥工业设计研究院 20 世纪 90 年代开发的第三代篦冷机。

1. TC 型篦冷机的基本结构

TC 型篦式冷却机由上壳体、下壳体、篦床、篦床传动装置、篦床支撑装置、熟料破碎机、漏料锁风装置、漏料拉链机、自动润滑装置及冷却风机组等组成。

熟料从窑口卸落到篦床上，沿篦床全长分布开，形成了一定厚度的料床，冷却风从料床下方吹入料层内，渗透扩散，对熟热料进行冷却。透过熟料后的冷却风为热风，热端高温风被作为燃烧空气入窑及分解炉，部分热风还可以作烘干之用，有效的热风利用可以提高热回收，降低系统热耗，多余的热风经过收尘处理后排入大气。冷却后的小块熟料经过栅筛落入篦冷机后面的输送机中，大块熟料则经过破碎、再冷却后汇入输送机中；细粒物料及粉尘通过篦床的篦缝及篦孔漏下进入集料斗，当斗中料位达到一定高度时，由料位传感系统控制的锁风阀自动打开，漏下的细料便进入机下的漏料拉链中而被输送走。当斗中残存的细料还不足以让风穿透锁风阀门时，阀板即行关闭，从而保证了良好的密封性能。TC 型篦式冷却机配有三元自动控制系统和全套安全监测装置，以确保高效、稳定、安全可靠地工作。

2. TC 型篦冷机的技术措施

TC 型篦式冷却机的基本工作原理是高温熟料和空气的充分热交换，以达到高效冷却熟料和热回收的效果。为此，设计中充分考虑高温端的速冷、风料均匀而充分的热交换和篦床合理配置等关键环节。

（1）TC 型充气梁篦板

TC 型充气梁篦板是充气篦床的核心构件，它有下列特点：

① 采用整体铸造结构（国外多为组合结构），以减少加工及组装的工作量，并有良好的抗高温变形性能。可靠性好，不像组装式篦板因易"散架"而导致严重事故，这对活动充气篦板尤为重要。

② TC 型充气梁篦板内部气道和气体流出设计力求有良好的气动性能，出口冷却气流顺着料流的方向喷射并向上方渗透，强化冷却效果。

③ TC 型充气梁篦板的气流出口为缝隙式结构，加之密闭良好的充气小室，使几乎所有鼓进的冷风都通过出口缝隙，因而其气流速度明显高于普通篦板的篦孔气流速度，这一特点使 TC 型充气梁篦板具有两个特性：一是高阻力；二是气流高穿透性。它对熟料冷却工艺有重要意义，前者增加了篦床阻力对系统阻力的百分比，相对缓解了料层阻力变化的影响，当料层波动时仍可保持冷却风均匀分布，确保冷却效果；后者则有利于料层深层次的气固热交换，特别是红热细熟料的冷却有特殊的作用；有利于消除"红河"现象，解决了第二代篦冷机难以克服的主要问题。

④ 充气篦板气道为纵向迷宫式，不会塞入细料（塞入细料可导致充气梁失效），维护时亦不因践踏而塞料。

（2）TC 型低漏料阻力篦板

主要用于篦床的中温区。这种篦板既减少了细熟料的漏料量，又增加了篦板的通风阻力。篦板的阻力的增加同样可降低不均匀料层阻力对篦床总阻力的影响。因而虽然用冷风室供风对熟料进行冷却，但仍可满足冷却需要。这种篦板也是整体铸造，其特点是：抗高温变形能力很强；气流通过气道速度和阻力较高；低漏料；使用寿命可以达两年以上。

（3）充气管

① 固定式充气风管。采用局部软连接结构，以便固定式充气篦板梁的调整和热位移，便于安装和维修。

② 活动式充气风管。便于调整和降低运行阻力。活动风管可调角度和轴向调整，运动时适应性强，便于安装。

③ 活动部分和固定部分在机外连接，便于检修和观测，安全可靠。

④ 风管设有内外双层密封，漏风小，密封效果好。

（4）组合式篦床

TC 型篦冷机采用组合式篦床，篦床配置通常分为三部分：

① 高温区。熟料淬冷区和热回收区，在该区域采用 TC 充气梁装置，其中前端采用若干排倾斜 15°的固定充气梁或倾斜 3°的活动充气梁，以获得高冷却效率和高热回收效率。在高温区采用固定式充气梁装置，将大大降低热端篦床的机械故障率。

② 中温区。采用低漏料阻力篦板，该篦板有集料槽和缝隙式通风口，因冷却风速较高而具有较高的篦板通风阻力，因而具有降低料层阻力不均匀的良好作用，有利于熟料的进一步

冷却和热回收。

③ 低温区。即后续冷却区。经过前段 TC 型充气篦板冷却区低漏料篦板区的冷却，熟料已显著降温，故仍采用改型 Fuller 篦板，完全可以满足该机的性能要求。

（5）采用厚料层冷却技术

最大料层厚 600～800mm，增大料层厚度使冷却风与热熟料有充分的热交换条件，并增加风料接触面积和延长接触时间。充分的热交换使热熟料得到有效的冷却并提高冷却熟料后的热风温度，有利于热回收。厚料层冷却工艺不仅提高单位篦板面积的冷却能力，还使篦板受到温度较低的冷料层的保护，避免与热熟料直接接触而受到损害。

（6）合理配备冷却风

在淬冷区和热回收区为充气篦床，配备合适风量、风压的冷却风是保证其冷却性能的关键。风量取决于料量、料温及所要求的冷却后的出料温度，它通过风与料的热平衡计算，在根据 TC 型篦床工业试验等实践经验加以修正；风压的确定取决于管路系统阻力计算、TC 型篦床阻力数据和料层阻力等因素。

（7）自动控制和安全监测

自动控制是保证 TC 型篦冷机性能稳定、安全操作的重要因素之一。TC 型篦冷机仍采用三元控制，即篦速控制、风量控制和余风排放控制，所不同的是第二代篦冷机以内压力为控制依据，而第三代篦冷机以供风系统的固定和活动风管管内压力的综合数值为依据。

必要的监测及保护装置是设备安全运转不可缺少的部分。TC 型篦冷机设有下列监测和保护装置：篦板测温和报警装置，料层状况电视监测装置，风室漏料锁风阀的故障报警及电动机过载保护装置，拉链机断链报警装置，冷却风机监测和报警保护装置等。

3. TC 型篦冷机主要技术参数

TC 型篦冷机的主要技术参数如表 2.4.2 所示。

表 2.4.2　TC 型篦冷机的主要技术参数

篦冷机型号	TC-1062	TC-1176	TC-1196
产量（t/d）	2000～2300	3000～3500	4000～4500
段数	2	3	3
单位冷却风量（Nm^3/kg）	2～2.3	2～2.3	2～2.3
热效率（%）	70～75	70～75	70～75
出料粒度（mm）	≤25	≤25	≤25
进料温度（℃）	1350	1350	1350
出料温度（℃）	65＋环温	65＋环温	65＋环温
篦板有效面积（m^2）	52.6	78.8	106

4.4.5　NC 新型控制流篦式冷却机

NC 新型控制流篦式冷却机是南京水泥工业设计研究院在 NC-Ⅱ型及 NC-Ⅲ型篦冷机的基础上，吸收了国外各大著名水泥设备生产公司的最新篦冷机技术，并采用了新结构和新材料而成功开发研制的。

1. NC 新型控制流篦式冷却机的结构性能

（1）NC 新型控制流篦式冷却机共配置有入口固定篦床和一至三段推动篦床，根据产量和箅板面积配置不同台数的风机（包括密封风机）。其中固定箅床倾斜 15°，采用高效节能的高阻力控制流箅板，能用较小的风换取最大的热量供燃烧使用，并由充气梁供风，以利优化配置。一台侧部风机，形成"马靴"效应，消除侧部"穿流"；一台中部风机，以强化料床中部供风。为防止"堆雪人"现象的产生，除考虑箅床结构和箅板出风方向外，特别设计了一组空气炮。第一段箅床倾斜 3°，仍采用了高效节能的高阻力控制流箅板，而且根据粗细料颗粒组成分布及料温变化情况采用了空气量供风和风室供风的混合供风形式。在冷却风机各支管上配置有调节阀，确保充气梁箅板的高效及高阻力、少流量性能要求，以满足更为细化的冷却风量的调节控制要求，加强骤冷效果，有效提高热回收效率并有效消除"红河"现象；第二段箅床倾斜 3°布置或水平布置，采用高阻力低漏料箅板，以减少漏料量，由风室供风；第三段箅床（≥4000t/d）水平布置，采用高阻力低漏料箅板，以减少漏料量，并减少箅板的磨损，由风室供风。箅冷机下出料采用灰斗加锁风阀的方案，外置封闭式熟料拉链机或直接接链斗输送机。

（2）采用气密及气流性能好的新型空气梁供风结构，箅板进风截面大而开阔，以利于改善及细化不同箅板区域的冷却供风且易于调配，彻底避免热端箅床风室漏窜风、熟料冷却不均匀的问题。此外，横梁底部设置有事故排料孔，方便事故后的清灰；风量的调节控制方便可靠。新型空气梁强度、刚性高，抗变性能强。

（3）取消了活动充气梁，从根本上解决了固定风管与活动充气梁之间的柔性连接可靠度欠佳、易于疲劳损坏、易于磨损、漏风量偏大、难以适应箅床沉降状况变化的问题。

（4）箅冷机采用液压传动，与传统的机械传动相比，由于取消了减速机、链条、链轮、连杆机构等部件，具有结构简单、外观流畅、故障点少、易于调节、适应性好、可靠性好、运转率高等优点。同一段箅床的前端和后端各设一组导向轮，工作时依靠导轨和导向轮，使整个活动部位平行移动，强制实现两侧液压缸的同步运行，并充分考虑液压系统的可靠性和使用性。

（5）精加工箅板用螺栓固定，且采用独特的定位结构，具有简单可靠，互换性强，安装及检修方便、快捷等特点，从而为提高窑系统的运转率打下基础。

（6）在箅冷机主体、熟料拉链机（如工艺布置需要）、熟料破碎机方面保留了 NC-2 型、NC-3 型箅冷机的结构特点和优势。如下部壳体采用型钢框架结构使整机牢固稳定，便于安装；箅床以独立托轮和挡轮分别承载和防偏且对支撑轴和梁不产生附加弯矩，保证运行平稳可靠，找正及更换方便；破碎机采用可调式存板结构，使用中能严格控制出料粒度；独立锤轴，便于单个或部分锤头更换；壳体带耐磨衬板，提高其使用寿命；出料栅条为特殊结构和材质，具有耐磨、寿命长、更换方便等特点。

2. NC 新型控制流箅式冷却机的主要技术参数

以和 5000t/d 预分解窑相配套的 NC 新型控制流箅式冷却机为例，其主要技术参数如表 2.4.3 所示。

表 2.4.3　5000t/d NC 新型控制流箅式冷却机的主要技术参数

序号	项目内容	技术参数
1	规格（m）	3.9×32.5
2	生产能力（t/d）	5000

序号	项目内容	技术参数
3	入料温度（℃）	1400
4	出料温度（℃）	65+环温
5	篦板有效面积（m²）	121.2
6	篦板冲程（mm）	130
7	每分钟冲程次数	4～25
8	出料粒度（mm）	≤25
9	系统热回收率（%）	70
10	冷却风量（Nm³/kg）	≤2

3. NC 新型控制流篦式冷却机技术性能

（1）新型控制流篦式冷却机单位面积产量高，节能降耗显著。新型控制流篦板的热回收区换热效果好，能提供温度高而稳定的二次和三次空气；熟料热回收量高，比传统篦冷机增加 80kJ/kg 以上，热回收效率达 72%；熟料冷却空气用量（标况）小于 2，其余风排放量可减少约 20%；出篦冷机熟料温度低。

（2）篦板结构、性能优越。采用的新型控制流篦板具有高阻力、高气流渗透性和冷却性能好等特点，能更有效的克服熟料粒度变化及粗细料离析产生的不同料层阻力的影响。这种新型控制流篦板，其篦面出风达到了最大限度的均匀，能在篦床纵、横向对不同单元和区域分别进行合理的细化供风，保持气固两相的热交换的有效和稳定；彻底消灭冷却盲区，有效消除了熟料的"红河"现象，并确保了熟料允分均匀的冷却和出料温度的进一步降低。

（3）篦板使用寿命长。新型篦板在材质和热处理工艺上进行了全面考虑，具有高强度、高耐热和高抗氧化性及抗磨损能力。运行时采用厚料层操作，能阻隔热量向篦板的热传导，并能减轻出窑"大蛋"对篦床的冲击，有效保护篦板。后冷却区的高阻力低漏料篦板漏料少，具有优良的抗磨损性能，篦板使用寿命延长，正常使用时，固定篦床篦板使用寿命 3 年以上，热端篦板使用寿命不低于 1.5 年。

（4）采用液压传动，运行平稳，调速方便；对工况变化（包括烧成熟料的质量变化和篦冷机产量波动等）适应性强，可靠性好，运转率高。

4.4.6 SF 型第四代篦式冷却机

SF 型第四代篦式冷却机是丹麦史密斯公司和美国富勒公司共同开发研制的，是目前应用最广的第四代篦式冷却机，其篦床结构如图 2.4.8 所示。

SF 型第四代篦冷机利用篦上往复运动的交叉棒来输送熟料，使篦冷机的机械结构简化，固定的篦板便于密封，熟料对篦板的磨蚀量小，没有漏料，篦下不需设置拉链机，降低了篦冷机的高度。在 SF 型第四代篦冷机中，每块空气分布板均安装了空气流量调节器（MFR），它采用自调节的节流孔板控制通过篦板的空气流量，其结构如图 2.4.9 所示。MFR 保证通过空气分布板和熟料层的空气流量恒定，而与熟料层厚度、颗粒尺寸和温度无关。如果由于某种原因，通过熟料层的气流阻力发生局部变化，MFR 就会立即自动补偿阻力的变化以确保流量恒定。MFR 没有采用电气控制，而是基于简单的物理定律和空气动力学原理。MFR 防止冷却空气从阻力最小的路径通过，这有助于优化热回收以及冷却空气在整个篦床上的最佳化分布。

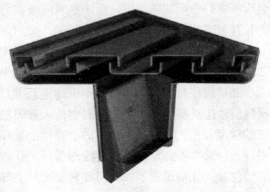

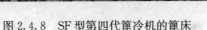

图 2.4.8　SF 型第四代篦冷机的篦床　　　图 2.4.9　空气流量调节器（MFR）

4.4.7　TCFC 型第四代篦式冷却机

TCFC 型第四代篦式冷却机是天津水泥工业设计研究院与丹麦富士摩根公司 1997 年共同开发研制的，其结构如图 2.4.10 所示。

1. 工作原理

该冷却机由上壳体、下壳体、篦床、篦床液压传动装置、熟料破碎机、自动润滑装置及冷却风机组等组成。由于是无漏料冷却机，篦床下不再设灰斗和拉链机。热熟料从窑口落到篦床上，在篦床输送下，沿篦床全长分布开，形成一定厚度的料床，冷却风从料床下方向上吹入料层内，渗透扩散，对热熟料进行冷却。冷却熟料后的冷却风成为热风，热端高温热风作为入窑的二次空气及入分解炉的三次空气，其余的部分热风还可作为烘干煤粉和余热发电

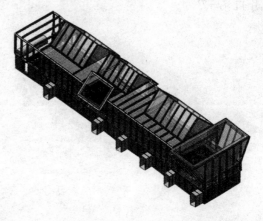

图 2.4.10　TCFC 型篦冷机的结构简图

之用，热风利用可达到热回收，从而降低系统热耗的目的，多余的热风经过收尘净化后排入大气。冷却后的小块熟料经过栅筛落入冷却机后的输送机中；大块熟料则经过破碎、再冷却后汇入输送机中。

对现代冷却机的性能要求是高冷却效率、高热回收率和高运转率，为实现上述的高性能，篦床的设计是关键。

TCFC 冷却机入料口设计为台阶式固定铸造篦板，配有一个独立的风室，配合 STAFF 阀使用，独特的倾角设计使得在接近篦板的最下层形成一层较薄的沿输送方向缓慢移动的冷熟料层，由窑口落下的熟料在料压和重力的作用下，在底层熟料上向前滑动并铺开。所有熟料在斜坡上不做长时间的停留，避免形成堆积现象。如果出现了大块料堆积或"雪人"，在端部壳体加装了一组空气炮，可以根据需要间断的开炮，清理过多的积料，保证生产运行平稳。

传动段是水平的，通过四连杆机构组成步进式篦床，由液压驱动，篦床由数列组成，每列有前后两个液压缸同步驱动，各列相对独立。所有列一起向前运动，带动料床向前运动，

然后所有列分批间隔后退，由于熟料间摩擦力的作用，前端熟料被卸在出料口。通过列间的交替往复运动，达到输送熟料的目的。

为保证各室良好的气密性，在连杆穿过隔墙板处设有必要的密封装置，以防止室间窜风和向机外漏风。整个箅床是无漏料装置，因为在列间装有气封装置和尘封装置。

卸料端装有锤式破碎机，小于预定尺寸的熟料（一般为 25mm 以下）通过栅筛箅条卸到熟料输送机被运走，大块熟料则落入破碎机破碎，并抛回箅床再冷却、再破碎直到达到要求的粒度为止。在破碎机前方的上壳体上悬挂垂直链幕，避免破碎机将熟料块抛回箅床时抛得过远，减少不必要的熟料再冷却循环，在破碎机打击区两侧壳体设有冲击板。在上下壳体适当位置上分别设置了入孔门和观察孔。上部壳体砌筑隔热耐火衬料，减少热损失和保护壳体，降低环境温度。

2. 结构技术特点

（1）模块化设计

TCFC 型箅冷机由新颖而紧凑的模块组建而成，适应于不同规模水泥企业的需求。模块的优化组合，减少了用于设计和安装的时间，并且易于维护。TCFC 型箅冷机模块结构如图 2.4.11 所示。

图 2.4.11　TCFC 型箅冷机模块结构

（2）优化固定斜坡设计

根据物理学原理优化设计固定斜坡，使固定斜坡段的熟料停留时间短，形成堆积的几率小，减少进料口常常出现堆"雪人"事故，使熟料在整个箅床上均匀分布，提高进料段的热交换效率。

（3）四连杆机构

该项专利技术突破了第三代冷却机的传动方式，经过计算机模拟技术，保证四连杆机构能够进行 100% 的线性运动，巧妙的通过三脚架的旋摆运动产生箅床的往复直线运动。同时，自动润滑系统保证每个轴承都能得到很好的润滑，大大延长了四连杆机构的使用寿命。如图 2.4.12 所示。

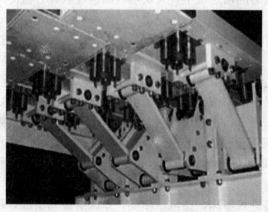

图 2.4.12　四连杆的结构简图

（4）步进式 STAFF 风量控制阀

步进式 STAFF 风量控制阀是专利产品，主要由主通风管、调节阀、扇形板和阻尼板等组成，其结构如图 2.4.13 所示。

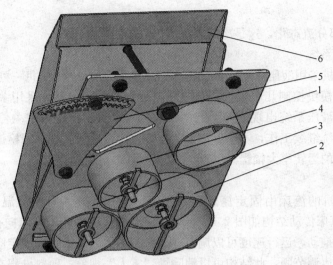

图 2.4.13　风量控制阀示意图

1—主通风管；2—低气流调节管；3— 高气流调节管；4—中等气流调节管；
5—扇形板；6—阻尼盖

风量控制阀由五个风管及一个阻尼盖组成，它们的功能分别是：

① 主通风管保证基本风量，它是不可调节的风管。

② 高气流调节管、中等气流调节管、低气流调节管分别是大、中、小三种在运行中可自动调节风量的阀门。

③ 阻尼盖通过位置的调节补偿物料层的阻力，并起到防尘作用；阻尼盖通过它与控制阀形成一定的角度，与主通风管共同完成基本风量与风压的协调控制。

④ 扇形板是根据实际要求调节空气总量的，它只是在生产调试时可以用来调整风量，但在正常运行中就不能用来大调节风量。

风量控制阀是一种机械气流控制装置，并不需要电力或者其他动力驱动，根据气流压降进行非常细致而渐进的调节，控制每块箅板所用的风量。

就 TCFC 型箅冷机而言，要获得一定的冷风来冷却熟料，冷却风量与 STAFF 的通风面积有关，主通风管和扇形板保证所连接箅板的基本通风量，三个带活塞的气流调节阀则根据料层情况在一定范围内调节冷却风量。当箅床料层阻力较大、冷却风量较小时，调节阀上的活塞自动下落，箅床阻力下降，从而增大风量；而当熟料层阻力较小、冷却风量较大时，活塞自动上升，使得箅下阻力上升，从而减小冷却风量。步进式流量调节功能优化冷却风分布，提高热交换效率。

提高 TCFC 型箅冷机的冷却效率和热回收效率，就要保证冷却风量与料层厚度相适应。通过 STAFF 阀的调节，使冷却风"按需分配"，熟料厚的地方、料层阻力大的地方通过的风量大，反之亦然。步进式 STAFF 风量控制阀优化了冷却风的分布，提高热交换效率，同时也节约了风机的电耗。

TCFC 型箅冷机高温区采用风量控制阀有如下的优点：

① 使高温熟料急剧冷却，这是提高熟料质量、如水化活性及易磨性等的必要条件。

② 使熟料分布均匀，这是冷却气流在最大温差下进行良好热交换、保证高的热回收率的必要条件。

③ 使熟料层部分流态化，这是冷却系统均匀分布的前提条件。

（5）液压传动系统

TCFC 型箅冷机采用液压传动，其结构如图 2.4.14 所示。纵向每一列箅床由一套液压系统供油，每一个模块控制几个液油缸，液压缸带动驱动板运动。采用多模块控制驱动系统，避免了因个别液压系统出现故障引起的事故停车，在生产中可以关停个别故障液压系统，其他组液压系统继续工作，不但保证设备连续生产，还可实现在线检修，更换个别故障液压模块，使整机的运转率大幅提高。

（6）箅床

TCFC 型箅冷机的箅床由固定箅床和水平箅床组成，其入口端高温固定箅板结构如图 2.4.15 所示，箅床传动结构如图 2.4.16 所示。水平箅床由若干列纵向排开的箅板组成，纵向箅床均由液压推动，运行速度可以调节，进料端仍然采用第三代固定倾斜箅板，但是在底部增加了可控气流调节阀，此结构可以消除堆"雪人"现象；熟料堆积在位于水平输送段的槽型活动充气箅床上，随活动箅床输送向前运行，冷风透过料层达到冷却熟料的目的。

图 2.4.14　液压传动系统结构示意图　　　　图 2.4.15　入口端高温固定箅板

熟料冷却输送箅床由若干条平行的熟料槽型输送单元组合而成，其运行方式如下：首先由熟料箅床同时统一向熟料输送方向移动，然后各单元单独地或交替地进行反向移动。每条

 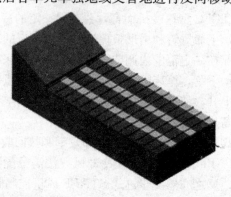

图 2.4.16　箅床传动结构简图

通道单元的移动速度可以调节，且单独通冷风，保证了熟料得以充分冷却。在篦板上存留一层熟料，以减缓篦板受高温红热熟料的磨蚀。相邻两列模块单元连接处采用迷宫式密封装置密封，贯穿整个篦冷机的长度方向，确保相邻两列篦板往复运动过程中免受熟料和篦板间的磨损，且由于篦板的迷宫式设计，熟料不会从输送通道面上漏下，不再需要第三代篦冷机那样的灰斗和拉链机等设备，设备高度得到了大幅度的下降，土建成本也随之减少。

3. TCFC 型第四代篦式冷却机的优点

第四代篦冷机与第三代篦冷机的技术参数对照如表 2.4.4 所示。

表 2.4.4 第四代篦冷机与第三代篦冷机的技术参数对照表

形式	单位面积产量 [t/(m²·d)]	单位冷却风量 (Nm³/kgcl)	热效率 (%)	熟料热耗降低 (kcal/kgcl)	单位冷却电耗之比 (%)	土建投资之比 (%)	维修费用之比 (%)
第三代	38～42	1.9～2.2	70±2		100	100	100
第四代	44～46	1.7～1.9	＞75	约 10～18	80	75	20～30

TCFC 型第四代篦式冷却机单位冷却风量的降低及热回收效率的提高，能耗降低幅度明显。以 5000t/d 生产线为例，与第三代篦冷机相比，每年可节约标准煤 3500t，节约煤炭成本 350 万元；每吨熟料节电 1.5kW·h，每年节电 450 万元；没有漏料灰斗、卸料锁风阀及熟料拉链机，降低设备成本；取消以往地坑，节省大量土方和混凝土浇注量。降低冷却机的标高，使窑尾塔架、回转窑整体标高也降低，降低土建投资成本；篦床设计采用特殊的篦盒结构和步进式熟料输送方式，寿命较第三代篦冷机提高 3～5 倍，大大降低维修费用；篦床采用模块化设计，易损件规格种类少，备件通用性强，成本低；进一步提高热回收效率，显著提高了入窑、入分解炉的燃烧空气温度 20～30℃以上，有利于煤粉的燃烧，大幅度降低熟料单位煤耗。

4.4.8 η 型第四代篦式冷却机

η 型第四代篦式冷却机是 2004 年瑞典 BMH 公司开发研制的，由进料部位和无漏料篦床的槽型熟料输送通道单元组合而成，完全改变了篦冷机熟料的运行方式，其结构如图 2.4.17 所示。

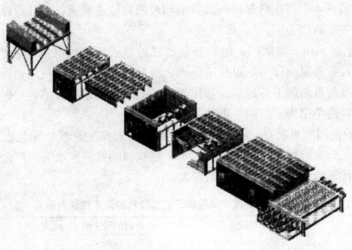

图 2.4.17 η 型第四代篦冷机结构示意图

进料段使用可控气流固定倾斜篦板，此结构可以有效消除堆"雪人"的危害，篦板面上存留一层冷熟料，以减缓篦板受高温红热熟料的磨蚀，进料口段熟料通风面积小，且由手动阀板调节风量，能使冷风均匀透过每块篦板上的熟料层。采用红外线测温装置，检测篦板的最高温度，避免篦板长时间受高温的侵蚀。采用雷达测试技术，检测篦床上的熟料层厚度，能使熟料在篦床上均匀布料与冷却，保证入窑二次风温和入炉三次风温的均匀、稳定。

熟料篦床由若干条平行的槽型输送单元组合而成，其输送熟料的原理如图2.4.18所示。首先由熟料篦床向熟料输送方向移动（冲程向前），然后各单元单独或交替地进行反向移动（冲程向后）。每条通道单元的移动速度都可以调整，且单独通冷风，保证熟料得到完全充分的冷却，尤其在冷却机一侧熟料颗粒细且阻力大的时候，此部位的通道单元就要自动增加停留时间和冷却风量，保证熟料得到完全充分的冷却，消除了红热熟料产生的"红河"事故。

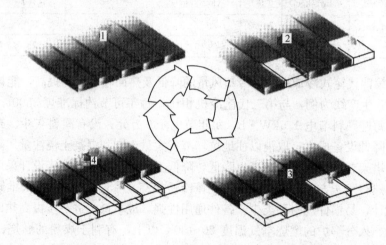

图 2.4.18　输送熟料原理图

η型篦冷机的结构紧凑，配置辊式破碎机，每条输送通道单元采用液压传动，通道单元面上设置长孔，每条输送通道单元采用迷宫式密封装置密封，不需清除粉尘装置，熟料不会从输送通道面上漏下，不需在冷却机内设置细颗粒熟料输送装置，部件磨蚀量少，维护工作量低，熟料输送效率高而稳定。

η型篦冷机仍然采用分室供风，但和其他型式的篦式冷却机又有明显想的不同之处，η型篦冷机在横向段节和纵向段节均可分室供风，所有的冷却部位实现均匀供风。通过对风室侧面的供风，使冷却机两侧不易通风的部位，有足够的冷风来冷却熟料，保障了此部位熟料完全充分的冷却，避免出现"红河"事故。

η型篦冷机的使用效果很好，不但适合新建的预分解窑生产线，而且也适合使用第三代篦冷机的水泥生产企业进行技术改造。表2.4.5是欧洲瑞典一家水泥生产公司使用η型篦冷机替代原来第三代篦冷机后的技术性能对照表。

表 2.4.5　η型篦冷机与第三代篦冷机的技术性能对照表

项目内容	单位	改前的第三代	η型篦冷机
熟料生产能力	t/d	1772	1907
冷却面积	m²	44.4	42.6

续表

项目内容	单位	改前的第三代	η 型篦冷机
篦床负荷	t/(d·m²)	39.9	44.8
熟料冷却温度	℃	205	102
环境温度	℃	30	32
废气温度	℃	230	327
二次空气温度	℃	830	1053
热耗	kcal/kg	832	785
单位冷却风量	m³/kg (stp)	1.81	1.589
单位回收	m³/kg (stp)	0.893	0.893
冷却机效率	%	66.1	77.7
冷却机热损失	kcal/kg	120	89.3

任务 5　多通道煤粉燃烧器

任务描述：掌握三通道及四通道煤粉燃烧器的结构、技术性能及工作原理；掌握水泥企业常用的多通道煤粉燃烧器的使用功能。

知识目标：掌握三通道及四通道煤粉燃烧器的结构、技术性能及工作原理等方面的知识内容。

能力目标：掌握水泥企业常用的多通道煤粉燃烧器的使用功能。

为解决单通道燃烧器的缺点问题，20 世纪 70 年代，丹麦史密斯公司率先开发研制出双通道煤粉燃烧器，使用性能较单通道煤粉燃烧器有较大的改善和提高；20 世纪 80 年代，丹麦史密斯公司、法国皮拉德公司、德国洪堡公司等又相继开发研制出三通道、四通道、五通道等多通道煤粉燃烧器，更好地适应了燃料和窑况的变化需要。燃烧器的发展，强化了燃料的燃烧，回转窑用燃料由烟煤改为低挥发煤、无烟煤、劣质煤和混合煤等，充分发挥了燃料燃烧的热效率。

5.1　三通道煤粉燃烧器的结构及工作原理

三通道煤粉燃烧器的结构如图 2.5.1 所示。

三通道煤粉燃烧器利用直流、旋流组成的射流方式来强化煤粉的燃烧过程。其特点是将喷出的一次风分为多股，即内风、外风和煤风等，它们各有不同的风速和方向，从而形成多通道。内风通道的出口端装有旋流叶片，所以称为旋流风。采用旋流可以在火焰的中心造成回流，以便卷吸高温烟气，旋转射流在初期湍流强度大、混合强烈，动量和热量传递迅速。煤风采用高压输送，煤粉浓度高，流速较低，风量较小，煤粉着火所需求的热量较小，所以有良好的着火性能。外风采用直流风，直流射流早期湍流强度并不是很大，但具有很强的穿透能力，使煤粉着火后的末端湍流增加，大大强化了固定碳的燃尽。外风风压依然很高，风速也较高，风量并不大，故可以增强外风卷吸炽热燃烧烟气的能力。送煤风和煤采用高浓度低速喷射，通常在保证不发生回火的条件下接近输送粉料的速度（20～40m/s）。内外净风出口速度高达 70～220m/s。内流风和外流风把煤粉夹在中间，利用其速度差、方向差和压

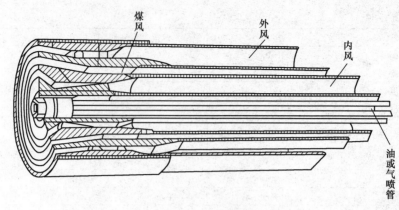

图 2.5.1　三通道煤粉燃烧器结构示意图

力差与煤粉充分混合，有利于煤粉的充分燃烧。由于喷嘴射流的扩散角度不同，旋转强度不同，射流速度不同，这样就极大促进了射流介质与周围介质的动量交换、热量交换等交换。由于旋转作用所产生的离心力，改变了射流在横断面上的压强分布，从射流中心轴线沿切向至射流边界的压强降低，射流轴向速度也逐渐衰减，低压中心将吸入射流前方的介质，使其产生一个回流，形成一个包含在射流中心内部的回流区，即在火焰中心形成的低压区或负压区，又称火焰的内回流区。

内风、煤风和外风采用同轴套管方式制作，喷出后风煤混合过程是逐渐进行的，相当于煤粉的燃烧是分级的。煤粉分级燃烧使整个燃烧过程更加合理，燃烧过程产生的有害成分相对减少。三通道煤粉燃烧器的内风、外风和煤风三者的总风量，只相当于单通道煤粉燃烧器所需空气的 8%～12%，故可大大减少煤粉着火所需的热量，并可充分利用熟料冷却机排出的热气流。高湍流强度、高煤粉浓度和高温回流区的存在，是三通道燃烧器强化煤粉着火、燃烧和燃尽的根本原因。

5.2　四通道煤粉燃烧器的结构及工作原理

四通道煤粉燃烧器与三通道燃烧器相比，其结构就多加了一股中心风和拢焰罩，其结构如图 2.5.2 所示。

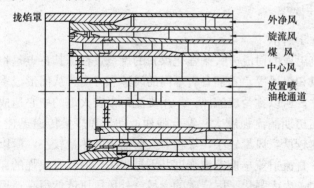

图 2.5.2　四通道煤粉燃烧器结构示意图

四通道煤粉燃烧器拢焰罩的作用：

（1）随着拢焰罩长度的增加，主射流区域旋流强度亦不断增大，有助于加强气流混合、促进煤粉分散、保证煤粉的充分燃烧。

（2）增加火焰及窑内高温带的长度，避免出现局部温度，有利于保护窑皮。为得到相同长度的火焰，可以增大燃烧器出口旋流叶片的角度，在缩短火焰长度的同时，提高了旋流强度，强化了煤粉的燃烧。

（3）提高煤粉的燃尽率。如果拢焰罩长度选择的合理，其燃尽率最高可以达到 98%。

四通道煤粉燃烧器中心风的作用：

（1）防止煤粉回流堵塞燃烧器喷出口

中心风的风量不宜过大，一般占一次风量的 10％ 左右，过大不仅增大了一次风量，而且会增大中心处谷底的轴向速度，缩小马鞍形双峰值与谷底之间的速度差，对煤粉的混合和燃烧都是不利的。

（2）冷却及保护燃烧器的端部

燃烧器端部周围充满了热气体，没有耐火材料保护，完全裸露在高温气体中，再加上负压的回流作用，往往使端面喷头内部温度很高，缩短其使用寿命。中心风能够将端面周围的高温气体吹散，不仅冷却了端面，而且冷却了喷头内部，达到保护燃烧器端部的目的。

（3）稳定火焰

通过板孔式火焰稳定器喷射的中心风与循环气流能够引起减压，使火焰更加稳定，并延长火焰稳定器的使用周期。

（4）减少 NO_x 有害气体的生成

火焰中心区域是煤粉富集之处，燃烧比较集中，形成一个内循环，在很小的过剩空气下就能完全燃烧。中心风使窑内流场衰减过程明显变慢，煤粉与二次风的接触表面减小、时间增长，但混合激烈程度并没有减弱，因而可降低废气中的 NO_x 的含量。

（5）辅助调节火焰形状

尽管中心风的风量不大，压力也不大，但它对火焰形状的调节起一定的辅助作用。

5.3　水泥企业常用的多通道煤粉燃烧器

1. Duoflex 型三通道煤粉燃烧器

Duoflex 型三通道煤粉燃烧器是丹麦史密斯（F. L. Smidth）公司在总结过去使用的三通道煤粉燃烧器 Swirlex 型和 Centrax 型经验的基础上，于 1996 年开发研制的，其结构如图 2.5.3 所示，端面结构如图 2.5.4 所示。

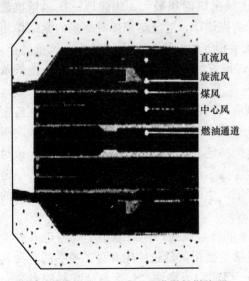

直流风
旋流风
煤风
中心风
燃油通道

图 2.5.3　Duoflex 型三通道煤粉燃烧器
结构示意图

图 2.5.4　Duoflex 型三通道煤粉燃烧器端面
结构示意图

Duoflex 型三通道煤粉燃烧器主要有以下技术特点：

(1) 在一次风量为 6%～8% 的前提下，优化选择一次风喷出速度和一次风机的风压，燃烧器的推动力大幅度提高，达到 1700%m/s 及以上，强化燃烧速率，充分满足各种煤质及二次燃料的燃烧条件，同时还能维持一次风机的单位电耗较低。

(2) 为降低因提高一次风喷出速度而引起的通道阻力损失，在旋流风和轴流风出口端的较大的空间处使两者预混合，之后由同一个环形通道喷出。由于喷煤管前端的缩口形状，使轴流风相混后有趋向中心的流场，对旋流风具有较强的穿透力，以利一次风保持很高的旋流强度，有助于对燃烧烟气的卷吸回流作用。

(3) 将煤风管置于旋流风和轴流风管的双重包围之中，借以适当提高火焰根部 CO_2 浓度，减少 O_2 含量，同时在不影响着火燃烧速率的条件下维持较低温度水平，从而有效抑制热力 NO_x 的生成量。

(4) 为了抵消高旋流强度在火焰根部可能产生的剩余负压，防止未点燃的煤粉被卷吸而压向喷嘴出口，造成回火，影响火焰稳定燃烧，在煤风管内增设了一个中心风管，其中通风量约为一次风总量的 1%，在中心管出口处设有多孔板，将中心风均匀地分布呈诸多流速较高的风束，防止煤粉回火，实为一个功能良好的火焰稳定器。中心风管还具有冷却和保护点火用油管或气管的作用。

(5) 煤风管可前后伸缩，采用手动蜗轮调节，并有精确的位置刻度指示，借助煤风管的伸缩，可在维持轴流风和旋流风比例不变的情况下，调节一次风出口通道面积达 1∶2，即一次风量的调节范围可达到 50%～100%，而且在操作过程中就可以进行无级调节。对于适应煤质变化，及时控制调节燃烧与火焰形状十分方便。双调节的含意是只要前后移动煤风管的位置，就可以按比例同时减少或增加轴流风量与旋流风量，相应起到减增一次风总量的作用，而不需分别去调节轴流风和旋流风的两个进口阀门，不需要考虑两者的风量和二者的比例关系，减少了调节难度和流体阻力。

(6) 煤风管伸缩处采用膨胀节相连，确保密封，其伸缩长度范围一般为 100 mm 左右，视燃烧器规格而异，当其退缩到最后端位置时一次风出口面积最大，相应地一次风量也最大，这时在燃烧器出口端就形成了一段约 100 mm 的拢焰罩，对火焰根部有一定的紧缩作用反之，当其伸到最前端位置与喷煤管外套管出口几乎相齐时，则出口面积最小，风量最小，拢焰罩的长度将趋于 0。一般生产情况下，大都将煤风管的伸缩距离放在中间位置，拢焰罩的长度也居中，以便前后调节。

(7) 燃烧器各层管径都加大，以加强其总体刚度与强度，管道之间的前后两端相互连接或相互支撑的接触处均进行精密加工，后端用法兰连接，前端由定位突块、恒压弹簧和定压钢珠等精密部件组成的紧配合装置相连。这种结构同时还具有内外套管之间的调中、定位与锁定功能，确保各层通道的同心度。设计中准确地考虑了热胀冷缩的因素，套管间允许一定的轴向位移，另有一刻度标记专用于测量其热胀冷缩产生的位移，以便操作中煤风管位置的准确复位或校正一次风的出口面积等参数。

(8) 加大了煤风管进口部位的空间（面积），降低该处风速，同时缩小了煤粉进入的角度，在所有易磨损的部位都敷上耐磨浇注料，尽量减少磨损，延长使用寿命。喷嘴前端及其部件都用耐热合金钢制成，喷嘴外部包有约 120mm 厚的耐火浇注料，所有浇注料的寿命完全可以与窑头的耐火砖相匹配，甚至更长。

（9）中心管较大，留有一定的空间，可以增设二次燃料的喷射管，替代部分煤粉，以备水泥窑日后烧废料的需要。

2. 德国 PYRO-JET 型四通道煤粉燃烧器

PYRO-JET 型四通道煤粉燃烧器的燃烧原理如图 2.5.5 所示。

PYRO-JET 型四通道煤粉燃烧器是德国洪堡公司开发研制的。此燃烧器由四个同心管组成，形成四个通道，中心管是第一通道，用作喷油，在启动和用混合燃料时采用；管 1 与管 2 之间为第二通道，内设有涡流原件，使空气以 160m/s 速度喷射并形成涡流；煤粉与输送空气以 30m/s 速度通过通道 3 的锥形环状扩口，呈倾斜形喷入窑内；最外圈即通道 4 为喷射空气用，以 350～440m/s 速度喷射入窑内。其特点是燃油点火装置油枪放置在中心管，外风（喷射风）由 8～18 个均匀分布的小圆孔喷出，使出口面积大大减小，提高了外风的喷出速度，风速最高可达 440m/s，超过了音速，所以也称"超音速煤粉燃烧器"。外风采用小圆孔喷出，除风速提高外，还保证不易变形，延长使用寿命。

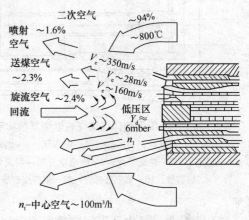

图 2.5.5 PYRO-JET 型四通道煤粉燃烧器
的燃烧原理图

PYRO-JET 型四通道煤粉燃烧器具有以下优点：

（1）火焰温度高，火焰短而稳定。

（2）可采用 20％～80％的石油焦作燃料。

（3）减少窑内结皮和结圈。

（4）减少有害成分 NO_x 含量 30％及以上。

（5）一次风量比例低，一般为 6％～8％，最小可降低 4％，降低单位熟料热耗 40～150kJ/kg。

3. 法国 Rotaflam 型四通道煤粉燃烧器

Rotaflam 型四通道煤粉燃烧器的结构如图 2.5.6 所示。

Rotaflam 型四通道煤粉燃烧器是法国皮拉德公司开发研制的。其主要特点是内净风通过稳定器上的许多小孔喷出，所以又把内净风称为中心风。外净风分成两部分，外层外净风即轴流外净风，稍有发散呈轴向喷射；内层外净风即旋流外净风，靠螺旋叶片产生旋流喷射；煤风夹在两股外净风与中心风之间，降低火焰根部的局部高温，抑制有害气体 NO_x 气体的生成。燃烧器最外层套管伸出一部分，称为拢焰罩，就像照相机的遮光罩一样。外层的环形间隙改为间断间隙，可保证受热时不变形，即使损坏了也容易更换。套管采用优质耐热钢，延长了燃烧器的使用寿命。一次风的比例降到大约 6％。

Rotaflam 型四通道煤粉燃烧器的技术特点：

（1）油枪或气枪中心套管配有火焰稳定器。

火焰稳定器的内净风道直径比其他种类的燃烧器要大得多，前部设置一块圆形板，上面钻有许多小孔，使火焰根部能保持稳定的涡流循环，在火焰根部产生一个较大的回流区，可

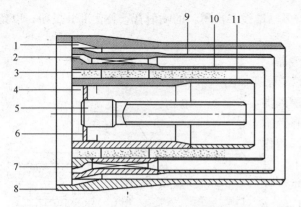

图 2.5.6 Rotaflam 型四通道煤粉燃烧器结构示意图

1—轴流风；2—旋流风；3—煤风；4—中心风；5—燃油点火器；6—火焰稳定器；7—螺旋叶片；8—拢焰罩及第一层套管；9—第二层套管；10—第三层套管；11—第四层套管

减弱一次风的旋转，降低一次风量，使火焰更加稳定，温度容易提高，形状更适合回转窑的要求。火焰稳定器的直径较大，煤风环形层的厚度较薄，煤风混合均匀充分，一次风容易穿过较薄的火焰层进入到火焰中部，加快煤粉的燃烧速速，缩短了黑火焰的长度。

（2）采用拢焰罩技术，可避免气流迅速扩张，产生"盆状效应"，避免出口一次风过早扩散，在火焰根部形成一股缩颈，使火焰形状更加合理，避免窑头产生高温现象，减少窑口筒体出现喇叭口的几率，延长窑口护铁板的使用寿命。

（3）直流外净风由环形间隙喷射改为间断的小孔喷射，二次风能从外净风的缝隙中穿过进入火焰根部，使火焰集中有力，同时使 CO_2 含量高的燃烧气体在火焰根部回流，降低 O_2 含量，避免生成过多的 NO_x 气体。

（4）旋流叶片安装在旋流外净风的风道前端，以延缓煤粉与一次净风的混合。

（5）可以在正常生产状态下，通过调整各个通道间的相对位置，改变出口端的截面积来改变内风及外风的速度，实现调整火焰。

（6）由于火焰根部前几米具有良好的形状，可使火焰最高温度峰值降低，使火焰温度更趋均匀，有利于保护窑皮，防止结圈。

4. 强旋流型四风道煤粉燃烧器

强旋流型四风道煤粉燃烧器是西安路航机电工程有限公司开发研制的，其结构及燃烧原理如图 2.5.7 所示。

强旋流四风道高效煤粉燃烧器是以高推力，低一次风产生速度差、压力差、方向差；使煤粉与高温二次风充分接触、混合、扩散，强化燃烧。利用直流风和旋流风二者的适当调节，增减旋转扩散强度和轴向收拢作用，对火焰的形状和长度进行无级调整，可得到任意扩散角和流量相匹配的良好效果，以适应各种回转窑对火焰的要求。

强旋流型四风道煤粉燃烧器的外直流风道采用间断孔技术，喷口不易变形，喷口面积可调，速度可调，作用是卷吸高温二次风，扩大和增强内外回流区，稳定收拢火焰，并对火焰中心补氧；内直流风能够有效防止火焰产生发散现象，冲刷窑皮和耐火砖；旋转内风有助于一次风、二次风和煤粉之间强烈混合，使高温气体向火焰根部中心产生强烈回流区，加快煤粉的燃烧速度。

使用挥发分＞22％，低位发热量＜18000kJ/kg 的劣质煤时，操作上注意如下事项：

（1）把内旋流风喷出口面积调至最大，加大内旋流风的阀门开度，甚至开到100％。

（2）适当减小内外轴流风的阀门开度。

（3）在不影响熟料质量的前提下，适当增加溶剂矿物量。

（4）控制煤粉细度 0.08mm 筛余≤5.0％；水分≤1.0％。

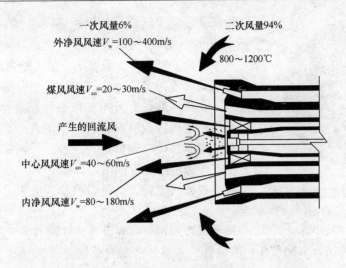

图 2.5.7　强旋流型四风道煤粉燃烧器结构示意图

（5）采取薄料快转的煅烧方法。

（6）控制二次风温在 1100℃ 及以上。

（7）控制入窑物料的分解率≥95％。

使用无烟煤时，操作上注意如下事项：

（1）控制煤粉细度 0.08mm 筛余≤3.0％；水分≤1.0％。

（2）减少内旋流风的风门开度，在窑口 3～5m 处挂不上窑皮时，可把内旋流风的风翅往后拖 10～30mm。

（3）适当增大煤风的电机电流。

（4）增大窑尾主排风机的风门开度，减少三次风门的风门开度，窑尾温度提高 10～30℃。

（5）适当增加溶剂矿物量，保证窑皮的长度和厚度，

（6）燃烧器适当内移一段距离。

（7）控制二次风温在 1100℃ 及以上。

（8）控制入窑物料的分解率≥95％。

5. TC 型四风道煤粉燃烧器

TC 型四风道煤粉燃烧器是天津水泥工业设计研究院开发研制的，其断面结构如图 2.5.8 所示。

TC 型四风道煤粉燃烧器最内层为中心风道，在它的头部装有火焰稳定器，只有少量的空气通过。火焰稳定器由耐热钢板组成，圆板上面均匀地分布着小孔，允许中心风接触圆板面上的火焰，此处的风速约为 60m/s。

煤粉风道位于中心风道的外层，煤风夹带着煤粉气流以很小的分散度将煤粉喷入，与一次风混合后进行燃烧，风速为 23m/s 左右。旋流风的出口装有一个 20°的旋流装置，使旋流风在出口处产生旋转，同时向四周喷射，旋流风的旋转方向与回转窑的旋转方向一致。

喷煤管的最外层为轴流风道，其头部为带槽形通道的出口，可以单独喷射空气，通过改变出口截面的面积，改变出口风速和方向，进而改变火焰的形状。

图 2.5.8　TC 型四风道煤粉燃烧
器断面结构示意图

外部套管位于燃烧器的最外部，这个部件比其他头部装置长出 60mm，其目的是为了产生碗状效应时而发生气体膨胀。在喷煤管的外风管上设有防止喷煤管弯曲的筋板。

煤风入风管为上下分半式结构，中分面通过螺栓和定位销连接，在其内部设有分半式可更换耐磨套。在煤粉管入口处的磨损三角区内设有耐磨层，耐磨性强。另外分半式耐磨套的被冲刷面亦设有耐磨层，这种设计的特点是在更换时非常方便，不需将喷煤管抽出，直接更换。

在喷煤管的煤粉入口处设有检查孔，可随时检查其磨损情况。

每个风管的相应位置设有丝杠调节装置和相应的膨胀节，通过调节丝杠的伸缩，可调节相应的风管。其调节范围为沿轴向 ±50mm，并专门设置了调节手柄。

油枪主要由压紧螺母、雾化片、分油器、接头等部分组成，油枪的头部是一种雾化燃烧器，喷嘴本体连接两个平行的油管，分别为进油管和回油管，用支承板定位这两根油管，保证燃烧器对准喷煤管中心，通过调节回油管路上的回油节流装置来控制喷嘴处的压力，从而调节其雾化效果。

每根油管端部装有一个专门的快速密封接头，可以不使用任何工具，将安装在相应油管上的连接头迅速地锁定，在更换油枪的过程中，起快速接头的作用。每一端都装上一个防止回流的装置，在断开时，能有效地防止油流出来。

工艺送煤风管与燃烧器之间用伸缩节装置连接，两端有可伸缩的球形连接装置，保证水平、垂直及轴向方向调整燃烧器位置，其调整角度为 10°，调整距离为 1500mm。

TC 型四风道煤粉燃烧器的结构特点：

（1）与普通三通道煤粉燃烧器相比，其旋流风的风速与轴流风的风速均提高 30%～50%，在不改变一次风量的情况下，燃烧器的推力得到大大提高。

（2）旋流风与轴流风的出口截面可调节比大，达到 6 倍以上，即对外风出口风速调节比大，对火焰的调整非常灵活，对煤质的波动适应性强。

（3）喷头外环前端设置拢焰罩，以减少火焰扩散，有利于保护窑皮和点火操作。

（4）喷头部分采用耐高温、抗高温氧化的特殊耐热钢铸件加工制成，提高了头部的抗高温变形能力。

（5）煤粉入口处采用高抗磨损的特殊材料，且易于更换。

TC 型四风道煤粉燃烧器的燃烧特点：

（1）火焰形状规整适宜，活泼有力温度高，窑内温度分布合理。

（2）热力集中稳定，卷吸二次风能力强。

（3）火焰调节灵活，简单方便，可调范围大，达 1∶6 以上。

（4）热工制度合理，对煤质适应性强，可烧劣质煤、低挥发分煤、无烟煤和烟煤。

TC 型四风道煤粉燃烧器的操作特点：

（1）点火操作

使用柴油点火后，先将喷油量适当开大，同时开启送煤风机，以保护喷煤管，开启窑尾废气排风机，以保持窑头有微负压。待窑尾温度升到 200℃时可以加煤，实现油煤混烧，同时开启净风机，保持火焰顺畅，在燃烧过程中逐渐减少用油量，待窑尾温度达到 400℃时停油，全部烧煤后加大一次净风量。

（2）燃烧器位置的调整

燃烧器位置，到定时检修的时间都必须停窑检查和调整，窑头截面调整为中心偏斜 50～60mm，下偏 50mm，窑尾截面偏斜为 700mm，偏下至砖面，两点连成一线，即为燃烧器的原始位置。在正常生产中，还要根据窑况对燃烧器作适当调整，保证火焰顺畅，保证既不冲刷窑皮，又能压着料层煅烧。

（3）火焰的调节

在生产过程中，火焰必须保持稳定，避免出现陡峭的峰值温度。只有较长的火焰，才能形成稳定的窑皮，延长烧成带耐火砖的使用周期。调节火焰主要是依据窑内温度及其分布、窑皮情况、窑负荷曲线、物料结粒状况、物料被窑壁带起的高度、窑尾温度和负压等因素的变化而进行。当烧成带温度偏高时，物料结粒增大，多数超过 50mm 及以上，负荷曲线上升，伴随筒体温度升高。此时，应采取减少窑头用煤、适当减小中心风、径向风、适当增加轴向风等方法来调节火焰，降低烧成带温度。烧成带温度偏低时，应采取适当加大中心风、径向风、减小轴向风等的操作方法来调节火焰，强化煤粉的燃烧，提高烧成带的温度。当烧成带掉窑皮、甚至出现"红窑"时，说明烧成带温度不稳定或局部出现了温度峰值，要及时减少窑头喂煤量，移动喷煤管位置，拉长火焰，稳定烧成带温，控制熟料结粒，及时补挂窑皮。

5.4　多通道煤粉燃烧器的功能

（1）降低一次风用量，加强对高温二次风的利用，提高系统热效率，从而降低熟料热耗。

高温二次风有大量的热量，可显著提高火焰温度和系统热效率，少用一次风多用二次风就能降低熟料热耗，达到节能的目的。

一次风量的大小是表征燃烧器性能优劣的重要参数。一次风量小，不仅使燃烧器的形体小、质量轻，更重要的是节能幅度大，产生的污染物 NO_x 的含量减少，对环境保护有利。新型三通道煤粉燃烧器的一次风量为 12%～16%；新型四通道煤粉燃烧器的一次风量为 6%～10%，比单通道煤粉燃烧器下降 80%左右。由于一次风量减少，煤粉与空气混合充分且均匀，煤粉的燃尽率提高，更好地满足烧成带所需要的温度。

（2）增强燃烧器推力，加强对二次风的吸卷，提高火焰的温度。

多通道煤粉燃烧器的煤粉与空气在管外混合，煤粉受轴向和径向风的作用，轴向风、径向风和煤风从三个通道喷出，风煤混合均匀、充分，燃尽率高，增强燃烧器推力后，火焰内部燃烧产物的再循环程度提高，使火焰集中不散发；同向大速差在燃烧器端部形成负压，产生热烟回流，卷吸温度高的二次风，强化煤粉燃烧；火焰形状适宜且温度高，窑内温度分布合理，在烧成带火焰集中有力，物料在窑内的升温速度快，能利用的新生态氧化物的活化能越大，越有利于熟料矿物的快速形成。由于火焰温度提高，烧成时间短，物料在高温烧成带停留的时间短，可提高熟料的产量，也可提高熟料的质量。

多家水泥企业的生产实践证明，在生产条件相同的情况下，采用四通道煤粉燃烧器，其产量比单通道的可提高 10% 左右，强度提高 10MPa；其产量比三通道可提高 3%～5%，熟料强度提高 3%～8%。

（3）增强对各通道的风量、风速的调节手段，使火焰形状和温度场按需要灵活控制。

多通道燃烧器调节火焰形状的两股一次风都不含煤粉，所以不受输送煤粉因素的制约和干扰，管道内不存在的磨损问题，出口断面可以调节使两股气流的风量和出口风速达到最佳值。火焰形状调节幅度大，通过改变净风出口风速、轴流扩散和旋流强度，能够实现火焰在长度和宽度方面互不影响地无级调节最佳化。操作时通过改变内、外风速和风量比例，可以灵活调节火焰形状和燃烧程度，以满足窑内煅烧熟料温度分布的要求。当旋流强度增大时，火焰变得粗而短，高温带会相对更集中；反之火焰被拉长。在操作中，根据煅烧需要，操作员可以进行火焰的灵活调节，如喂煤量、内外净风量和风速均可灵活调节，以满足窑况的需要。调节时通过手柄操作，指示仪表和装置进行监测，调节操作灵活、简单、方便、范围广。

（4）对燃料的适应性强，有利于低挥发分、低活性燃料的利用。

煤的可燃成分主要是挥发分和固定碳，挥发分低的劣质煤或无烟煤，着火温度比通常的烟煤要高得多。回转窑煅烧熟料采用低挥发分烟煤、无烟煤及高灰分的劣质烟煤时，除控制煤粉细度外，最关键的就是要有合适的煤粉燃烧器来强化煤粉的燃烧。新型多通道煤粉燃烧器采用热烟气回流技术，超音速的外风与煤风、内风形成极大的速度差，在燃烧器出口区域造成负压回流区，将窑内已着火的高温烟气及高温二次风卷吸到燃烧器喷口，与温度低的一次风、煤混合，使未着火的煤粉气流混合物被迅速加热，析出挥发分而快速着火。

低挥发分煤用三通道燃烧器的主要特点：与传统烟煤燃烧器相比，内旋流风与轴流风速度均提高 30%～50%。一次风量无改变，燃烧器推力得到提高。内、外流风出口截面积可调比增大到 6 倍以上，即内、外风速调节比大，调整火焰灵活，对燃料质量波动适应性增强。喷头外环前端设置挡风火焰圈，便于得到稳定火焰，对点火及保护窑皮有利。喷头部分采用耐高温、抗氧化耐热钢材料。煤粉入口处采用抗磨损碳化钨材料，并易于更换。

无烟煤用四通道燃烧器的特点：与低挥发分煤用三通道煤粉燃烧器相比，主要在于旋流风及轴流风速度又提高大约 30%，同时一次风量有所增加，使燃烧推力更大。其他如头部结构、材质、煤粉入口处材质与低挥发分煤用三通道燃烧器基本相同。

（5）降低环境污染

多通道煤粉燃烧器，可以保证火焰具有恰当的形状，避免出现峰值温度；在火焰根部形成负压回流区，火焰核心出现局部还原气氛，因而抑制 NO_x 的形成，降低了废气中 CO 和 NO_x 浓度。同时由于一次风量少，也延缓了"高温" NO_x 形成时所需氧原子的供应时间，从而减少高温 NO_x 的形成，有利于环境保护。

思 考 题

1. 悬浮预热器技术。
2. 悬浮预热器的技术特性。
3. 旋风预热器的结构及工作原理。
4. 立筒预热器的工作原理。
5. 分解炉的工艺性能。

6. 分解炉的热工性能。

7. 预分解窑的热工性能。

8. 推动篦式冷却机的类型。

9. 三通道煤粉燃烧器的结构及工作原理。

10. 四通道煤粉燃烧器的结构及工作原理。

11. 四通道煤粉燃烧器中心风的作用。

12. 多通道煤粉燃烧器的功能。

项目3　预分解窑系统的操作控制

任务1　预热器的操作控制

任务描述：熟悉预热器的结构及工作原理；掌握预热器系统发生结皮、塌料的原因及处理方法。

知识目标：掌握预热器的工作原理；掌握预热器系统发生结皮、塌料等方面的知识内容。

能力目标：掌握处理预热器系统的结皮、塌料等方面的实践操作技能。

1.1　撒料板角度的调节

撒料板一般都置于旋风筒下料管的底部。根据生产实践经验，通过锁风翻板阀的物料都是成团、成股、成束的。这种团状、股状、束状的物料，气流不能将它们带起而直接落入旋风筒中造成短路。撒料板的作用就是将这些团状、股状、束状物料撒开，使物料均匀分散地进入下一级旋风筒进口管道的气流中。在预热器系统中，气流与均匀分散物料间的传热大约有90%是在管道内进行的。尽管预热器系统的结构形式有较大差别，但物料和气体之间的传热效果数据基本相同。一般情况下，旋风筒进出口气体温度之差多数在20℃左右，出旋风筒的物料温度比出口气体温度低10℃左右。这说明在旋风筒中物料与气体之间的热交换是很少的，大约只有10%。因此撒料板将物料撒开程度的好坏，决定了生料受热面积的大小，直接影响换热效率。撒料板角度太小，物料分散效果不好；撒料板角度太大，物料分散效果好，但撒料板极易被烧坏，而且大股物料下塌时，由于管路截面积较小，容易产生堵塞现象。所以生产过程中尤其是调试期间，应根据各级旋风筒进出口的气体温差和物料温差，反复调整其角度，直至调到最佳位置，达到最佳生产效果。

1.2　锁风翻板阀平衡杆角度及其配重的调整

预热器系统中每级旋风筒的下料管都设有锁风翻板阀。一般情况下，锁风翻板阀摆动的频率越高，进入下一级旋风筒进气管道中的物料越均匀，发生气流短路的可能性就越小。锁风翻板阀摆动的灵活程度主要取决于平衡杆的角度及其配重。根据生产实践经验，锁风翻板阀的平衡杆位置应在水平线以下，并与水平线间的夹角一定要小于30°，最好能调到15°左右比较理想，因为这时平衡杆和配重的重心线位移变化很小，而且随翻板阀板开度增大，其重心和阀板传动轴间距同时增大，力矩增大，阀板复位所需时间缩短，锁风翻板阀摆动的灵活程度可以提高。至于配重，应在冷态时初调，调到用手指轻轻一抬平衡杆就起来，一松手平衡杆就复位，热态时，只需对个别锁风翻板阀的配重作微量调整即可。

1.3　压缩空气喷吹时间的调整

在预热器系统中，根据每级旋风筒的位置、内部温度和物料性能的不同，在其锥体部位一般都设有 1~3 圈压缩空气作为防堵喷吹装置，压缩空气压力一般控制在 0.6~0.8MPa。预热器系统正常运行时，由计算机定时控制进行自动喷吹，喷吹间隔时间可以根据需要人为设定，整个系统自动轮流喷吹一遍大约需要 20min，每级旋风筒完成一次喷吹大约需要 3~5s。当预热器系统压力波动较大或频繁出现塌料等异常生产情况时，随时可以缩短喷吹时间间隔，甚至可以定在某一级旋风筒上进行较长时间的连续喷吹。如果生产无异常情况，不应采取这种喷吹方法，因为吹入大量冷空气将会破坏预热器系统正常的热工制度，降低热效率，增加预热器系统的热耗。

1.4　发生堵塞时的征兆

（1）锁风翻板阀静止不动。

（2）堵料部位以上各处负压值剧烈上升；堵塞部位以下部位则出现了正压，捅料孔、排灰阀等处向外冒灰、冒烟；窑头通风不好，严重时往外冒火、冒烟。

（3）排风机入口、一级筒出口、分解炉出口、窑尾等部位的温度异常升高，甚至达到或超过报警上线的危险温度范围。

（4）堵塞预热器的锥体部位负压急剧减小，或下料温度减小。如果发现不及时，旋风筒内几分钟就可以积满料粉，但进窑内的下料量却很少。当堵窑料量过大时，就有可能出现突然塌料，料粉冲出窑外、酿出生产事故。

1.5　容易发生堵塞的部位

对于五级旋风预热器或预分解窑来说，预热系统内容易发生堵塞的部位主要有以下几处：

（1）四级旋风筒 C_4 垂直烟道、C_4 锥体，堵塞物主要是高温未燃尽的煤粒和生料沉积物。

（2）窑尾烟室缩口和窑尾下料斜坡，堵塞物主要是结皮物料，碱含量（R_2O）高，冷却后很硬，粘接比较结实、牢固。

（3）五级旋风筒 C_5 锥体及下料管，主要堵塞物是结皮物料，碱含量（R_2O）高，冷却后很硬，粘接比较结实、牢固。

（4）分解炉及其连接管道 C_4 筒及分解炉连接管道堵塞物中有大量结皮物料，有的质地坚硬，结皮物上有大量未燃尽的煤粒子，用高压风吹时，会出现明火现象。

1.6　发生堵塞种类及原因

（1）结皮性堵塞

由于钾、钠、氯、硫等有害成分在窑内挥发性加大，又在预热器系统的部位冷凝；当物料的易烧性不好，煅烧温度提高时，或是窑内有不完全燃烧现象，出现还原气氛时，都会使这些有害成分循环富集，形成越来越厚的结皮，如果这些结皮处理不及时就会发生堵塞现象。只要原料及工艺不发生变化，这类堵塞经常会发生在某一位置，如窑尾缩口、末级预热器的锥部等。这类堵塞完全可以靠人工定时清理，用气泡吹扫予以解决。

（2）烧结性堵塞

由于某级预热器温度过高，使生料在预热器内发生烧成反应而堵塞，这种情况多发生在分解炉加煤过量，煤粉产生不完全燃烧现象，过剩煤粉于末级预热器内继续燃烧所致。处理这种堵塞的难度较大，因为预热器内形成了熟料液相烧结，需要停窑数天时间，逐块敲打清理。

（3）沉降性堵塞

由于系统排风不足，不能使物料处于悬浮状态而沉降于某一级预热器。上级预热器或某处塌料致使次级预热器来不及排出的堵塞，就属于此类性质堵塞。这类堵塞和系统的用风量有关，和操作关系不大，如果用风不当的原因没有找到，就会出现周期性地反复堵塞。

预热器锁风阀漏风较严重，物料在向下级运动时被漏入的风托住而堵塞。这种堵塞也是由于气流对物料正常运动的干扰而产生的。

（4）异物性堵塞

由于系统内有浇注料块、翻板阀、内筒挂板等异物脱落，或系统外异物掷入预热器，都会造成此类堵塞。这类堵塞如果发现不及时，就会转化成为烧结性堵塞，如果及早判断准确，不但处理容易，还能尽快发现系统的损坏配件。

1.7 处理堵塞的操作

（1）接到发生堵塞报告后，应立即采取止料、减煤、慢转窑等措施。

（2）抓紧时间探明堵塞部位及堵塞程度。

（3）制定清堵方案，准备好清理工具、器械、防护面具、手套等。

（4）如果堵塞较轻，可采取减煤操作，继续转窑，人工即可完成清堵工作；如果堵塞严重，则采取停料、停煤操作，同时慢转窑。

（5）捅堵时，可用压缩空气喷枪对准堵塞部位直接捅捣。

（6）清堵时，应本着"先下后上"的原则，即先捅下部，后捅上部，禁止上下左右同时作业，保证捅下的物料顺畅排走。

（7）清堵时，要适当增加排风机的风门开度，不得关闭排风机，保证预热器系统内呈负压状态，捅料孔正面、与捅料平台相连接的楼梯、窑门罩前、冷却机人孔门等部位不许站人，防止热气喷出伤人。

（8）捅堵完毕后，进行预热系统详细检查，确保各级旋风筒锥体、管道、撒料器、阀门等干净完好，确保所有人孔门、捅料孔等密封严密，各处压力、温度恢复正常。

（9）完成点火、升温、投料操作。

1.8 影响结皮的因素

（1）与物料中碱、氯、硫的挥发系数有关，特别是在还原气氛中，挥发系数增大时，对结皮影响很大。

（2）与物料易烧性有关，如果物料易烧性较好，则熟料的烧成温度相应降低，结皮就不易发生。

（3）与物料中 SO_3 与 K_2O 的摩尔比（硫碱比）有关，物料中的可挥发物含量越大，窑系统的凝聚系数越大，则形成结皮的可能性越大。

（4）系统发生严重漏风。如果系统密封不严出现严重漏风时，除影响煤的燃烧、烧成温度的稳定外，在温度较高的部位冷凝在生料表面的低熔点物质出现液相，漏风能在瞬间使物料表面的熔融物凝固，在漏风的周围形成结皮，漏风处的结皮厚且强度高，很难清理掉。

最容易发生结皮堵塞的部位主要在窑尾烟室、下料斜坡、缩口、最下一级旋风筒锥体、最下两级旋风筒下料管等部位。

（5）当煤粉太粗或操作不当时，产生机械不完全燃烧，煤粉燃烧区域和系统温度分布将发生变化，结皮部位也随之改变。

1.9　预防结皮与堵塞的措施

（1）在选择原材料、燃料时，应在合理利用资源的前提下，尽量采用碱、氯、硫含量低的原材料和燃料，避免使用高灰分和灰分熔点低的燃煤。

（2）稳定生料成分，控制窑尾温度，分解炉出口温度等，使系统温度与成分相匹配，防止局部过热，防止窑炉发生不完全燃烧现象。对窑和预热器精心操作，使各部位温度压力稳定及喂料量稳定。

（3）分解炉前后的温度处于一些低熔点物质开始熔化的范围，难免产生结皮，可采取定期检查，用压缩空气喷吹或用空气炮轰打的方法。

（4）在容易结皮的部位，增设空气炮及压缩空气喷吹装置，如在 C_5 锥体部位，可加装空气炮或压缩空气喷吹装置；在 C_5 上升管道可加装喷吹管；在窑尾下料斜坡加装空气炮；在分解炉设置捅料孔。捅料孔及喷吹装置一般应均布于易堵部位的周围，一旦发生堵塞，能够从四个方向捅堵。

（5）在易堵料的"瓶颈"部位，即各级下料管段增设核子料位计，用来监测物料堆积情况。为防止核子料位计误动作，可在易堵部位如 C_4、C_5 级各下料锥管段安装压力变送器，并远传到后备仪表控制盘及 DCS 系统，组成监测报警控制系统。

（6）丢弃一部分窑灰，减少氯的循环。

（7）采用旁路放风。

为防止有害成分在预热器系统中循环富集造成的结皮堵塞及熟料质量下降，首先必须合理选用原、燃料。当原、燃料资源受到限制，有害成分含量超过允许限度，系统内富集严重，直接影响到操作可靠性和熟料质量时，可采取旁路放风措施。旁路放风是将含碱、氯、硫浓度较高的出窑气体在入分解炉、预热器之前引入旁路排出系统，减少内循环。放风口位置直接影响到放风效果，原则上应设在气流中碱浓度高、含尘量较小的部位。

放出的含尘气体要掺冷风立即降温到 400℃ 左右再进行收尘处理。因此旁路放风需要增加基建投资，增加能耗。生产实践经验表明，每放出废气量的 1%，熟料热耗增加 $17\sim21\mathrm{kJ/kg}$ 熟料，因此放风量一般不超过 25%，通常控制在 10% 以下。

（8）使用含 ZrO_2 和 SiC 的耐火砖或浇注料。

在预热器易结皮的部位（如锥体缩口），使用含 ZrO_2 和 SiC 的耐火砖或浇注料，可以降低结皮趋势，即使出现结皮，也容易脱落及处理。

1.10　预热器的塌料原因

塌料是指成股成束的生料失控，在极短时间内从预热器底部下料管快速卸出。预热器系统塌料严重时，也会造成分解炉塌料，对于在线布置的分解炉，塌料经窑尾烟室冲进窑内，使窑内生料量骤增，影响熟料的煅烧。塌料前预热器系统的风量、风温、负压等参数均无异常，塌料时分解炉和最下一级旋风筒出口温度偏高、负压增大，塌料后系统风量、负压又很快恢复正常。由于塌料突发且无预兆，操作上很难预防。

（1）预热器的结构设计存在缺陷，旋风筒进口水平段太长，涡壳底部倾角太小，容易形成积料，这些部位风速过低时，气体携料能力减弱，受其他因素干扰极易引起系统塌料。

（2）预分解系统中撒料装置对物料的分散起重要作用，若撒料装置设计或安装不合理，不能有效分散从上级旋风筒下来的成股成束生料，当风管风速稍低时，生料由于短路逐级落入下级旋风筒形成塌料。

（3）旋风筒下料管锁风不严密，出现严重内漏风，造成旋风筒分离效率下降，一部分物料随气流进入上一级旋风筒，一部分在旋风筒内循环积聚，当积聚生料达到一定量时，就会成股成束地冲出旋风筒，导致系统塌料。因此，下料管锁风阀应能严密锁风，翻动灵活，配重不宜过轻，尽可能减少漏风，是防止塌料的重要途径。

（4）原燃料中含有的碱、氯、硫有害成分含量高，它们循环富集到一定程度，就会在预热器系统内积料和结皮，形成阵发性的塌料，如果结皮性塌料不能顺利通过下料管，就可能形成堵塞。

（5）窑产量偏低，处于塌料危险区，如开窑点火阶段，采取"慢升温、慢窑速、低产量"的操作方法，喂料量没有达到设计能力的 80％，这时就很容易发生塌料现象。

（6）生料质量波动大、KH 值过低；风、煤、料及窑速等参数不匹配，尤其喂料量波动大，容易发生塌料现象。

1.11 预热器系统塌料的处理

预分解窑喂料量达设计能力 80％ 以上后塌料现象就很少出现。但由于操作不当、喂料量大起大落等原因，塌料又是不可避免的。预热器系统出现较大塌料时，首先应加窑头煤，以提高烧成带温度，等待塌料的到来，当加煤不足以把来料烧成熟料，应及时降低窑速，严重时还应减料、适当减少分解炉用煤量，以确保窑内物料的烧成，以后随着烧成带温度的升高，慢慢增加窑速、喂煤及喂料量，使系统达到原有的正常运行状态。但当塌料量很少时，由于预分解窑窑速快，窑内物料负荷率小，一般不必采取任何措施，它对窑操作不会有大的影响。

任务 2 分解炉的操作控制

任务描述：掌握分解炉温度的控制原则；掌握调节分解炉温度的方法；掌握分解炉温度的操作控制技能；掌握分解炉的点火操作控制技能。

知识目标：掌握分解炉温度的控制原则；掌握调节分解炉温度的方法。

能力目标：掌握分解炉温度的操作控制技能；掌握分解炉的点火操作控制技能。

2.1 入窑生料的分解率

入窑生料的分解率就是指生料经过预热器的预热及分解炉的分解反应后，在入窑之前就已经发生分解反应的碳酸盐重量占生料碳酸盐总量的百分数，是衡量分解炉运行正常与否的主要指标，其一般值控制在大约 90%～95%。如果分解率过低，就没有充分发挥分解炉的功效，影响窑的产量、质量及热耗等指标；如果分解率过高，使剩余的 5%～10% 的碳酸盐也在分解炉内完成分解反应，就意味着炉内的最高温度可以达到 1200℃，极有可能在炉内形成矿物的固相反应，在分解炉内、出口部位及下级预热器下料口等部位产生灾难性的烧结结皮及堵塞，这是预分解窑生产最忌讳发生的，所以不能一味追求入窑生料的分解率而盲目地提高分解炉的温度。

2.2 分解炉温度的控制原则

分解炉温度包括炉下游、中游及上游出口温度，生产上主要控制的是出口废气温度，控制的原则是：保证煤粉在炉内充分完全燃烧，炉中温度大于出口温度；保证入窑生料的分解率≥95%；保证出口废气温度≤880℃。

2.3 调节分解炉温度的方法

（1）调节用煤量

分解炉出口的废气温度主要取决于煤粉燃烧放出的热量与生料分解吸收热量的差值。一般加入分解炉的煤粉量越多，燃烧放出的热量就越多，分解炉的温度就越高，生料的分解率也越高，反之亦然。所以在实际操作控制时，可以通过改变分解炉的用煤量来调节分解炉的温度。

（2）调节煤粉的燃烧速率

多通道煤粉燃烧器就是通过内风（旋流风）、外风（轴流风）、煤风之间的速度差来调节煤粉的燃烧速率。当煤质发生变化时，通过调节轴流风和旋流风的比例，就可以改变煤粉的燃烧速率。当煤粉的细度粗、水分大、灰分大、发热量低时，其燃烧速率肯定会变慢，放出的热量相对分散，造成分解炉内温度降低，出口废气温度升高，影响生料的分解率，此时可适当增加旋流风量、减少轴流风量，促使煤粉的燃烧速率适当加快，放出的热量相对集中，从而提高分解炉内的温度，反之亦然。所以在实际操作控制时，可以通过调节轴流风和旋流风之间的比例来改变煤粉的燃烧速率。

（3）调节系统的通风量

若进入分解炉的三次风量过小，则提供炉内煤粉燃烧的氧含量就不足，煤粉燃烧速率不但减慢，而且还容易产生不完全燃烧现象，造成分解炉的发热能力降低，入窑生料分解率降低。同时，未完全燃尽的煤粉颗粒在后一级预热器、连接管道内继续燃烧，容易产生局部高温，引发结皮、堵塞现象。因此在炉用煤量、入窑生料量等参数不变的情况下，适当增加分解炉的通风量，有利于提高分解炉的温度。

（4）调节三次风温

生料、煤粉、废气在分解炉内大约停留 10s，因此煤粉的燃烧速率是影响分解炉温的主要因素。根据煤粉的燃烧理论，三次风温升高 70℃，燃烧速率大约提高一倍。所以在其他生产条件不变的情况下，三次风温越高，煤粉燃烧速率越快，分解炉内温度也越高。

（5）调节生料量

当加入分解炉的煤粉量不变时，如果增加生料量，物料分解吸收的热量增加，但由于放热总量不变，将使分解炉内温度降低；若减少生料量，物料分解吸收的热量相对变小，分解炉内温度必然升高。因此在实际操作控制时，可以通过改变生料量的方法来调节分解炉内的温度。

2.4 分解炉温度的操作控制

（1）当煤粉的挥发分高、发热量高及生料易烧性好时，调节分解炉温度最好的方法就是改变喂煤量。分解炉中的煤粉与生料是以悬浮态方式混合在一起的，煤粉燃烧放出的热量能立刻被生料吸收。当分解炉内温度发生波动变化时，增加或减少一点喂煤量，分解炉的温度可以很快恢复到正常控制值。

（2）当煤粉的挥发分低、灰分高、生料易烧性差、KH 值高时，调节分解炉温度最好的方法就是改变生料量。当分解炉的温度降低时，如果采用增加用煤量的办法是不合适的，因为煤质差，燃烧放热速率慢；生料 KH 值高，分解需要吸收的热量多，不能使分解炉内温度快速升高。如果降低生料量，就能迅速有效地遏制分解炉内温度继续下降。根据生产实践经验，物料从均化库出来进入分解炉所需的时间至多是 2min，当减少生料量 5t 时，分解炉温度最多 4～5min 就会恢复正常。如果采用增加用煤量的办法，同样的生产条件，分解炉温至少需要 10min 才能恢复正常。所以遇到这种生产状况，采取减料的办法明显优于加煤的办法，但操作时减料幅度不要太大，每次减 3～5t 比较合适。

（3）最上一级预热器的出口废气温度没有明显变化，分解炉温度开始降低，这时就要增加分解炉的喂煤量，保证入窑生料的分解率。增加用煤量后，如果出现分解炉温度上升缓慢，或者没有升高，或者继续降低，但最下级预热器出口废气温度却一直在上升，这说明煤粉在分解炉内发生了不完全燃烧现象，遇到这种生产状况，就应该迅速减少用煤量，同时适当减少生料量，待分解炉温度有上升趋势时，再适当增加三次风量和用煤量，保证煤粉燃烧所必需的氧含量。

（4）分解炉温度降低时，通过增加用煤量来调节，若用煤量已经超过控制上限，而温度又没有达到预期的升高目的，此时就不应再盲目增加煤粉用量了，而应该适当减少生料量和用煤量，适当增大三次风量，待分解炉的温度有上升趋势时，再缓慢增加用煤量和喂料量。造成这种生产状况的主要原因是三次风温太低，影响煤粉的燃烧速率。

（5）分解炉温度升高时，通过减煤来调节，若用煤量已经低于控制下限，而温度又没有达到预期降低的目的，这时再进一步减小用煤量的同时，应迅速检查供料系统和供煤系统，如果供料系统和供煤系统正常，此时可适当增加喂料量。

（6）当分解炉温度迅速升高，已经达到控制上限，并且还在持续上升，此时应立即较大幅度减煤，阻止温度进一步升高。在原因没有确定的情况下，采用加料降温的方法是不妥的，假如分解炉的升温是由于某级预热器堵塞引起的，加料操作只会加重堵塞的程度和处理的难度。

（7）由于操作员责任心不强，长时间未观察分解炉的温度变化，造成分解炉长时间温度偏低，甚至已经低于生产控制的下限值。遇到这种生产情况，首先要适当减少生料量，阻止炉内温度继续降低，然后再缓慢加煤，每次加煤的幅度不能过大，防止出现不完全燃烧现象，待炉温恢复正常并稳定大约十分钟，再恢复正常的喂料量。

2.5 分解炉的点火操作控制

分解炉具备点火的基本条件有两个：分解炉内有足够氧气含量；分解炉内达到煤粉燃烧的温度。分解炉型不同，采取的点火操作控制方式也不同。

（1）对于在线型分解炉，只要窑尾废气温度达到800℃及以上，在没有投料的情况下，向分解炉内喷入适当的煤粉，煤粉就会燃烧，完成分解炉的点火操作。

（2）对于离线型分解炉，炉型不同就要采取不同的点火操作。如RSP型分解炉，只要将分解炉通往上一级预热器的锁风阀吊起，即可使来自窑尾的高温废气部分短路进入分解炉内而使炉内温度升高，达到煤粉燃烧的温度，就具备了分解炉的点火条件。再如MFC型分解炉，由于其位置高度低于窑尾高度，则只能先进行投料操作，靠经过预热后的生料粉将炉内温度提高到煤粉燃烧的温度，然后再进行分解炉的点火操作，但操作过程中，一定要注意控制投料量与炉底的风压、风量，避免发生压炉现象而导致点火失败。

2.6 多风道燃烧器的选择及操作控制

当分解炉的出口温度长期高于炉中温度30～40℃时，当分解炉出口温度与下一级预热器出口温度长期出现倒挂现象，温差在20～30℃时，当分解炉使用无烟煤，其燃烧速率明显变慢时，分解炉就应该选择使用多风道燃烧器。虽然多风道燃烧器引入了少量冷空气作为一次风，但由于其出口风速高，具有很高的冲量，能加剧煤粉与空气的均匀混合，加速煤粉的燃烧，提高分解炉的使用功效。在操作控制时，通过改变轴流风和旋流风的比例来调整分解炉的温度，如果要提高分解炉的温度，可以适当增加旋流风，降低轴流风；如果要降低分解炉的温度，可以适当增加轴流风，降低旋流风。

任务3　多风道煤粉燃烧器的操作控制

任务描述： 熟悉多风道煤粉燃烧器的结构及工作原理；掌握提高煤粉燃烧器浇注料使用周期的措施；掌握多风道煤粉燃烧器的调节及操作控制、常见故障及处理等方面的操作技能。

知识目标： 掌握多风道煤粉燃烧器的结构及工作原理等方面的知识内容；掌握提高煤粉燃烧器浇注料使用周期的措施。

能力目标： 掌握多风道煤粉燃烧器的方位调节、操作控制、常见故障及处理等方面的实践操作技能。

3.1 多风道煤粉燃烧器的方位调节

3.1.1 喷煤管中心在窑口截面上的坐标位置

生产实践证明，喷煤管中心在窑口截面上的坐标位置以稍偏于物料表面为宜，如图3.3.1所示，图中的 O 点为窑口截面的中心点，A 点即是喷煤管中心在窑口截面上的坐标位置。如果火焰过于逼近物料表面，一部分未燃烧的燃料就会裹入物料层内，因缺氧而得不到充分燃烧，增加热耗，同时也容易出现窑口煤粉圈，不利于熟料煅烧；如果火焰离物料表面太远，则会烧坏窑皮和窑衬，不仅降低耐火砖的使用寿命，还会增加窑筒体的表面温度，甚至引起频繁的结圈、结蛋等现象。窑型不同、燃烧器种类不同，喷煤管的中心位置设定值也不同，例如 Φ4×60m 的预分解窑，其喷煤管的中心位置一般控制 A（30，-50）比较合理。

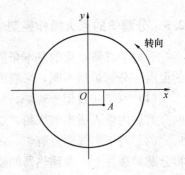

图 3.3.1　喷煤管中心点的坐标位置

3.1.2　喷煤管端部伸到窑口内的距离

喷煤管端部伸到窑口内的距离与燃烧器的种类、煤粉的性质、物料的质量、冷却机的型式及窑情变化有关。如果伸入窑内过多，相当于缩短窑长，火焰的高温区向后移，尾温随之增高，对窑尾密封装置不利；如果伸入窑内过少，相当于增加窑长，火焰的高温区向前移，出窑的熟料温度增加，甚至达到 1400℃，窑头密封装置和窑口护板的温度增高，容易受到损伤，窑口筒体容易形成喇叭口状，影响耐火砖的使用寿命。根据生产实践经验，预分解窑喷煤管端部伸到窑口内的距离一般控制 100～200mm 比较合理。

3.2　多风道煤粉燃烧器的操作调节

3.2.1　冷窑点火时的操作

（1）将燃烧器的喷嘴面积调节到最小位置。

（2）将轴流风阀门和旋流风阀门打到关闭。

（3）关闭进口阀门，启动一次风机。

（4）启动气体点火装置。

（5）启动油或气燃烧器。

（6）调整火焰的形状。如果火焰一直向上延伸，必须稍稍打开一次风阀门开度，增加一次风量，但必须避免过分增加一次风量，以免干扰火焰的稳定性。

（7）火焰稳定后即关闭气体点火装置，并轻轻将其退出燃烧器。

（8）一次风量可随窑温上升逐步加大，为防止火焰冲击衬里，必须始终保持足够的一次风量。

（9）窑衬里温度达到 800℃ 左右时，关掉油燃烧器，启动煤粉燃烧器，开启内风和外风。

3.2.2　火焰形状的调整

外风控制火焰的长度。外风过小，导致煤粉和二次空气不能很好地混合，燃烧不完全，窑尾 CO 浓度高，煤灰沉落不均而影响熟料的质量，甚至引起结前圈；火焰下游外回流消失，火焰刚度不够，引起火焰浮升，使火焰容易冲刷窑皮，影响耐火砖的使用寿命。外风过大，引起过大的外回流，一方面挤占火焰下游的燃烧空间，一方面降低火焰下游氧的浓度，导致煤粉发生不完全燃烧现象，窑尾温度升高。

内风控制火焰形状。随着内风的增加，旋流强度增加，火焰变粗变短，可强化火焰对熟料的热辐射，但过强的旋流会引起双峰火焰，既发散火焰，易使局部窑皮过热剥落，也易引起"黑火头"消失，喷嘴直接接触火焰的根部而被烧坏。

当烧成带温度偏高时，物料结粒增大，大多数熟料块超过 50mm，被窑壁带起的高度超过喷煤管高度，窑负荷曲线上升，且火焰呈白色发亮，窑筒体表面温度升高。此时烧成带，应减少窑头用煤，适当减小内流风，加大外流风用量，使火焰拉长，降低烧成带温度。

当物料发散、结粒很差，物料被带起的高度很低，窑内火焰呈淡红色时，说明窑内温度偏低。这时应适当加煤，增大内流风，减少外风，强化煤粉的煅烧，提高烧成带的温度。当出现"红窑"时，说明火焰出现峰值，烧成带温度偏高，或耐火砖已经脱落，这时应该减少喂煤量，加大外风，减少内风，并及时移动喷煤管，控制熟料的结粒状况，及时补挂窑皮。

3.2.3　一次风量的合理控制

在保证火焰稳定的前提下，一次风量尽可能少，以此来降低热耗，防止窑内结圈；加强对二次热风的卷吸能力，使燃料与空气混合均匀，火焰形成"细而不长"的燃烧状态，以防止强化燃烧所形成的局部高温对烧成带窑皮的负面作用，从而延长耐火砖的使用寿命，也降低 NO_x 的排放量。

3.2.4　控制煤粉和助燃空气的混合速率

二次风温度可达 1000℃ 及以上，窑头燃烧火焰温度高达 1800℃ 左右，其燃烧反应一般已进入扩散控制区。在扩散控制区里，煤粉燃尽时间受煤粉细度的影响较大，而受煤粉品种特性影响较小，在燃料品种和煤粉细度一定的情况下，为了在整个烧成范围内形成均匀燃烧的火焰，必须控制煤粉和助燃空气混合速率，保证煤粉的燃尽时间，同时在实际操作中，还要考虑稳定火焰的一些措施，如在设定燃烧器煤粉的出口速度时应以不发生脉冲为前提，在冷窑启动过程中或窑况不稳定、烧成带温度过低、二次风温不高的情况下，可采用油煤混烧的方式来稳定火焰。

3.2.5　保持适度的外回流

适度的外回流对煤粉与空气混合有促进作用，可以防止发生"扫窑皮现象"。如果没有外回流，则表明不是所有的二次空气都被带入一次射流的火焰中，这样在射流扩展附近常常发生耐火砖磨损过快现象，降低窑的运转率。

3.2.6　煅烧低挥发分煤的关键因素

由于低挥发分燃料一般具有较高的着火温度，并且因挥发分含量低，挥发分燃烧所产生的热量不足以使碳粒加热到着火温度而使燃烧持续进行，要采用能够产生强烈循环效应的燃烧器，通过强烈的内循环，使炽热的气体返回到火焰端部，以提高该处风煤温度，加速煤粉的燃烧速度。

3.3　燃烧器常见故障及处理

3.3.1　喷煤管弯曲变形

多通道喷煤管，由于重量重，伸入窑内和窑头罩内的长度较长。为延迟喷煤管的使用寿命，外管需打上 50～100mm 厚的耐火浇注料，保护其不被烧损；由于窑内有熟料粉尘存在，尤其遇到飞沙料，它们很容易堆积在喷煤管伸入窑内部分的前端，如图 3.3.2 所示。喷煤管由多层套管组成，具有一定刚度，粉料堆积较少时影响不大。可是，当堆积较多时，再加上受高温作用，使喷煤管钢材的刚度降低，于是整个喷煤管弯曲。被压弯的喷煤管，由于射流方向发生变化而失控，这时必须报废换新，造成较大的损失。喷煤管一旦发现弯曲，就无法平直过来。

在生产中，通常采用较长的管子，向窑内通压缩空气，将堆积的尘粒定期吹掉；或利用

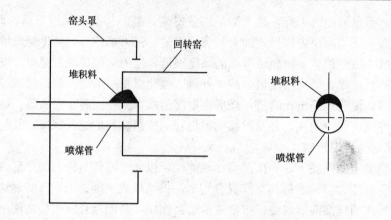

图 3.3.2　堆积在喷煤管前端的粉尘

一根长钢管，从窑头罩的观察孔或点火孔伸入，以观察孔为支点，轻轻拨动或振捣，将堆积尘粒清除。这种操作必须熟练、小心谨慎，否则会伤及喷煤管外的耐火浇注料，这时候的浇注料因受高温作用已经软化，稍不小心或不熟练就会有损坏的可能，一经发现浇注料损坏就必须立即抽出更换，因为浇注料损坏后，喷煤管在很短时间内就能被烧坏。

3.3.2　耐火浇注料的损坏

（1）炸裂

喷煤管外部的耐火浇注料保护层最易出现的损坏形式是炸裂，多由于浇注料的质量不好，施工时没有考虑扒钉和喷煤管外管的热膨胀和浇注料表面抹的太光所致。

（2）脱落

因为二次风温度过高，入窑后分布不均匀，从喷煤管下部进入的过多，使喷煤管外部的浇注料保护层受热不均匀，造成脱落，初期出现炸裂裂纹，受高温气体侵入，裂纹两侧的温度更高，由于温差应力的结果，加上扒钉和焊接不牢靠，导致一块块脱落。在浇注料施工之前，扒钉和外管外表没有很好的除锈，浇注料与金属固结不牢靠，当受高温作用时与金属脱落。扒钉和外管外表面没有涂一层沥青或缠绕一层胶带等防热胀措施，当扒钉和外管受热膨胀后，将耐火浇注料胀裂而后脱落。

（3）烧注

耐火浇注料受高温、化学作用，其表面一点一点地掉落，逐渐减薄烧损，最后失效。这种失效是慢性的，在露出扒钉时就应更换。只要更换及时，不会造成任何损失，换下后重新打好浇注料，以便使用。

3.3.3　外风喷出口环形间隙的变形

对于外风喷出口是环形间隙的煤粉燃烧器，外风喷出口在最外层，距窑的高温气体最近，受高温二次风的影响大，受中心风或内流风的冷却作用又最小，所以最容易变形。变形后，外风的射流规整性就更差，破坏了火焰的良好形状。采用小喷嘴喷射不但方便灵活，而且能延长喷煤管的使用寿命，尤其是在烧无烟煤时，外风风速一般达 350m/s，只要更换一套带有较小直径的小喷嘴即可，其余基本不变或不需要改变，简单灵活。喷射外风的小圆孔是间断的，而不是连续的环形间隙，所以不容易变形，保证了外风射流的规整性和良好的火焰形状。所以，外风喷出口环形间隙的变形与结构是否合理密切相关。

3.3.4　喷出口堵塞

多通道燃烧器在喷出口中心处形成一个负压回流区，导致煤粉和粉料在此区域的孔隙中回流沉淀，而且厚度会不断增加，轻者对一次风的旋转流产生不利影响，严重时将喷出口堵塞，危害极大。喷出口堵塞后，射流紊乱，破坏火焰的规整性。采用中心风就能有效地解决煤粉回流倒灌和窑灰沉淀弊端，所以带有中心风的四通道燃烧器比无中心风的三通道优越得多。

3.3.5　喷出口表面磨损

不论是环形间隙出口形式，还是小圆孔和小喷嘴的出口形式，或者是螺旋叶片出口形式，使用时间长了都要发生磨损。这种磨损往往是不均匀的，使喷出口内外表面出现不规矩的形状，特别是冲蚀出沟槽，就会严重破坏射流的形状，破坏火焰的规整性，导致工艺事故频繁发生，这时就应迅速更换燃烧器喷煤管，不宜勉强再用。

3.3.6　内风管前端内支架磨损严重

内风管距端面出口 1m 处上下左右各有一个支点，确保煤风出口上下左右间隙相等。当支架磨损后，内风管头部下沉使煤粉出口间隙下小上大，如图 3.3.3 所示，火焰上飘且不稳定，冲刷窑皮，出现此种情况要及时修复支架，确保火焰的完整性。

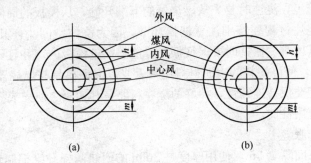

图 3.3.3　煤风出口上下间隙
(a) 支架未磨损；(b) 支架磨损后

3.4　提高燃烧器浇注料使用周期的措施

3.4.1　浇注料的选材

选择刚玉-莫来石喷煤管专用耐火浇注料，有利于提高燃烧器浇注料的使用周期。刚玉-莫来石质耐火浇注料，其承受的最高温度达到 1780℃，超出莫来石质耐火浇注料承受的最高温度 230℃，完全满足窑内 1700℃ 的环境温度条件；其 Al_2O_3 含量达到 75%，超出莫来石质耐火浇注料 15%，克服了高温作用下容易出现裂纹和剥落现象；其施工加水量相对较低，拌制时比莫来石质耐火浇注料至少降低 1%，增加了浇注料的整体结构强度；其体积密度相对较高，比莫来石质耐火浇注料高 0.2g/cm³，增加浇注料的密实度，减少产生裂纹和裂缝，增加浇注料的整体结构强度。

3.4.2　扒钉的选材和制作

(1) 采用 1Cr25Ni20Si2 耐热钢制作扒钉，其直径为 $\phi 8 \times 6mm$，形状为 "V" 形，"V" 形底部要加工出 20mm 左右的焊接面，扒钉经过防氧化和防膨胀处理，表面涂上一层 2mm 左右的沥青，端部缠一层塑料电工胶布，纵横呈 "十" 字排列，间距大约为 50mm。

(2) 使用 THA402 电焊条进行焊接。

3.4.3 施工前的准备

（1）按浇注料的设计厚度（如80mm）制作尺寸准确、安装拆卸方便的铁质模板，其厚度是3mm，长度是1.5m；模板由两部分半圆体组成，中间用螺栓进行固定和连接，在支设模板以前，模板内表面要保证光滑。

（2）要将燃烧器竖直固定放置。

（3）要清理干净搅拌机内部的残余积料。

3.4.4 施工过程

（1）安装模板

在竖直放置的燃烧器下端，准确地安装好第一段模板，使燃烧器的中心线和模板的中心线保持重合。

（2）拌制浇注料

按生产厂家提供的配合比，准确称量拌制浇注料的材料，并装入搅拌机内预先搅拌2~3min，保证干混物料搅拌均匀，然后再加水。此环节要特别注意控制加水量不能过多，其值控制在大约5%即可。

（3）浇注施工

采取分段浇筑施工，浇注时要先从燃烧器的下端开始，从模板的周向同时加料，并且一边加料一边振捣。浇注过程要特别注意振捣环节，因为浇注空间小，其间还密布了许多扒钉，操作振动棒极其困难。振捣时要保证振动棒能够插进模板内，并且要做到快插慢拔，每次振捣时间大约40s，使浇注料的表面材料达到返浆，保证模具与燃烧器之间的浇注料振捣密实；浇注施工过程要保持连续性，拌好的浇注料要在其初凝之前完成浇注振捣，否则必须废弃，以免影响其使用性能。

（4）预留施工膨胀缝

沿长度方向，每间隔1.5m，使用厚度是3mm的耐热陶瓷纤维棉制作一道预留膨胀缝；沿环向方向，每间隔1.5m预留一道施工膨胀缝，其预留位置设在两个模板的交接处，使用厚度是3mm木质的三合板制作预留膨胀缝，三合板要用两侧的模板夹紧，避免在振捣的过程中出现倾斜的现象。

（5）脱模

浇注施工结束后，浇注料要保证至少有72h的养护时间，待其完全硬化后方可脱模使用。

3.4.5 使用及维护

投入使用时，要特别注意控制升温速度，在投入使用前2h，应注意缓慢升温，升温速度控制小于2℃/min。使用中要经常检查燃烧器前端上部是否堆积少量高温熟料，并使用高压空气进行喷吹，尽量避免使用钢钎清理，以免损伤积料周边的浇注料；中心风的阀门保持全开，有利于实现对燃烧器端面的冷却，以防止其发生变形。

任务4 篦式冷却机的操作控制

任务描述：掌握第三代篦冷机的结构、技术性能及操作控制；掌握第四代篦冷机的结构、技术性能及操作控制。

知识目标：掌握第三代及第四代篦冷机的结构、技术性能。

能力目标：掌握第三代及第四代篦冷机的操作控制技能。

4.1　第三代篦冷机的操作控制

第三代篦冷机是新型干法水泥熟料煅烧过程中的常用主机设备，它主要承担出窑熟料的冷却、输送和热回收等重任，其操作控制是否合理，直接影响到熟料的冷却效率、余热回收利用率及水泥窑的运转率。

1. 篦下风系统压力的控制

（1）高温区的料层厚度一般可以通过观察监控画面进行判断，后续若干段的料层厚度只能通过篦下风系统压力间接判断。如果熟料粒度没有发生变化，篦下风系统压力增大，说明该段篦床上的料层厚度增厚；反之就变薄。如果熟料厚度没有发生变化，篦下风系统压力增大，说明该段篦床上的熟料粒度发生变化，即熟料中的粉料量相对增多；反之粉料量就相对减少。

（2）篦冷机分段控制速度时，一般用二室的篦下风系统压力联锁控制一段的篦床速度，二段篦床速度为一段的 1.1～1.2 倍，三段篦床速度为二段的 1.1～1.2 倍。不同水泥生产厂家的实际生产状况不同，篦床速度的控制数值也不同，此数值仅供参考。

（3）篦下风系统压力增大的原因及处理

当某室的篦下风系统压力增大时，该室的风机电流减小。如果驱动电机的电流增加、液压油压力增加，则说明篦床熟料厚度增加，这时操作上要加快篦床速度。如果驱动电机的电流、液压油压力基本没有变化，则说明篦床熟料厚度没有变化，风压增大是物料中的细粉量增多造成的，这时操作上要增加该室的风量。

（4）某室出现返风的原因及处理

当篦下风系统压力等于或超过风机额定风压时，风机鼓进的冷风不能穿透熟料而从进风口向外冒出，这种现象叫返风。发生返风现象时，鼓风机电流会降低很多，几乎接近空载。这时就要果断地减料慢转窑，仔细检查室下积料是否过多、篦床熟料料层是否过厚，以防止因冷风吹不进而造成高温区的物料结块、篦板和大梁过度受热发生变形。如果是室下堆积的细粉过多，就要先处理堆积细粉，并缩短下料弧形阀的放料时间间隔，保证室下不再有积料；如果是熟料料层过厚，就要加快篦床速度，尽快使料层变薄，恢复正常的冷风量。

2. 料层厚度的控制

（1）篦冷机一般是采用厚料层技术操作的。因为料层厚，可以保证冷却风和高温熟料有充足的时间进行热交换，获得较高的二次风温、三次风温。

（2）料层厚度的控制实际上是通过改变篦床速度的方法来实现的。篦床速度控制的慢，则增大料层厚度，使冷却风和热熟料有充分的热交换条件，并增加冷却风和热熟料的接触面积，也延长其接触时间，冷却效果好；反之，篦床速度控制的快，则料层厚度变薄，熟料冷却效果差。

（3）实际控制料层厚度时，还要注意出窑熟料温度、熟料结粒的变化情况。当熟料的易烧性好、窑内煅烧温度高时，料层可以适当控制薄些，防止物料在高温区粘结成块。当出现飞砂料、低温煅烧料时，料层适当控制厚些，防止发生冷风短路现象。

3. 箅床速度的控制

（1）合理的箅床速度取决于熟料产量和料层厚度。产量高、料层厚时，箅床速度宜快；反之，产量低、料层薄时，箅床速度宜慢。

（2）箅床速度控制过快，则料层薄，出箅冷机的熟料温度偏高，熟料的热回收利用率偏低；反之，箅床速度过慢，则料层厚，冷却风穿透熟料的风量少，箅床上部熟料容易结块，出箅冷机的熟料温度也偏高。

（3）箅床驱动机构

活动箅板的速度实际上是由箅床驱动机构控制的。对于采用液压传动的箅冷机，生产操作控制要考虑箅床的行程和频率两个参数。行程如果调得过长，则箅板速度因为非正常生产因素而必须加快后，很容易发生撞缸事故。反之，行程如果调得过短，在保持相同料层厚度的前提下，必然要加快箅板速度，加快液压缸和箅板的磨损，也容易发生压床事故。

4. 冷却风量的控制

（1）冷却风量的控制原则

在熟料料层厚度相对稳定的前提下，加大使用箅冷机"高温区"的风量，适中使用"中温区"的风量，尽可能少用"低温区"的风量。加风的原则是由前往后，保持窑头负压；减风的原则是由后往前，保持窑头负压。

（2）冷却风量的使用误区

错误地认为冷却风量越大越好，可以最大限度地回收熟料余热，有利于降低熟料温度。错误地认为冷却风量越小越好，可以最大限度地提高二次风温及三次风温，有利于窑和分解炉的煤粉燃烧。

（3）正确判断高温区的冷却风量

借助电视监控画面，通过观察高温区的熟料冷却状态来判断。出高温区末端的熟料，其料层的上表面不能全黑，也不能红料过多，而是绝大多数是暗灰色，极少数是暗红色。

（4）"零"压区的控制

箅冷机的冷却风量与二、三次风量、煤磨用风量、窑头排风机抽风量必须达到平衡，以保证窑头微负压。在窑头排风机、高温风机、煤磨引风机的抽力的共同作用下，箅冷机内存在相对的"零"压区。如果加大窑头排风机抽力或增厚料层，使高温段冷却风机出风量减小，"零"压区将会向窑头方向移动，导致二、三次风量下降，窑头负压增大；减小窑头排风机抽力或料层减薄，使高温段冷却风机风量增大，"零"压区将会后移，则二、三次风温下降风量增大，窑头负压减小。所以如何稳定"零"压区对于保证足够的二、三次风量是非常关键的。

5. 箅板温度的控制

（1）箅板温度控制系统的设置

为了保证箅冷机的安全运转，在箅冷机的高温区热端设有 4～6 个测温点，用于检测箅板温度，并通过 DCS 系统建议设定 80℃ 为报警值。

（2）箅板温度高的原因及处理

① 冷却风量不足，不能充分冷却熟料。操作上要根据熟料产量适当增加冷却风量。

② 箅床运行速度过快，冷却风和熟料进行的热交换时间短，冷却风不能充分冷却熟料。操作上要适当减慢箅床速度，控制合适的料层厚度，保证冷却风和熟料有充足的热交换时间。

③ 大量垮落窑皮、操作不当等原因造成篦床上堆积过厚熟料，冷却风不能穿透厚熟料层。操作上要加快篦床的速度，尽快送走厚熟料层，恢复正常的料层厚度。

④ 熟料的 KH、SM 值过高，熟料结粒过小，细粉过多，漏料量大。操作上要改变配料方案，适当减小熟料的 KH、SM 值，提高煅烧温度，改善熟料结粒状况，避免熟料结粒过小、细粉过多。

6. 出篦冷机熟料温度的控制

（1）出篦冷机熟料温度的设计值是 65℃＋环境温度，这在国际上已经成为定规。但实际生产中要达到这个数值有相当难度，如操作不当，经常达到 150℃或 150℃以上。

（2）出篦冷机熟料温度高的原因及处理

① 冷却风量不足，操作上要加大冷却风量。如增大冷却风门还是感觉冷却风量不足，就要根据鼓风机电流的大小、篦下风压的大小，判断是否因为熟料料层厚度太厚而造成冷风吹不透熟料层。

② 系统窜风、漏风严重。传动梁穿过风室处的密封破损，造成相邻风室的窜风；风室下料锁风阀磨损，不能很好地实现料封，造成外界冷风进入风室；人孔门、观察门等处有缝隙，造成外界冷风进入风室。这时采取的改进措施是找到漏风点，修复、完善破损的密封。

③ 窑头收尘器风机的风叶严重磨损，造成系统抽风能力不足；操作上为了保证窑头的负压值在控制范围之内，人为的减小冷却风量。这时采取的措施是更换严重磨损的风叶，从根本上彻底解决系统抽风能力不足的问题。

④ 生料配料不当。如熟料的 KH 值过低，煅烧过程中产生的液相量偏多，熟料结粒变粗，也容易结大块，其冷却程度受到很大影响，不能完全被冷透。如 IM 值过大，煅烧过程中产生的液相量偏多、液相黏度偏大，熟料结粒变大，也容易结大块，其冷却程度受到很大影响，也不能完全被冷透。如 SM 值过高，煅烧过程中产生的液相量偏少，熟料结粒过小，细粉过多，其流动性变大，冷风和熟料不能进行充分的热交换。如 SM 值过低，煅烧过程中产生的液相量偏多，熟料结粒变粗，也易结球，不能完全被冷透。这时采取的措施是调整熟料的配料方案，即采用"两高一中"的配料方案，例如 KH＝0.88±0.02；IM＝1.7±0.1；SM＝2.7±0.1。（此配料方案数值仅供参考。）

7. 出篦冷机废气温度的控制

（1）控制原则

在保证窑头电收尘器正常工作的前提下，尽量降低出篦冷机的废气温度。

（2）出篦冷机废气温度高的原因及处理

① 窑内窜生料，熟料结粒细小、粉料多，其流动性很强，与篦下进来的冷风不能进行充分的热交换。这时操作上要大幅度减小一室、二室的供风量，必要时停止篦床运动，防止大量粉料随二次风进入窑内，影响煤粉燃烧。同时要加强煅烧操作，防止因二次风量的减少和二次风温的降低而引发煤粉的不完全燃烧。

② 窑头电收尘器的抽风偏大，将分解炉用风、煤磨用风强行抽走。这时操作上要降低窑头风机的转速，减少抽风量。

4.2　SFC4X6F 型第四代篦冷机的操作控制

SFC4X6F 型篦冷机是丹麦史密斯公司研发的第四代推动棒式篦冷机，是和日产 6000t

水泥熟料的新型干法窑相配套的冷却设备。该篦冷机采用推动棒作为输送设备，采用固定不动的空气分布系统，每块篦板均带有空气动力平衡式空气流量调节器，采用了模块化设计控制。具有可靠性强、运转率高、气流分布稳定、热回收和冷却效率好、冷却风机电耗低，维修工作量小等优点。

1. SFC4X6F 型篦冷机的结构

（1）篦板采用固定的安装方式

该篦冷机的篦板只是承担冷却熟料、不再承担输送熟料的任务，所以篦板采用了固定的安装方式。篦下仅限于连续均匀合理的分配冷却空气，篦床下的区域具有锁风功效；输送熟料的功能则由篦床上的推动棒来完成，由于篦板与推动棒之间的间隙大约有 50mm，此处的熟料是固定不动的，这些冷熟料不仅能防止落下的熟料对篦板的冲击，又防止了篦板被烧坏和磨损。同时还能保持整体篦板的温度均匀，避免产生局部热胀冷缩应力，减小高温和磨蚀的影响，大大延长了篦板的使用时间。

（2）模块化结构

该篦冷机由 4 列 6 个模块组成，包括 5 台液压泵，其中 4 列推动棒使用 4 台液压泵，1 台作为备用；每台液压泵带有 6 个并联布置的液压活塞；各个风室篦板都有自动风量调节阀。

该篦冷机是作为模块系统来制造的，它由一个必备的入口模块和若干个标准模块组成。入口模块一般有 5～7 排固定篦板的长度，2～4 个标准模块的宽度。标准模块由 4×14 块篦板组成，尺寸为 1.3m×4.2m，其上有活动推料棒和固定推料棒各 7 件。每个模块包括一个液压活塞驱动的活动框架，它有两个驱动板，沿着四条线性导轨运动。驱动板通过两条凹槽嵌入篦板，凹槽贯穿整个模块的长度方向。驱动板上装有密封罩构成的阻尘器，防止熟料进入篦板下边的风室。密封罩同样贯穿整个篦冷机的长度方向，在密封罩往复运动时，确保了篦冷机免受熟料的磨损。

（3）推动棒

整个篦冷机内有固定棒和推动棒两种棒，这两种棒间隔布置在篦冷机的纵向方向。固定棒紧固在篦板框架的两侧，推动棒是由驱动板驱动。驱动板附带在移动横梁上。不像其他的篦冷机，移动横梁不对任何篦板和其支撑梁支撑，也就是说没有篦板支撑。推动棒是运输熟料的重要装置，有压块固定在驱动板与耳状板之间。由柱销销在篦板上方的内部支撑模块上；推动棒由定位器固定，所以易磨损部件均容易安装和更换。为阻止风室内的风不被溢出，柱销外装有密封罩。

推料棒横向布置，沿纵向每隔 300mm 安装一件，即隔一件是活动推料棒，隔一件是固定推料棒，活动推料棒往复运动推动熟料向尾部运动，推向出料口。推动棒的断面是不等边三角形，底边 125mm，高 55mm。所有棒及其密封件、紧固件、压块均采用耐热、耐磨蚀铸钢材料制成，在篦床的横向方向每块篦板上都装有一个棒，在这些棒之间，一个是通过液压缸往返运动，行程约为一块篦板的长度，则下一根棒是固定不动的。推动棒在输送熟料的同时，对整个熟料层也起到了上下翻滚的作用，使所有熟料颗粒都能较好接触冷却空气，提高了冷却效率。

（4）运行模式

① 任意模式：四段篦床各自运行，并可以任意调节各段篦床的篦速，相互之间没有影响。

② 往返模式：四段篦床同时向前推到限位后，二段和四段先返回，一段和三段再返回，如此往返运动。

③ 同开模式：四段篦床同时往返运动，此种模式一般在产量较高、篦冷机料层分布比较均衡时使用。

（5）空气流量调节器（简称MFR）

MFR有两个技术特点：一是具有最大压差补偿能力；二是在适用压差范围内，可控制气流流速恒定。

该篦冷机的每块空气分布板均安装了MFR。MFR采用自调节的节流孔板控制通过篦板的空气流量，保证通过空气分布板和熟料层的空气流量恒定，而与熟料层厚度、尺寸和颗粒温度等无关。如果由于某种原因，通过熟料层的气流阻力发生局部变化，MFR就会立即自动补偿阻力的变化以确保流量恒定。MFR没有电气控制，而是基于简单的物理定律和空气动力学原理实现调节，MFR防止冷却空气从阻力最小的路径通过，并在其操作范围内（阀板角度可以在 $10°\sim45°$ 之间任意调节）都将能保证稳定的气流通过篦板。这些优点有助于优化热回收以及冷却空气在整个篦床上的最佳分布，从而降低燃料消耗或提高熟料产量。

（6）空气分布板

该篦冷机的空气分布板具有压降低的特点。在正常操作下，由于节流孔板有效面积大，MFR几乎不增加系统的压降，所以篦板压力明显比传统的冷却机低，节约电力消耗。组装冷却机时在各个模块下面形成一个风室，每个风室有一台风机供风。SF型推动棒式冷却机的风室内部没有任何通风管道。在推动棒和空气分布板之间有一层静止的熟料作为保护层，降低了空气分布板的磨损。

（7）篦板结构及装机风量

SF型推动棒式篦冷机的篦板采用迷宫式，篦缝为横向凹槽式，每块篦板底部都安装了MFR，使整个篦床上的熟料层通过风量相等，达到冷却风均匀分布的最佳状态。在正常操作下，由于节流孔板有效面积大，MFR几乎不增加系统的压降，所以篦板下的压力明显比传统的篦冷机低，节约了电力消耗，在篦冷机各个模块下面都有独立风室，每个风室由各自风机供风。SFC4X6F型第四代篦冷机分7个风室，8台风机，总风量 $554700m^3/h$；如果采用第三代篦冷机则要16台风机，总风量要达到 $672800m^3/h$。

（8）结构特点

① 进料冲击区采用静止的入口单元。

② 风室的通风取消了低效的密封空气。

③ 采用空气动力平衡式空气流量调节器，确保最佳的空气分布。

④ 熟料的输送和冷却采用了两个独立的装置。

⑤ 降低了冷却空气用量，减少了冷却风机的数量，从而减少了熟料的冷却能耗。

⑥ 取消了密封风机；取消了手动调节风量的闸板；取消了风室的内风管等设施。

⑦ 消除了活动篦板；取消了侧面密封；杜绝了漏风和漏料；取消了漏料锁风阀；篦下无须设置输送设备。

2. 主要操作控制参数

正常生产时，主要通过调整篦速及篦冷机的用风量，来控制合理的篦压及料层厚度，尽量提高入窑的二次风温和入炉的三次风温。主要操作控制参数如下：

（1）熟料产量 250～270t/h。

（2）二次风温 1150～1250℃。

（3）三次风温 800～900℃。

（4）废气温度 220℃±20℃。

（5）熟料温度 100～150℃。

（6）一室篦压控制在 5～5.5kPa。

（7）料层厚度控制在 700～750mm。

（8）液压泵供油压力控制在 170～180Pa。

（9）八台风机的风门开度如表 3.4.1 所示。

表 3.4.1　八台风机的风门开度　　　　　　　　单位:%

固定篦床	一室	一室	二室	三室	四室	五室	六室
80～95	80～95	80～95	80—90	80～90	70～80	60～70	60～70

3. 篦冷机内偏料、积料过多的处理

由于出窑熟料落点的影响，篦冷机左侧料层要高于右侧料层，造成篦冷机两侧料层分布不均匀，这时可以采取料层高一侧篦速稍快于料层低一侧篦速的办法来调整，即把左侧的一段、二段篦速稍微调快一些，右侧三段、四段篦速比左侧调低 2～3r/min，保证左侧和右侧具有比较均匀的料层厚度。

正常生产时，一室篦压控制在 5～5.5kPa，料层厚度控制在 700～750mm，液压泵供油压力控制在 170～180Pa。如果篦床上熟料层过厚，篦冷机负荷过大，液压泵油压达到 200Pa，可能会发生篦床被压死的现象。这时就要采取大幅度降低窑速、减料，同时四段篦床要分别开启，即一次只能开启其中的一段或两段，等篦冷机内熟料被推走一部分后，再开启其他段篦床。

4. 出篦冷机熟料温度高及废气温度高的处理

由于出窑熟料的结粒状况较差，含有大量的细粉，它们在篦冷机内被风吹拂，飘浮在篦冷机的空间内，当它们积聚、蓄积到一定程度会顺流而下，形成冲料现象，引起出篦冷机熟料温度和废气温度超高，严重时还会危及拉链机的运转。针对发生的这种现象，采取如下的技术处理措施:

（1）改善配料方案，适当降低熟料的 KH 值，提高熟料易烧性，改善熟料的结粒状况，减少熟料中的细粉含量。

（2）优化窑及分解炉的风、煤、料等操作参数，稳定窑及分解炉的热工制度，改善熟料的结粒状况，减少熟料中的细粉含量。

（3）在条件允许的情况下，尽量提高篦冷机的用风量。通过调整篦板速度控制熟料层的厚度，保证冷却风均匀通过熟料层，降低出篦冷机熟料的温度。

（4）注意观察篦冷机后三室风机电流的变化，如发现后三室风机电流有明显的依次下滑然后上升现象，表明已经发生冲料现象，这时就要及时调整篦板速度，关闭后两室的风机风门，避免有大股料涌入拉链机，避免拉链机发生事故。

（5）采取掺冷风的方法，降低篦冷机的废气温度。

5. 篦冷机堆"雪人"的预防措施

由于窑况不稳、结粒不均等现象，在篦冷机进料端易形成堆"雪人"现象，不仅严重影响窑的正常运转和熟料生产质量，还直接威胁到推动棒的安全。为避免发生堆"雪人"事故，采取如下的预防措施：

(1) 定期检查篦冷机前段的十一台空气炮，正常生产时的循环时间设定为 30min；如果遇到堆"雪人"事故，循环时间由 30min 调整到 20min。

(2) 在篦冷机前端开设三个点检孔，要求每班两次定时检查、清扫积料情况。

(3) 煤粉燃烧器的端部伸进窑内 150mm，在窑头形成 1.0m 左右的冷却带，降低出窑熟料温度。

(4) 采用薄料快烧的煅烧方法，控制熟料结粒状况，避免熟料中的细粉过多。

4.3 SCH416R 型第四代篦冷机的操作控制

SCH416R 型第四代篦冷机是成都水泥工业设计研究院开发研制的。

1. 基本结构和工作原理

SCH416R 型第四代篦冷机主要由上壳体、下壳体、阶梯模块、M306 模块、M310 模块、推雪人装置、辊式熟料破碎机、液压传动系统、干油润滑系统及冷却风机组等组成。

高温熟料从窑口卸落到阶梯篦床上，首先由阶梯篦床的高压风机对物料急冷，然后在风和重力的作用下滑落到标准模块上，并在往复扫摆的刮板推送下，沿篦床均匀分部开，形成一定厚度的料层，篦床上的物料在篦冷机刮板推送下缓慢向出料口移动。在篦冷机卸料端装有辊式熟料破碎机，细小的熟料（20mm 以下）通过辊缝直接落入熟料输送机上运走，大块熟料则被破碎后进入熟料输送机运送至熟料库中。每一排模块下部构成一个风室，并由一台风机提供冷却风，冷却风经篦板吹入料层，对熟料进行充分冷却。冷却熟料后的高温热风燃烧空气入窑及分解炉（预分解窑系统），其余部分热风可作用余热发电和煤磨烘干，低温段的热风将经过收尘处理后排入大气。

篦冷机由液压传动系统驱动，每一排模块由一台油泵驱动，各排模块刮板速度可单独调节。篦冷机采用单线式干油集中润滑系统。该系统可以确保每个润滑点都得到充分润滑，并及时反馈润滑系统故障。

2. 运行前的准备工作

(1) 初次投料前的准备

新设备初次投料前，需要在整个篦床上铺满直径 20mm 左右的圆形鹅卵石，厚度与刮板表面平齐。另外需要在阶梯模块和第一段标准模块再铺 300mm 厚鹅卵石或冷熟料，其目的是：① 刮板下方的鹅卵石会一直停留在原地，有利于篦床布风，对冷却效果有帮助；② 刮板上方的鹅卵石可以防止大块高温熟料对篦床的冲击。

(2) 再次投料前的准备

① 篦床上的异物是否清理干净。

② 链幕是否完整可靠。

③ 破碎机进口是否清理干净。

④ 观察玻璃是否完好无损。

⑤ 篦室照明是否完好无损。

⑥ 液压油位是否到规定位置。

⑦ 润滑油是否足够。

⑧ 冷却水是否正常供应。

⑨ 推雪人装置是否退回到初始位置。

（3）每次投料前的准备工作

每次停箅冷机尽量不要将箅床上的物料刮光，否则再次开机必须在阶梯箅板和第一段标准模块上人工堆积 300mm 厚冷熟料保护箅板。

3. 箅冷机的启动操作

（1）箅冷机冷却风机的启动

箅冷机冷却风机启动时，应全部关闭风门，待启动完成后再根据需要缓慢增加至合适的开度；若风机配的是变频电机，则启动时应从 0～50Hz 启动，等启动完成后再根据需要缓慢增加频率值至所需转速。

在箅床上有热熟料的情况下，尽量确保风机正常运转，否则箅板、刮板、轴承都有烧毁的可能，时刻注意观察箅板温度的变化，将其控制在 60℃ 以内。

为防止风室出现反风现象，在箅冷机运行过程中尽量避免箅冷机的风机部分开、部分不开，可以把不需要的风机关小，保证风室有一定正压力。

（2）箅冷机液压传动的启动

① 中控启动破碎机。

② 中控启动需要工作的液压泵电机，电机的备妥信号转变成运行信号，并且反馈电机电流，几秒后，箅床备妥信号出现，则可进行下一步。

③ 设定好各模块的速度（启动次数要求设定为 6 次，待反馈次数达到 5 次以上后再根据实际需要增速或减速），分组启动模块。此时各模块备妥信号转变成运行信号并反馈实际运行速度，实际运行速度刚开始可能小于或大于设定速度，这是正常现象，实际速度会慢慢向设定速度接近。若长时间速度反馈还是为 0，则应马上通知现场巡检工查明具体情况。

4. 箅冷机的速度控制

（1）在正常工况下，各段模块设定为相同速度，或者第一段稍慢后几段同速，尽量不要出现后段慢前段快的情况。

（2）正常生产时料层控制在大约 600mm，尽量不要超过 700mm，否则遇到回转窑塌料，箅冷机可能反应不过来导致压死。料层可以通过箅冷机侧面摄像头直观观察，若摄像头出现故障，短时间可通过风室风压临时判断料层厚度，表 3.4.2 是各风室在箅冷机满负荷带料时的风压参考值。

表 3.4.2　风室的风压参考值　　　　　　　　　　　　　　单位：Pa

阶梯箅板	第一室	第二室	第三室～倒数第二室	最后一室
7500	5000	4500	3500	2000～3000

（3）在箅冷机工作过程中，若发现某个模块动作异常或者停止动作，应立即加快该模块的整体速度，让与故障模块相邻的其他模块承担故障模块的输送量，同时适当加快该模块下游模块的速度，以尽量减少故障模块所在组模块的阻力。然后通知巡检工。

（4）通过摄像头观察以及窑主电机电流异常变化来判断是否出现塌窑皮或窑内来料突然

增加的情况，此时应提前提高篦速，将料层降下去以迎接超量来料。

（5）只要回转窑有下料量，篦冷机就不能停至少维持 3 次/min 的推动频率，直到料层厚度接近 400mm，停篦冷机，以保证篦冷机刮板上始终覆盖一层起保护作用的冷料。

5. 篦冷机的停机操作

（1）篦冷机的冷却风机停机

不管篦冷机有没有停机，冷却风机都必须等篦床上的熟料完全冷却后才能关闭。风机关闭时，直接关闭风机电机，然后将风门关死

（2）篦冷机传动主体的停机

① 停机前，首先确保回转窑不下料，然后通知现场巡检工检查篦床上的料层厚度，既不能太高也不能过低，当料层厚度接近 400mm 时，方可停篦冷机，保证下次投料时篦床上有一层起保护作用的冷熟料。

② 中控停止模块，可以点击全停按钮将模块同时停止，也可以从头部到尾部依次停止。

③ 如果确定 15min 内不再启动篦床，可将液压主泵全停止。

④ 如果确定超过 1d 时间不启动篦冷机，到现场将控制柜主空气开关关闭。

6. 在线抢修

SCH416R 型第四代篦冷机在模块发生故障后可以做到在线抢修，即某一模块出现故障后，回转窑可以不止料，只需要减少投料量和回转窑的转速，在不停篦冷机的情况下就可以进入风室进行在线抢修。

（1）判断发生故障的模块，提高该故障模块所在段的篦床整体速度，利用该段未发生故障的模块承担故障模块的物料输送量，同时适当提高下游篦床的整体速度，以尽量减少发生故障模块的阻力。

（2）减少发生故障模块所在风室的供风量，（不能全部关闭供风量，否则风室内部温度升高，对维修人员和设备有害），维修人员打开检修门进入风室。

（3）关闭故障模块进油管上的截止阀，停止对该模块供油。

（4）针对不同故障进行相应处理。

（5）处理完毕后，还原模块进油管截止阀，模块应该恢复动作。

（6）关闭检修门，恢复风机供风。

（7）故障模块所在篦床段及下游篦床继续维持刚才设定的高速度运行一段时间，将处理故障时的堆积物料推走后，再恢复整段篦床的正常运行速度。

任务 5 预分解窑的操作控制

任务描述：掌握预分解窑的主要操作控制参数；掌握风、煤、料及窑速等操作参数的调节控制；掌握预分解窑温度的调节控制；掌握预分解窑熟料游离氧化钙的控制；掌握预分解窑的点火、投料操作控制；掌握预分解窑特殊窑情的处理方法。

知识目标：掌握预分解窑的主要操作控制参数；掌握风、煤、料及窑速等操作参数的调节控制；掌握预分解窑温度的调节控制；掌握预分解窑熟料游离氧化钙的控制。

能力目标：掌握预分解窑的点火、升温、投料等的操作控制；掌握预分解窑一般窑情及特殊窑情的处理方法。

5.1 主要操作控制参数

1. 窑传动功率

窑传动功率是衡量窑运行正常与否的主要参数。正常的窑功率曲线应该是粗细均匀，没有明显的尖峰和低谷，随窑速变化而变化。在投料量和窑速保持不变的条件下，如果窑功率曲线变细、变粗，出现明显的尖峰和低谷，均表明窑内热工制度发生了变化，需要调整其他操作参数。如果窑功率曲线持续下滑，则需高度监视窑内来料情况，必要时采取减料、减窑速办法，防止窑内窜生料，出现不合格的熟料。

烧成带温度增加时，熟料被窑壁带起的高度增加，窑功率增加，比色高温计显示的温度增加、窑尾废气中 NO_x 浓度增加；窑内有结圈，窑功率增加；窑内掉窑皮，窑功率降低，但比色高温计显示的温度降低、窑尾废气中 NO_x 浓度降低。

2. 入窑物料温度及末级预热器出口温度

入窑物料的温度决定入窑物料的分解率，在正常生产状态下，为了保证入窑物料的分解率达到95％及以上，入窑物料的温度一般控制在 840～850℃。末级预热器出口废气温度反映分解炉内煤粉燃烧状况，如果该温度大于分解炉出口废气温度，则说明分解炉内煤粉发生了不完全燃烧现象，在正常生产状态下，末级预热器出口废气温度一般控制在 850～860℃。为了实现预热器及分解炉系统的热工制度稳定，可以用分解炉出口废气温度或最末一级预热器出口废气温度来自动调节分解炉的喂煤量。

3. 一级预热器出口废气温度和高温风机出口 O_2 浓度

这两个参数直接反映系统通风量的适宜程度，如果系统通风量偏大或偏小，可以通过调整窑尾高温风机的阀门开度或转速来实现。正常生产状态下，四级预热系统的一级预热器出口废气温度一般在 350～380℃，五级预热系统的一级预热器出口废气温度一般在320～350℃，高温风机出口的 O_2 浓度一般在 4％～5％。如果一级预热器出口废气温度过高，可能是由于生料喂料量减少、断料、某级预热器堵塞、换热管道堵塞、分解炉用煤量增加等因素造成的。如果一级预热器出口废气温度过低，可能是由于生料喂料量增加、系统漏风、分解炉用煤量减少等因素造成的。

4. 篦冷机一室篦下压力

篦冷机一室篦下压力不仅反映一室篦床阻力和料层厚度，亦反映窑内烧成带温度的变化。当烧成带温度下降时，熟料结粒变小，致使篦冷机一室料层阻力增大，一室篦下压力必然增高。正常生产控制时，如果篦床速度增加，则料层厚度相应减薄，篦下压力值下降；若篦床速度减小，则料层厚度相应增加，篦下压力值上升。如果将一室篦下压力和篦床速度设计成自动调节回路，当一室篦下压力增高时，篦床速度自动加快，使料层厚度变薄，一室篦下压力降低，保证一室篦下压力保持不变。正常生产条件下，篦冷机一室篦下压力大约控制在 4.5～5.5kPa 比较合适。

5. 窑头罩负压

窑头罩负压反映冷却机鼓风量、入窑二次风、入炉三次风、煤磨烘干热风、篦冷机剩余风量之间的平衡关系。调节窑头罩压力目的，在于防止窑头冷空气侵入窑内、热空气及粉尘溢出窑外。正常生产条件下，窑头罩呈微负压，负压值一般在 30～50Pa 之间，不允许出现正压，否则影响窑内火焰的完整形状，损伤窑皮，影响入窑二次风量，熟料细粒、颗粒向窑外溢出、喷出，加剧窑头密封装置的磨损，恶化现场环境卫生，影响比色高温计及电视摄像头的使用效果。通过增加窑尾排风机的风量、减小篦冷机一室的鼓风量等操作方法使窑头罩负压值增加，反之亦然。如果采用开大窑头收尘风机阀门开度的方法增加窑头罩负压值，会影响窑内火焰的完整形状，影响入窑二次风量及入炉三次风量。窑头罩正压过高时，热空气及粉尘向外溢出，使热耗增加、污染环境，不利于人身安全。窑头罩负压过大时，易造成系统漏风、窑内缺氧，产生还原气氛。

6. 烧成带温度

烧成带温度直接影响熟料的产量、质量，熟料煤耗和窑衬使用寿命。当烧成带的温度发生变化时，窑系统会有多个操作参数发生变化，如窑电流、窑扭矩、NO_x 浓度、窑尾废气温度、烧成带筒体表面温度、熟料的升重以及游离氧化钙的数值等。操作员就是根据这些参数的变化趋势和幅度大小，经过综合分析判断，找出导致烧成带温度变化的真正原因，通过调整系统的风、煤、料、窑速等参数进行相应的操作干预，使烧成带的温度尽快恢复到正常值。

7. 窑尾废气温度

窑尾废气温度同烧成带温度一起表征窑内温度的热力分布状况，同最上一级预热器出口气体温度一起表征预热系统的热力分布状况。适当的窑尾温度对于预热窑内物料、防止窑尾烟室、上升烟道及预热器等部位发生结皮、堵塞十分重要。一般可根据需要控制窑尾废气温度在 900～1100℃。

8. 窑尾袋（电）收尘器入口气体温度

该温度对袋（电）收尘器设备安全及防止废气中水蒸气冷凝结露非常重要，如果是电收尘器，其温度控制范围是 120～140℃，如果是袋收尘器，其温度控制范围是 150～200℃。为了稳定这个温度，一般在增湿塔安装自动喷水装置，当电收尘器入口气体温度波动时，系统自动增减喷水量，一旦入口气体温度达到最高允许值，电收尘器高压电源将自动跳闸，防止发生安全事故。

9. 筒体表面温度

筒体表面温度可以反映窑内煅烧、窑衬厚薄等状况，是保证窑长期安全运转的一个重要监控参数。点火投料初期，窑内温度低，火焰形状不理想，可以通过观察该温度的变化，了解煤粉的燃烧状况、火焰高温区的位置，为调整火焰提供参考依据；生产过程中则是判断烧成带位置、窑皮厚薄、有无结圈的重要依据。筒体表面温度应该控制小于 350℃，否则就要查明原因，采取技术措施，避免发生红窑事故。

10. 最上一级及最下一级预热器出口负压

测量预热器部位的负压值，是为了监视其阻力，以判断生料量是否正常、风机阀门是否开启、防爆风门是否关闭、各预热器是否有漏风或者堵塞情况。由于设计的风速不同，不同生产线的负压值相差很大，但其分布规律都是相同的。当最上一级预热器负压值升高时，首先要检查预热器是否堵塞，如果正常，就要结合气体分析仪的检测结果判定排风量是否过大；当负压值降低时，则应检查喂料量是否正常、防爆风门是否关闭、各级预热器是否漏风，如果正常，就要结合气体分析仪的检测结果判定排风量是否过小。

当预热器发生结皮堵塞时，其结皮堵塞部位与主排风机之间的负压值和 O_2 浓度有所提高，而窑与结皮堵塞部位间的气体温度升高，结皮堵塞的预热器下部及下料口处的负压值均有所下降，甚至出现正压，遇到这种情况，应立即停止喂料操作。

各级预热器之间是互相影响、互相制约的，生产上只要重点监测最上一级和最下一级预热器的出口负压，就可了解整个预热器系统的工作状况。

11. 窑转速

窑的转速可以调节控制物料在窑内的煅烧时间。在正常生产条件下，只有在提高窑产量的情况下，才应该提高窑的转速，反之亦然。增加窑的转速将引起：入篦冷机熟料层厚度增加；烧成带长度降低；窑负荷降低；熟料中 f-CaO 含量增加；二次风温增加，随后由于烧成带温度降低，使得二次风温也降低；窑内填充率降低；熟料 C_3S 结晶变小。窑的转速降低，作用效果与上述结果相反。在过剩空气恒定的情况下，窑速增加相当于烧成带变短，烧成带温度下降；窑速降低相当于烧成带变长，烧成带温度上升。

12. 生料喂料量

生料喂料量的选择取决于煅烧工艺情况所确定的生产目标值。增加生料喂料量将引起：窑负荷降低；出窑气体和出预热器气体温度降低；入窑分解率降低；出窑过剩空气量降低；出预热器过剩空气量降低；熟料中 f-CaO 的含量增加；二次风量和三次风量降低；烧成带长度变短；预热器负压增加。由于我们增加了生料的喂料量，要采取相应的技术操作：增加分解炉和窑头煤管的喂煤量；高温风机的排风量；增加窑的转速；增加篦冷机篦床速度。减少生料喂料量，产生的结果与上述情况相反。

13. 窑速及生料喂料量

无论是哪种水泥窑型，一般都装有与窑速同步的定量喂料装置，其目的是为了保证窑内料层厚度的稳定。但对预分解窑而言，由于采用了现代化的技术装备、生产工艺及控制技术，完全能够保证窑系统的稳定运转，在窑速稍有变动时，为了不影响预热器和分解炉系统的正常运行，生料量可不必随窑速小范围的变化而变化，只有窑速变化较大时，才根据需要人工调节喂料量。所以预分解窑也可以不安装与窑速同步的定量喂料装置。

14. 窑尾出口、分解炉出口、一级预热器出口的气体成分

窑尾、分解炉出口及预热器出口等部位的气体成分，可以反映窑内、分解炉内的燃料燃烧及通风状况。正常生产状况下，一般窑尾烟气中的 O_2 含量控制在 $1.15\%\sim1.50\%$，分解炉出口烟气的 O_2 含量控制在 $2.00\%\sim3.00\%$。系统的通风量可以通过窑尾排风机的转速及风门开度、三次风管上的风阀进行调节。当窑尾排风机的风量保持不变时，关小三次风门，即相应地减少了三次风量，增大了窑内的通风量；反之，则增大了三次风量，减少了窑内的通风量。如果保持三次风门开度不变，增大或减少窑尾排风机的风量，则相应增大或减少了窑内的通风量。

当窑尾除尘系统采用电收尘器时，对一级出口（或电收尘器入口）气体中的可燃成分（$CO+H_2$）含量必须严加限制，因为可燃气体含量过高，不仅表明窑内、分解炉内燃料燃烧不完全，增加热耗，更主要的是容易在电收尘器内引起燃烧和爆炸。因此，当电收尘器入口气体中的可燃成分（$CO+H_2$）含量超过 0.2% 时，则自动发生报警，达到允许最高极限 0.6% 时，电收尘器高压电源自动跳闸，防止发生爆炸事故，确保安全生产。

15. 氧化氮（NO_x）浓度

NO_x 的浓度与 N_2 浓度、O_2 浓度及燃烧带温度有关，N_2 是惰性气体，在窑内几乎不存在消耗，故 NO_x 浓度就仅与 O_2 浓度和烧成带温度有关。生产实践表明，当火焰温度达到

1200℃以上时，空气中的 N_2 与 O_2 反应速度明显加快，燃烧温度及 O_2 浓度越高，空气过剩系数越大，NO_x 生成量越多。生产上测量窑尾 NO_x 的浓度，一方面是为了控制其含量，满足环保要求；另一方面是作为判定烧成带温度变化的参数。

16. 箅冷机的箅床速度

箅冷机箅床速度能够控制箅床上熟料层的厚度。增加箅床速度将引起：熟料层厚度较小，箅下压力降低；箅冷机出口熟料温度增高；二次风温和三次风温降低；窑尾气体中的 O_2 含量增加；箅冷机废气温度增加；箅冷机内零压面向箅冷机下游移动；熟料热耗上升。降低箅床速度将引起：熟料层变厚，箅下压力增加；箅冷机出口熟料温度降低；二次风温和三次风温上升；箅冷机内零压面向箅冷机上游移动；熟料热耗下降。

17. 箅冷机排风量

箅冷机排风机是用来排放冷却熟料气体中不用作二次风和三次风的那部分多余气体，箅冷机排风机的风量一般是通过调节风机的转速和入口风门开度来实现的。在鼓风量恒定的情况下，增大排风机风门开度将引起：二次风量和三次风量减小，排风量增大；箅冷机出口废气温度上升；二次风温和三次风温增高；二次风量和三次风量体积流量减少；窑头罩压力减小，预热器负压增大；窑头罩漏风增加；分界线向箅冷机上游移动；窑尾气体中 O_2 含量降低；热耗增加。在鼓风量恒定的情况下，减小排风机阀门开度作用效果与上述结果相反。在调节箅冷机排风机风量时，除保持窑头罩为微负压以外，还应特别注意窑尾负压的变化，要保证窑尾 O_2 含量在正常范围内。

18. 箅冷机鼓风量

箅冷机鼓风量是用来保证出窑熟料的冷却及燃料燃烧所需要的二次风和三次风。增加箅冷机的鼓风量将引起：箅冷机箅下压力上升；出箅冷机熟料温度降低；窑头罩压力升高；窑尾 O_2 含量上升；箅冷机废气温度增加；零压面向箅冷机上游移动；熟料急冷效果更好。减少箅冷机的鼓风量，作用效果与上述结果相反。

19. 高温风机的风量

高温风机是用来排除物料分解和燃料燃烧产生的废气、保证物料在预热器及分解炉内正常运动。通过调节高温风机的转速和风门开度，来满足煤粉燃烧所需的氧气。提高高温风机转速将引起：系统拉风量增加；预热器出口废气温度增加；二次风量和三次风量增加；过剩空气量增加；系统负压增加；二次风温和三次风温降低；烧成带火焰温度降低；漏风量增加；箅冷机内零压面向下游移动；熟料热耗增加。降低高温风机转速时，产生的结果与上述情况相反。

20. 分解炉喂煤量

分解炉喂煤量决定着入窑生料的分解率，无论煤量是增加还是减少，助燃空气量都应该相应的增加或减少，入窑物料分解率应控制在 95% 及以上，分解率过高易造成末级预热器内结皮。

增加分解炉喂煤量将引起：入窑分解率升高；分解炉出口和预热器出口过剩空气量降低；分解炉出口气体温度升高；烧成带长度变长；熟料结晶变大；末级预热器内物料温度上升；预热器出口气体温度上升；窑尾烟室温度上升。减少分解炉的喂煤量，产生的结果与上述情况相反。

21. 窑头喂煤量

窑头喂煤量与烧成系统的热工状况、生料喂料量及系统的排风量有着直接的关系。在保证有足够的助燃空气的情况下，增加窑头喂煤量将引起：出窑过剩空气量降低；火焰温度升高；若加煤量过多，将产生 CO，造成火焰温度下降；出窑气体温度升高；烧成带温度升高，窑尾气体 NO_x 含量上升；窑负荷增加；二次风温和三次风温增加；出窑熟料温度上升；烧成带中熟料的 f-CaO 含量降低。减少窑头喂煤量，产生的结果与上述情况相反。

22. 三次风

三次风是满足分解炉内燃料燃烧所需要的助燃空气。三次风是来自于篦冷机的热风，温度一般控制在 900℃ 左右，通过三次风管上的阀门来进行调节。增加三次风阀门开度将引起：三次风量增加，同时三次风温也增加；二次风量减少；窑尾气体中 O_2 含量降低；分解炉出口气体中 O_2 含量增加；分解炉入口负压减小；烧成带长度变短。减小三次风阀门开度，作用效果与上述结果相反。

5.2 风、煤、料及窑速的调节控制

操作预分解窑的主要任务就是调整风、煤、料及窑速等操作参数，稳定窑及分解炉的热工制度，实现优质、高产、低耗。

1. 窑和分解炉用风量的调节控制

窑和分解炉用风量的分配是通过窑尾缩口闸板开度和三次风门开度来实现的。当高温风机的排风总量不变时，增加窑尾缩口闸板开度，就相当于增加了窑内用风量，减少了分解炉的用风量，反之亦然。正常生产情况下，窑尾 O_2 含量一般控制在 1.50%～2.00% 之间，分解炉出口 O_2 含量一般控制在 2.00%～3.00% 之间。如果窑尾 O_2 含量偏高，说明窑内通风量偏大，其现象是窑头、窑尾负压增大，窑内火焰明显变长，窑尾温度偏高，分解炉用煤量增加了，但炉温不升高，而且还有可能下降。出现这种情况，在窑尾喂料量不变的情况下，适当关小窑尾缩口闸板开度，如果效果不明显，再适当增加三次风门开度，增加分解炉燃烧空气量，与此同时，再相应增加分解炉用煤量，提高入窑生料 $CaCO_3$ 的分解率。如果窑尾 O_2 含量偏低，说明窑内用风量偏小，炉内用风量偏大，这时应适当关小三次风门开度，也可增大窑尾缩口闸板开度，再增加窑头用煤量，提高烧成带的煅烧温度。

2. 窑和分解炉用煤比例的调节控制

分解炉的用煤量主要是根据入窑生料分解率、末级预热器及一级预热器的出口废气温度来进行调节的。当窑和分解炉的风量分配合理，如果分解炉用煤量过少，则分解炉温度低，入窑生料分解率低，末级和一级预热器的出口废气温度低。如果分解炉用煤量过多，影响分解炉内煤粉的燃尽率，发生不完全燃烧反应，有一部分煤粉随烟气到末级预热器内继续燃烧，极可能致使末级预热器下两锥体、预热管道等部位产生结皮或堵塞。

窑的用煤量主要根据生料喂料量、入窑生料 $CaCO_3$ 分解率、熟料立升重和 f-CaO 含量等因素来确定的。用煤量偏少，烧成带温度会偏低，熟料立升重低，f-CaO 含量高；用煤量偏多，窑尾温度过高，废气带入分解炉的热量过高，影响分解炉的用煤量，致使入窑生料分解率降低，不能发挥分解炉应有的作用。同时，窑的热力强度增加，损伤烧成带的窑皮，影响耐火砖的使用寿命，降低窑的运转率，影响熟料的产量。

窑及分解炉的用煤比例还和窑的转速、窑的长径比及燃烧的性能等因素有关，正常生产

条件下，窑的用煤比例一般控制在 40%～45%，分解炉的用煤比例控制在 60%～65%比较理想，窑的规格越大，生产能力越大，分解炉用煤的比例也越大。

3. 窑速及喂料量的调节控制

高质量的熟料不是靠延长物料在窑内的停留时间获得的，而是靠合理的煅烧温度及煅烧受热均匀程度获得的。如果物料在窑内的停留时间过长，熟料的产量和质量都会受到不同程度的影响。

在窑喂料量不变的前提下，如果窑速加快，会使窑内物料的填充率降低，这时窑内的产量没有增加，但属于薄料快转操作，有利于熟料煅烧受热的均匀性，生产的熟料质量好。同时，热烟气传热效果好，熟料热耗降低，窑皮及耐火砖受热均匀，不会受到损伤，增加窑的安全运转周期。

当窑速与生料下料量同步，如果保持窑内物料的填充率不变，则窑的产量时刻随着窑速的变化而变化，但窑的热负荷时刻在改变，窑皮及耐火砖的受热不均匀，会受到损伤，影响窑的安全运转周期。这种操作方法只有在入窑生料分解率达到 95%及以上的前提下采用才奏效。很多小型的预分解窑生产线进行技术改造，扩大分解炉的容积，增加分解炉的预分解能力，之后再采取提高窑速的办法，可以大幅度提高窑的产量，取得了较好的生产效果。

薄料快转是预分解窑的显著操作特点。窑速快，则窑内料层薄，生料与热气体之间的热交换好，物料受热均匀，进入烧成带的物料预烧好，即使遇到垮圈、掉窑皮或小股塌料，窑内热工制度变化小，此时增加一点窑头用煤量，变化的热工制度很快就能恢复正常。如果窑速太慢，则窑内料层厚，物料与热气体热交换效果差，物料受热不均匀，窑内热工制度稍有变化，生料黑影就会逼近窑头，极易发生跑生料现象，这时即使增加窑头喂煤量，热工制度也不能很快恢复正常，影响熟料的质量。

4. 风、煤、料及窑速的合理匹配

窑和分解炉用煤量取决于生料喂料量；系统的风量取决于用煤量；窑速与喂料量同步，取决于窑内物料的煅烧状况。所以风、煤、料和窑速既相互关联，又相互制约。

对于一定的生料喂料量，如果分解炉的用煤量过少，物料的分解反应受到影响，入窑物料分解率降低，物料进窑后还要继续发生 $CaCO_3$ 分解反应，但窑内的物料是呈堆积状态的，而分解炉的物料是呈悬浮状态的，两者的热交换条件截然不同，效果相差天壤之别，这些预热分解很差的物料进入烧成带，严重影响煅烧反应，直接影响熟料的质量。如果分解炉的用煤量过多，分解炉内的煤粉会发生不完全燃烧反应，有一部分煤粉跑到下一级预热器内燃烧，可能造成换热管道及下两锥体等部位形成结皮和堵塞；同时，入窑物料预烧好，容易提前产生液相，造成窑内产生后结圈。

对于一定的生料喂料量，如果窑系统的用风量过少，窑内容易形成还原气氛，煤粉发生不完全燃烧反应，不仅增加熟料的煤耗，而且还容易产生黄心料，影响熟料的质量。如果分解炉的用风量过少，炉内形成还原气氛，煤粉发生不完全燃烧反应，影响入窑物料分解率，造成下一级预热器换热管道及下料锥体等部位形成结皮和堵塞。

在风、煤、料一定的情况下，如果窑速太快，尽管有利于热烟气和物料之间的热交换，但烧成带的温度降低很快，影响物料的烧成反应，还容易发生跑生料现象；如果窑速太慢，则窑内料层厚度相对增加，影响物料的热交换。同时，烧成带的温度容易升高，损伤窑皮，影响耐火砖的使用寿命。

5. 风、煤、料及窑速的调整原则

优先调整用风量和用煤量,其次调整生料喂料量,每次调整的幅度在 1%～2% 之间,如果调整后的效果不理想,最后再调整窑速。

5.3 预分解窑温度的调节控制

5.3.1 控制预分解窑温度的原则

控制预分解窑的温度,主要控制的是烧成带温度。烧成带的温度直接影响熟料的产量、质量、煤耗和耐火砖的使用寿命。所以控制预分解窑温度的原则就是:延长耐火砖的使用周期,实现优质、高产、低耗。

5.3.2 判断烧成带温度的方法

1. 火焰的温度

火焰的温度可以用比色温度计直接测量,但测量难度很大,生产上一般通过蓝色钴玻璃观察火焰颜色来间接判定:正常的火焰高温部分处于中部呈白亮,其两边呈浅黄色。

2. 熟料被窑壁带起的高度

正常熟料被窑壁带到和燃烧器中心线几乎一样高度后下落。物料温度过高时,被带起的高度比正常时高,下落时黏性较大,翻滚不灵活。物料温度低时,被带起的高度比正常时低,下落时黏性较小,顺窑壁滑落。

3. 熟料颗粒的大小

正常熟料粒径大多数在 5～15mm 范围,外表致密光滑,并有光泽。温度过高,液相量增加,熟料颗粒粗大,结块多;温度低时,液相量少,熟料颗粒细小,表面结构粗糙、疏松,甚至为粉状。

4. 熟料立升重和 f-CaO 的高低

熟料立升重是指每升粒径为 5～7mm 的熟料重量。正常生产条件下,烧成温度高,熟料结粒致密,立升重高而 f-CaO 低;烧成温度低,则立升重低而 f-CaO 高。

5.3.3 烧成带温度高

1. 表现的症状及现象

(1) 烧成带的熟料被窑壁带起的高度增加,熟料结粒明显变粗、变大,出窑熟料中大颗粒明显增多。

(2) 火焰的颜色明显变得白亮,形状笔挺,呼啸着伸向窑内方向,没有一点反扑现象,看起来活泼有力。

(3) 中控 CRT 监控画面上的窑电流、窑扭矩、二次风温、三次风温、窑尾废气温度、NO_x 浓度等参数均有不同程度的升高。

(4) 窑前一次风机在没有改变转速的条件下,风压、电流均有不同程度的增大。

(5) 烧成带温度过高时,煤粉燃烧速率极快,火焰甚至没有黑火头,窑内白亮刺眼,物料颜色、火焰颜色、窑皮颜色清晰可辨。

2. 主要原因

(1) 窑尾下料量明显减少而用煤量没有及时减少。

(2) 窑尾下料量没有变化而用煤量控制偏高。

（3）多通道燃烧器的旋流风比例控制偏大，轴流风比例偏小，致使火焰长度太短，火焰的高温区过于集中。

（4）二次风温偏高，煤粉燃烧速率过快，火焰的黑火头过短或没有黑火头，造成火焰高温区前移。

（5）长时间慢转窑。

（6）生料的易烧性变好。

（7）煤质变好。

3. 处理方法

（1）如果烧成带的温度升高不是很大，适当减少窑头的用煤量即可产生明显效果。

（2）如果烧成带的温度升高很大，物料的液相明显增多而且发黏，则首先要减少窑头用煤量，增加窑的转速，再减小燃烧器的旋流风量、增加轴流风量，增加篦冷机的一室风量，增大窑系统的排风量，使火焰拉长。待火焰颜色正常、熟料结粒正常后再逐渐恢复用煤量和窑速。

5.3.4　烧成带温度低

1. 表现的症状及现象

（1）烧成带的熟料被窑壁带起的高度降低，熟料结粒明显变细，出窑熟料的细粉明显增多，进篦冷机时扬起的灰尘较大。

（2）火焰的颜色明显变暗，由白色变为粉红色，黑火头的长度逐渐变长。

（3）中控 CRT 监控画面上的窑电流、窑扭矩、二次风温、三次风温、窑尾废气温度、NO_x 浓度等参数均有不同程度的降低。

（4）熟料的立升重、游离氧化钙的数值较正常值偏低。

2. 主要原因

（1）窑头用煤量偏小，烧成带的热力强度偏低。

（2）风、煤、料及窑速等参数控制不合理，形成细长火焰，高温区不集中。

（3）窑尾预热器系统出现塌料，入窑物料分解率降低。

（4）煤质发生变化，如发热量降低、灰分增加、挥发分减少等。

（5）入窑生料的 KH、SM 值升高，生料的易烧性变差。

（6）窑内后结圈垮落、厚窑皮脱落。

（7）篦床上的料层厚度变薄，二次风温降低。

3. 处理方法

（1）当烧成带温度降低较少时，只需要适当增加窑头喂煤量，就可以取得明显效果。

（2）如果是预热器严重塌料、窑内垮落大量后结圈等因素引起的窑内温度大幅度降低，这时首先就要减少喂料量、降低窑速，同时要增大旋流风量，降低轴流风量，降低篦冷机的转速，提高二次风温，在保证煤粉完全燃烧的条件下，适当增加用煤量。

5.3.5　窑尾温度过高

1. 表现的症状及现象

（1）分解炉出口废气温度升高。

（2）最低级预热器出口废气温度升高。

（3）当分解炉采取自动控制时加不进正常煤量。

(4) 窑尾负压增大，窑尾烟室 O_2 含量增高。

(5) 窑内火焰的黑火头变长，烧成带温度降低。

(6) 预分解系统温度和压力基本正常，入窑生料 $CaCO_3$ 分解率偏低。

2. 主要原因

(1) 某级旋风预热器可能发生堵塞。

(2) 窑头用煤量过多。

(3) 分解炉用煤量过少。

(4) 窑内通风量过大，火焰偏长，高温区后移。

(5) 煤质变差，如挥发分减小、灰分增加、煤粉细度变粗，造成煤粉的燃烧速度减慢。

(6) 窑速过慢。

3. 处理方法

(1) 停止向预热器喂料，停止向窑、炉喂煤。

(2) 适当减少窑头用煤量。

(3) 适当增大分解炉的用煤量。

(4) 增大三次风阀的开度，增大分解炉的用风量，减少窑内用风量。

(5) 适当增大一次风量，同时减少轴流风量、增大旋流风量。

(6) 增加分解炉的用煤比例缓慢提高窑速。

5.3.6 窑尾温度过低

1. 表现的症状及现象

(1) 窑头出现正压，严重时发生反火现象。

(2) 窑尾负压明显下降，甚至为零。

(3) 煤粉的燃烧速度加快，火焰的黑火头缩短，高温区明显前移。

(4) 最低级预热器的出口废气温度降低。

(5) 分解炉出口的废气温度降低。

2. 主要原因

(1) 某级预热器发生塌料现象。

(2) 窑内严重结后圈。

(3) 窑尾烟室及缩口等部位严重结皮。

(4) 预热器系统严重漏风。

(5) 煤的挥发分增高、灰分降低、细度变细，煤粉的燃烧速度加快。

(6) 窑尾生料量增加，入窑物料的分解率降低。

(7) 窑用煤量减少。

(8) 热电偶上积料、结皮。

3. 处理方法

(1) 减少生料喂料量，适当降低窑速，增加窑头用煤量。

(2) 采取冷热交替的办法，处理窑内的后结圈。

(3) 采用空气炮、水枪、钢钎等工具，及时清理窑尾烟室及缩口等部位的结皮。

(4) 检查并处理预热器系统的漏风问题。

(5) 减少一次风量，并且增加轴流风量、降低旋流风量，增加火焰的长度。

（6）适当减少窑尾生料量，适当增加分解炉的用煤量，提高入窑物料的分解率。

（7）增加窑头用煤量。

（8）清理热电偶上的积料、结皮。

5.3.7　烧成带温度低、窑尾温度高

1. 产生的症状及现象

（1）火焰较长，黑火头长。

（2）窑皮及物料的温度都低于正常生产时的温度。

（3）烧成带物料被窑壁带起的高度低。

（4）熟料结粒细小、结构疏松多孔、立升重低、f-CaO 含量高。

（5）二次风温低。

2. 主要原因

（1）系统风量过大或窑内风量过大。

（2）煤粉质量差，如灰分高、挥发分低、水分大、细度粗，煤粉燃烧速度慢，易产生后燃现象。

（3）多风道燃烧器的旋流风、轴流风的比例控制不合理，造成火焰细长、不集中。

（4）二次风温过低。

3. 处理方法

（1）适当降低系统的风量，或加大三次风阀开度，降低窑内风量。

（2）严格控制煤粉质量，如果煤粉质量差，适当降低出磨煤粉的水分和细度指标。

（3）合理调整多风道燃烧器的位置，适当增加旋流风、降低轴流风的比例，获得比较理想的火焰形状、长度。

（4）合理调整篦床速度、篦床料层的厚度、各室的风量配置等，获得比较理想的二次风温。

5.3.8　烧成带温度高、窑尾温度低

1. 产生的症状及现象

（1）煤粉的燃烧速度快，几乎没有黑火头，火焰长度比较短。

（2）火焰、窑皮及物料的温度均高于正常生产时的温度，整个烧成带白亮耀眼。

（3）熟料结粒粗大，物料被窑带起的高度高，熟料立升重高，f-CaO 含量也高。

（4）窑电流偏高、扭矩偏高。

2. 主要原因

（1）燃烧器的燃烧冲量过强，火焰白亮且短。

（2）煤粉质量好，如挥发分高、灰分小、细度细、水分低。

（3）系统风量过小，窑内通风过小。

（4）窑内有后结圈或长厚窑皮，严重影响窑内通风。

3. 处理方法

（1）适当调节内风与外风的比例，减小内风、增大外风。

（2）出磨煤粉的水分指标适当提高，细度控制指标适当提高。

（3）增大系统风量，减小三次风阀门开度，增大窑内的通风量。

（4）适当减小喂料量，移动喷煤管的位置，采用冷热交替法处理后结圈或长厚窑皮。

5.3.9 烧成带温度低、窑尾温度低

1. 产生的症状及现象

（1）窑皮、物料的温度都低于正常时的温度，窑内呈现暗红色。窑尾废气温度也低，窑体温度低，窑电流低。

（2）熟料颗粒细小而发散，被窑壁带起的高度明显降低，并顺着窑皮表面滑落。

（3）熟料的表面，疏松多孔、无光泽、立升重低、f-CaO 含量高。

2. 原因分析

（1）窑尾喂料量增加，下料不均匀，造成物料预烧差。

（2）煅烧系统漏风严重，正常窑内排风量不足。

（3）煤质变差，如煤粉的灰分大、挥发分小、发热量低，造成烧成带热力强度降低。

（4）生料的饱和比高、硅率过高，物料易烧性差，煅烧困难。

（5）窑速偏快。

3. 处理方法

（1）减小窑尾喂料量，保证物料的预烧。

（2）找到煅烧系统漏风点，并采取堵漏措施解决漏风问题。

（3）适当增加窑头用煤量，增加一次风量，并增加内风、减小外风。

（4）改变生料的配料方案，降低生料的饱和比和硅率。

（5）适当降低窑速，不盲目追求快转率。

5.3.10 烧成带温度高、窑尾温度高

1. 产生的症状及现象

（1）烧成带物料发黏，物料被窑壁带起的高度明显增大，物料翻滚不灵活，有时物料呈现饼状。

（2）窑电流偏高、窑扭矩偏高。

（3）窑筒体表面温度偏高。窑尾废气温度高，烧成带温度也高。

（4）出窑熟料的颗粒增大，熟料的表面致密、立升重偏高、f-CaO 含量偏低。

2. 原因分析

（1）窑头用煤量偏大。

（2）煤质好，如煤粉的灰分小、挥发分大、发热量高，造成烧成带的热力强度增加。

（3）生料饱和比低、硅率偏低，物料易烧性好。

（4）入窑物料预烧好。

3. 处理方法

（1）适当减少窑头用煤量。

（2）调整燃烧器的内外风比例，适当减少内风、加大外风。

（3）在保证生料易烧性的前提下，适当提高生料饱和比和硅率。

（4）适当增加窑尾下料量，并提高窑速。

5.3.11 错误的调节温度方法

1. 窑头恒定用煤量

生产中常常见到这样的情况，不管窑内温度如何变化，连续几个班甚至几天时间，操作员就是不改变窑头的用煤量，除非是点火投料才不得不调节改变窑头的用煤量。当烧成带的

温度降低时,不管降低的幅度和原因,只是一味地增加分解炉的用煤量,靠提高入窑物料分解率来强制提高烧成带的温度。这样的操作很容易引起以下不良后果:预分解系统温度控制偏高,增加其烧结性结皮、堵塞的几率;生成的矿物在较长放热反应带内没有发生化学反应,其化学活性会降低,不利于烧成带 C_3S 矿物的形成;只对没有入窑的物料有理论上的帮助,对窑内物料不能起到促进煅烧作用。

操作员这样做的主要原因是,担心增加窑头用煤量后出现还原气氛而产生黄心料。其实形成黄心料的原因还有多种,如熟料结粒过大,内核部分致密,空气渗透性差;形成高浓度的贝利特和硫酸盐,减少了熟料的渗透性;硫化物及碱的存在;窑内高温煅烧增加了燃烧气体中 SO_3 的组分,促进了硫酸盐的挥发等。因此,当烧成带温度降低时,最有效的操作方法就是在保证煤粉完全燃烧的前提下,适当增加窑头用煤量。

2. 调节窑速和窑头用煤量改变窑内煅烧温度

大多数的水泥生产企业,操作员的奖金和工资主要取决于其产量和质量指标的完成情况。基于这种考核方案,当烧成带温度升高时,操作员首先想到的是增加窑尾下料量以提高产量;烧成带温度降低时,操作员首先想到的是增加窑头用煤量,即使窑内产生还原气氛也不放弃加煤,实在顶不住了就慢转窑。预分解窑采用的是薄料快转法,如果采用降低窑速和加煤的方法来提高窑内煅烧温度,窑内很容易产生还原气氛,煤粉产生不完全燃烧现象,增加形成黄心料的几率,影响熟料的产量和质量。

3. 忽视筒体表面温度的监控

筒体温度可以间接反映窑内煅烧、窑衬的厚薄等情况,是保证窑长期安全运转的一个重要参数。点火投料初期,窑内温度低,火焰形状不理想,可以通过观察该温度的变化,了解煤粉的燃烧状况、火焰高温区的位置,为调整火焰提供参考依据;生产过程中则是判断烧成带位置、窑内窑皮厚薄、窑内有无结圈等的重要依据。

预分解窑采用的是三通道或者四通道煤粉燃烧器,风量调节灵活,风煤混合均匀,煤粉燃烧快,火焰形状比较理想,窑内窑皮平整均匀;窑径较大、窑速快、烧成带热力强度相对较低,使用优质耐火材料,发生掉砖、红窑等事故大大减少,所以一部分操作员就忽视了对筒体表面温度的监控,当温度升高到 400℃ 时居然也没有引起重视,结果发生了掉砖红窑事故,筒体留下永久黑疤,产生永久的变形,严重影响耐火砖的砌筑。因此操作员一定要加强对筒体表面温度的监控,发现其升高异常,要及时调整火焰的高温区,防止筒体发生严重变形事故。

5.4 预分解窑熟料游离氧化钙的控制

5.4.1 产生游离氧化钙的原因及分类

游离氧化钙是熟料中没有参加化学反应,而是以游离状态存在的氧化钙,它反映煅烧过程中氧化钙与氧化硅、氧化铝、氧化铁等反应后的剩余程度。

1. 轻烧游离氧化钙

由于窑尾下料量不稳、预热器塌料、窑内掉窑皮、燃料煤粉的成分发生变化、火焰形状不理想等因素的影响,使部分生料经受的煅烧温度不足,在 1100~1200℃ 的低温条件下形成游离氧化钙。这些游离氧化钙主要存在于生料黄粉以及包裹着生料粉的夹心熟料中,它们对水泥安定性危害不严重,但会降低熟料的强度。

2. 一次游离氧化钙

由于生料配料中的氧化钙成分过高、生料细度过粗、煅烧温度低时，熟料中存在没有与 SiO_2、Al_2O_3、Fe_2O_3 进行完全化学反应而形成的游离氧化钙。这些 f-CaO 经高温煅烧呈"死烧状态"，结构致密、晶体粒径大约 $10\sim20\mu m$，遇水形成 $Ca(OH)_2$ 的反应很慢，通常至少需要三天才发生明显的化学反应，至水泥硬化之后又发生大约 97.9% 的固相体积膨胀，在水泥石或混凝土的内部形成局部膨胀应力，使其产生变形或开裂崩溃。

3. 二次游离氧化钙

由于熟料的冷却速度较慢，还原气氛条件下 C_3S 分解成 CaO 及 C_2S，熟料中的碱成分等量取代出 C_3S、C_3A 中的 CaO 等原因而形成的游离氧化钙。这些 f-CaO 是重新游离出来的，故称为二次游离氧化钙，对水泥强度、安定性均有一定影响。

所以，当生产中出现 f-CaO 含量高时，就应该先找到造成 f-CaO 含量高的原因，再采取相应的处理措施。

5.4.2 游离氧化钙含量控制过低的不利影响

（1）游离氧化钙低于 0.5% 时，熟料往往呈过烧、甚至是"死烧"状态，此时的熟料缺乏活性，易磨性及强度肯定受到影响。

（2）过低控制熟料中的游离氧化钙含量，就要增加烧成带的热力强度，损伤烧成带的窑皮及耐火砖，影响耐火砖的使用寿命。

（3）增加熟料的热耗和水泥粉磨电耗。

5.4.3 游离氧化钙高的原因及处理

1. 熟料率值的影响及处理

预分解窑一般采用"两高一中"的配料方案。在实际生产中，如果 KH 值过高，SM 和 IM 值过高或过低，就容易造成熟料中的 f-CaO 含量偏高。

（1）如 KH 值过高，则生料中的 CaO 含量相对较高，煅烧形成 C_3S 后，没有被吸收的以游离状态存在的 CaO 含量相对较高，即熟料中的 f-CaO 含量相对较高。所以熟料中的 KH 值不能控制得过高，一般在 0.90 ± 0.02 比较合适。

（2）如 SM 值过高，则煅烧过程中产生的液相量会偏少，烧成吸收反应很难进行，造成熟料中的 f-CaO 含量相对偏高。如 SM 值过低，则煅烧过程中产生的液相量会偏多，窑内容易结圈、结球，造成窑内通风不好，影响烧成吸收反应的进行，也容易造成熟料中的 f-CaO 含量相对偏高。所以熟料中的 SM 值控制得不能过高或过低，一般在 2.60 ± 0.10 比较合适。

（3）如 IM 值过高，则煅烧过程中产生的液相黏度偏大，烧成吸收反应很难进行，造成熟料中的 f-CaO 含量相对偏高。如 IM 值过低，则煅烧过程中产生的液相黏度偏小，烧结温度范围变窄，煅烧温度不容易控制，温度控制高了容易结大块，温度控制低了容易造成生烧，这两种情况都容易使熟料中的 f-CaO 含量相对偏高。所以熟料中的 IM 值控制得不能过高或过低，一般在 1.60 ± 0.10 比较合适。

2. 生料细度的影响及处理

（1）生料细度的影响

从煅烧角度来说，生料颗粒越细、越均匀，比表面积越大，生料的易烧性越好，烧成的吸收反应越容易进行，熟料中的 f-CaO 含量越低。但是生料的细度控制得越细，生料磨的台时产量就会降低越多，生料的分步电耗就会升高。

（2）生料细度的最佳指标

当生料 0.08mm 筛余指标控制在≤18％时，窑和生料磨的台时产量、熟料 f-CaO 的合格率、熟料强度等指标都比较理想。当生料 0.08mm 筛余指标放宽到≤20％时，窑的台时产量、熟料 f-CaO 的合格率、熟料强度等指标都受到影响，但影响程度不是很大，所以当生料库存量不是很充足时，可以适当放宽生料细度指标而追赶库存量。当生料 0.08mm 筛余指标放宽到≤22％时，窑的台时产量、熟料 f-CaO 的合格率、熟料强度等指标受到很大影响，熟料 f-CaO 的合格率可以达到80％，但很难达到85％及以上。所以生料 0.08mm 筛余的最佳指标应该控制在≤20％，且 0.2mm 筛余指标应该控制在≤1.0％。

3. 煤的影响及处理

（1）窑头喂煤量正常时，煅烧的熟料外表光滑致密，砸开后断面发亮，熟料的升重和 f-CaO 的指标都比较理想，而且合格率都可以达到85％及以上。

（2）窑头喂煤量稍多时，熟料结粒变大，外表光滑致密，砸开后偶有烧流迹象，并且拌有少量黄心料，熟料的升重指标偏高，f-CaO 含量偏低。但窑头喂煤量过多时，烧成带后部、窑尾烟室温度容易升高，造成烧成带容易结后圈，窑尾烟室容易结皮，影响窑内通风和煅烧，造成熟料中的 f-CaO 含量偏高。所以窑头喂煤量不能控制得过多。

（3）窑头喂煤量较少时，熟料结粒变小，外表粗糙、无光泽、不致密，砸开后疏松多孔，熟料的升重指标偏低，f-CaO 含量偏高。所以窑头喂煤量不能控制得过少。

（4）当煤中的灰分≥28％、发热量≤20900kJ/kg 时，火焰的温度明显降低，烧成带的温度明显降低，熟料中的 f-CaO 含量明显增加。这时采取的措施是：降低煤粉的细度，其 0.08mm 筛余指标控制≤10％；降低煤粉的水分含量，其指标控制≤1.5％；适当提高一次风的风压，加大旋流风的比例，其目的在于提高煤粉的燃烧速度，提高烧成带的火焰温度。

（5）当煤中的硫含量偏高时，容易造成熟料中的 SO_3 含量偏高。当熟料中的 SO_3 含量≥0.8％时，窑尾烟室及上升烟道容易结皮。这时采取的措施是：加强人工清理窑尾烟室及上升烟道的结皮；减少窑头喂煤量；适当提高熟料的 SM 值。

（6）当煤粉水分由1％增加到3％时，煤粉的燃烧速度受到严重影响，烧成带的温度明显下降，火焰明显变长，窑内容易结圈、结球，熟料 f-CaO 的合格率很低，甚至低于60％。如果长时间使用这种煤，这时应该采取的措施是：改变配料方案，适当降低 KH、SM 和 IM 值，目的在于改善生料的易烧性，减少窑内结后圈、结球现象，提高熟料 f-CaO 的合格率。

4. 石灰石的影响及处理

（1）MgO 的影响及处理

石灰石中含有过高的 $MgCO_3$，容易造成熟料中的 MgO 含量偏高。当熟料中的 MgO 含量超过3.5％时，容易造成液相提前产生，窑内容易结后圈、结球，影响窑内通风。这时采取的措施是：提高熟料的 SM 值，以降低液相量；提高熟料中的 Fe_2O_3 含量，改善熟料的结粒状况，以提高熟料的升重，降低熟料中的 f-CaO 含量。

（2）结晶石英的影响及处理

当石灰石中的结晶石英≥4％时，窑和生料磨的台时产量明显下降，熟料 f-CaO 含量明显偏高。这时采取的措施是：降低出磨的生料细度，其 0.08mm 筛余指标控制≤16％。

5. 燃烧器的影响及处理

（1）燃烧器定位不正确

① 燃烧器太偏向物料，会造成一部分煤粉被裹入物料层内而不能充分燃烧，在窑内产生还原气氛，导致火焰温度降低，严重时还会造成窑内结球、结圈，影响窑内通风，造成熟料 f-CaO 含量偏高。

② 燃烧器太偏离物料，造成火焰细长而不集中，出现火焰后移现象，导致火焰温度降低，熟料结粒疏松，f-CaO 含量偏高。

③ 采取的措施是合理定位燃烧器位置：冷态下燃烧器中心线和窑内衬料的交点，距离窑口大约是窑长度的 65%～75%；燃烧器伸进窑口内 100～200mm，中心点偏下 50mm、偏料 30mm。煤粉质量变好时，可将燃烧器内伸 50～100mm；相反，煤粉质量变差时，可将燃烧器外拉 50～100mm。

（2）燃烧器的结焦及变形

燃烧器前端结焦或变形，影响火焰的对称性和完整性，形成分叉火焰和斜火焰，造成煤粉的不完全燃烧，火焰温度明显降低，烧成带热力强度降低，造成熟料中的 f-CaO 含量偏高。这时采取的措施是：清理燃烧器前端的结焦；修复变形的风管或更换燃烧器。

（3）燃烧器风道磨穿

多风道燃烧器是靠高速的外风、中速的内风及低速的煤风之间的速度差来实现煤粉和风之间的充分混合的。一旦风管被磨穿，各风道的风量、风速及风向都会发生变化，其优越的性能就不能充分发挥出来，影响煤粉的燃烧，造成熟料中的 f-CaO 含量偏高。风道磨穿的征兆是一次风机的风压降低、电流降低；输送煤粉的罗茨风机的风压升高、电流增大；严重时中心管向外冒煤粉。这时采取的措施是：修复磨穿的风管或更换燃烧器；经常清理罗茨风机的滤网，避免由于滤网的堵塞而造成风压降低。

6. 风的影响及处理

（1）一次风的使用

煤质好时一次风的压力可以控制得低些；煤质差时一次风的压力可以控制得高些。生产中经常清理罗茨风机的过滤网，减少滤网堵塞而造成风压降低。

（2）二次风和三次风的合理分配使用

当三次风的阀门开度过大时，窑内通风量减少，窑头煤加不上去，窑尾废气中的 CO 浓度变高，烟室容易发生结皮现象，窑内容易发生结圈、结球现象，造成熟料 f-CaO 含量偏高。当三次风的阀门开度过小时，分解炉内的风量减少，分解炉内煤量加不上去，这时虽然分解炉出口的温度不会明显变低，但是入窑物料的分解率却降低了，导致窑内煅烧负荷加重。同时，窑内通风增大，火焰长度相对增长，二次风温、三次风温都会降低，熟料结粒疏松，造成熟料 f-CaO 含量偏高。所以无论窑内通风量过大还是过小，很容易产生欠烧料，熟料外部颜色发灰，内部结粒疏松，造成熟料 f-CaO 含量偏高。

（3）篦冷机鼓风量和系统拉风量的合理分配使用

篦冷机的鼓风量和系统的拉风量是窑用风量的主要来源。当篦冷机采用厚料层操作时，篦冷机的鼓风量不能盲目加大，一定要兼顾窑内使用的风量。如窑内使用的风量不足，轻者造成窑内煤粉的不完全燃烧，重者造成窑尾预热器的塌料，影响生料的分散度、预热和入窑的分解率，造成熟料 f-CaO 含量偏高。

7. 窑尾喂料量的影响及处理

（1）喂料量小而系统用风量过大时，火焰变长、火焰温度下降，这时烧成带的热力强度降低，窑的产量降低，熟料中的 f-CaO 含量偏高。对预分解窑来说，窑的产量越低，操作越不好控制。所以喂料量小时，系统用风量也要相应减小。

（2）喂料量大而系统用风量过小时，窑内通风明显不好，造成煤粉不完全燃烧现象加重，这时煤粉燃烧效率降低，预热器内容易发生小股生料的塌料，影响生料的分散度、预热和入窑生料分解率，造成熟料中的 f-CaO 含量偏高。所以喂料量大时，系统用风量也要相应增加。

（3）喂料量波动大时，造成系统负压波动大，这时预热器内容易发生小股生料的塌料，影响生料的分散度、预热和入窑生料的分解率，造成熟料中的 f-CaO 含量偏高。所以操作时要稳定窑尾喂料量。

8. 窑速的影响及处理

（1）窑速过快、过慢都会造成熟料中的 f-CaO 偏高。如窑速过快，造成物料在烧成带停留时间过短，烧成吸收反应不完全，造成熟料中的 f-CaO 偏高。如窑速过慢，造成物料在窑内的填充率过大，热交换不均匀，煤粉的燃烧空间变小，烧成带热力强度降低，烧成吸收反应不完全，造成熟料中的 f-CaO 偏高。

（2）对预分解窑来说，一般采用"薄料快转"的煅烧方法。操作中要稳定窑速，不能过于频繁调整。如处理特殊窑情而必须大幅度降低窑速时，一定要使窑速和喂料量保持同步，避免料层过厚而影响窑的快转率，造成熟料中的 f-CaO 偏高。

（3）对预分解窑来说，一般是"先动风煤，再动窑速"。热工制度的稳定，是"优质、高产、低耗"的前提和保证，一旦窑速调整过大，窑内热工制度就遭到破坏了。所以当窑内温度变化时，为了保证窑内热工制度的稳定，一般先采取调整喂煤量和风量的办法，如果不能达到预期的目的，再采取调整窑速的办法。

9. 结球的影响及处理

窑内结球量超过 5％时，不仅影响熟料外观，而且容易造成熟料中 f-CaO 含量偏高。这时应该采取如下的措施：

（1）窑头喂煤量不能加得过多，一定要保证煤粉完全燃烧，窑尾废气中的 CO 浓度控制在≤1.4％，避免窑内结后圈、窑尾烟室结皮。

（2）控制生料中的碱、氯成分含量：$R_2O≤1.0％$，$Cl≤0.015％$。

（3）控制熟料中的 SO_3、MgO 成分含量：$SO_3≤0.8％$，$MgO≤3.5％$。

（4）保证各级预热器翻板阀翻转动作正常，避免内漏风造成塌料，影响生料的分散度、预热和入窑生料的分解率。

10. 操作技能的影响

（1）窑操作员实践经验少，没有完全掌握基本的看火技能。如不会通过看火镜片观察火焰的形状、颜色、长度、粗度、亮度等；不会通过看火镜片观察物料的结粒大小、颜色、被窑壁带起的高度等；不能通过观察火焰、物料而正确判断出 f-CaO 偏高的原因。

（2）判断问题不准确。如分解炉的出口负压逐渐升高、窑电流逐渐下降时，不能判断出窑尾烟室已经轻微结皮，直到窑电流下降很多、f-CaO 指标偏高很多时，才意识到窑尾烟室已经发生结皮。这时再通知巡检工去清理结皮，已经错过了最佳处理时间。因为时间拖久了，结皮已经长得很厚、很结实，处理难度已经很大了。待完成处理窑尾烟室结皮时，f-CaO偏高已经几个小时了。

（3）处理问题不果断。如开窑时窑速提得过快，正常生产时大量生料涌进烧成带而慢窑不及时，这两种情况都容易发生跑生料，造成f-CaO含量偏高。

（4）处理问题的方法不正确。如处理f-CaO偏高的窑情时，调整操作参数太多，而且时间间隔又短。这样处理不仅效果很差，而且最终也不能找出造成f-CaO偏高的真正原因。

（5）片面追求产量指标而忽视质量指标，人为地造成熟料f-CaO含量偏高。

（6）操作员要学会通过看火镜片观察火焰和物料的技能；虚心向老师傅请教成功的实践经验；平时注重积累处理问题的成功经验和方法；注重专业理论指导操作。

5.4.4 出窑熟料 f-CaO 含量过高的处理措施

（1）熟料经过箅冷机冷却后，在输送爬斗的适当位置喷洒少量水，以消解部分f-CaO对强度和安定性的影响。

（2）磨制水泥时，适当掺加少量的高活性混合材，以消解部分f-CaO对强度和安定性的影响。同时，f-CaO还可以激发混合材的活性，提高水泥的使用性能。

（3）降低水泥的粉磨细度，水泥细度越细，f-CaO吸收空气中的水分进行消解反应的速度越大，f-CaO对强度和安定性影响越小。

（4）适当延长熟料的堆放时间，使部分f-CaO吸收空气中的水分进行消解反应。

5.5 点火投料操作

5.5.1 开窑点火前的准备工作

1. 接到开窑点火指令后，要与有关部门进行联系，做好相应的准备工作。

（1）联系电控部门，对窑系统的相关设备送电、各仪器仪表进行复位，要求现场气体分析仪、比色高温计、摄像机和中控室的计算机等设备备妥待用。

（2）联系机修部门，确认设备是否具备启动条件。

（3）联系质控部门，确认熟料的入库库号。

（4）联系生料制备和煤粉制备车间，确保开窑后有足够的质量合格生料和煤粉。

2. 通知预热器岗位巡检工，仔细检查预热器、分解炉等连接管道内有无异物，确保开窑后物料的畅通。点火前将预热器各级锁风翻板阀吊起。

3. 通知回转窑岗位巡检工，检查并清理窑内耐火砖、浇注料等杂物；检查确认燃油（柴油）量充足，燃油设备正常，并提前1h现场开启油泵打油循环；检查燃烧器的风管及煤管的连接情况，确保密封完好。

4. 通知箅冷机岗位巡检工，检查并清理箅冷机内的耐火砖、浇注料、箅板等杂物。

5. 通知各岗位巡检工，关闭岗位所有的入孔门、观察孔及捅料孔，并做好密封工作；仔细检查本岗位设备的润滑情况、水冷却情况及设备完好情况。

6. 工艺技术员校核燃烧器的坐标及位置，根据工艺要求制定升温曲线。

5.5.2 试车

1. 试车目的

通过试车，可以检查安装与检修设备的质量，检查设备传动与润滑系统是否符合标准要求；检验动力控制系统是否满足运转要求；检验电器与仪表是否满足生产控制要求，连锁及报警装置是否灵敏可靠。

2. 试车方法与时间

试车可以采取单机试车、连锁机组试车、主附机同时联合试车等方式。新投产窑主机试车 2～5d，附机 1～2d，使设备传动毛糙部件磨光，由不正常转入正常；大修及中修后的试车时间，可根据实际情况确定 2～4h。

3. 试车的注意事项

（1）设备经过 2 次启动后，电流表指针在 1s 内没有摆动；或启动后指针超出范围，在 2～3s 内没有回到指定位置，应该由电器维修人员进行专门检查和处理。

（2）设备启动后，要认真检查其传动部件，如果有振动、撞击、摩擦等不正常的现象，应该由设备维修人员进行专门检查和处理。

（3）回转窑带负荷试车时，要逐步将窑速提高到正常允许范围内，严禁长时间快转，以免窑筒体发生弯曲变形。

（4）详细记录试车情况，确保设备正常运转。

5.5.3 烘窑

点火投料前应该对回转窑、预热器、分解炉等热工设备新砌筑的耐火材料进行烘干，以免升温速度过急过快，耐火砖内部水分骤然蒸发，产生大量裂缝及裂纹，引起爆裂和剥落，缩短使用寿命。烘窑方案要根据耐火材料的种类、厚度、含水量及水泥企业的具备条件而定，一般采用窑头点火烘干方案，烘干前期以轻柴油为主，后期以油煤混烧为主。

5.5.4 点火升温操作

（1）启动窑头空压机组，向相应管路输送压缩空气。

（2）关闭到生料磨的气体管道阀门，关闭到煤磨的气体阀门，打开到窑尾大布袋收尘器的阀门，关闭三次风闸门。

（3）启动窑尾废气处理收尘组，开启窑尾废气排风机，调整风门开度，控制窑头罩呈微负压状态（30～50Pa）。

（4）启动一次风机组，开启窑头一次风机，调整风机的风门开度、内风和外风的风阀开度。

（5）启动燃油输送组，启动油泵、喷油电磁阀，待着火后调整油量，保证燃油燃烧完全，火焰形状活泼有力、完整顺畅。

（6）控制喷油量，按升温曲线和升温制度进行升温操作。

（7）当窑尾温度到 250℃ 时，启动窑辅助传动，执行表 4.5.1 所示的点火升温盘窑方案。

表 4.5.1　点火升温盘窑方案

窑尾烟室温度（℃）	转窑间隔（min）	转窑量
100～250	60	120°
250～450	30	120°
450～650	20	120°
650～800	10	120°
大于800	连续慢转	

注：如遇下雨天气，须连续慢转窑。

（8）当窑尾温度到 300℃时，启动高温风机组，开启高温风机，根据升温曲线及窑尾烟气的 O_2 含量（O_2 含量＞2%）调节风机转速，同时，调节废气排风机的风量，保证高温风机出口呈负压状态。

（9）当窑尾温度达 450℃时，将一次风机的放风阀打开，启动轴向一次风机，启动窑头喂煤系统组，进行油煤混烧，喂煤量设定为 2t/h。

（10）根据升温曲线，逐渐增加喂煤量，减少喷油量，调整一次风量（注意内风及外风的比例）和高温风机的排风量，控制合理的烟室氧含量，保证煤粉燃烧完全。

（11）当尾温升到 800℃以上时，启动熟料输送系统，并将熟料输送的两路阀倒向生烧库。

（12）启动篦冷机废气粉尘输送组，开启螺旋输送机、回转卸料器等输送设备。

（13）启动篦冷机废气处理组，启动窑头排风机、袋收尘器，调节排风机的转速，使窑头罩呈微负压。开启篦冷机（四、五、六、七室等）后段冷却风机，风机速度设定为零。

（14）启动篦冷机冷却风机组，启动（一、二、三室等）前段冷却风机，为窑内煤粉的燃烧提供足够的氧气。注意风量不能过大，以免影响火焰的形状。

（15）升温过程中，随时注意观察 ID 风机入口温度和窑尾大布袋收尘器入口温度，当 ID 风机入口温度大于 320℃或窑尾大布袋收尘器入口温度大于 220℃时，可开启增湿塔的喷水系统进行喷水降温。

5.5.5 投料

（1）当窑尾温度升至 800℃时，将窑辅传动转换为主传动，速度设定为 0.6r/min。

（2）将入窑生料两路阀打向入库方向，启动窑尾喂料组、生料输送至喂料仓组、生料均化库卸料系统及生料均化库充气系统，将皮带秤喂料量设定为 0t/h。

（3）逐步增大皮带秤的喂料量，将窑喂料小仓的仓位切换到自动控制，将喂料量设定为 60%。

（4）启动熟料冷却系统组，开启冷却机中心润滑油站、篦冷机的各段传动电机及其冷却风机，传动速度设定为最低。

（5）启动预分解炉燃煤系统组，开启预分解炉燃烧器风机、预热器回转锁风阀等设备。

（6）当尾温达到 1100℃时，分解炉开始喂煤，喂煤量设定为 2t/h。

（7）启动窑尾空气炮系统组，防止预热器旋风筒锥体部位结皮。

（8）将入窑生料两路阀转向预热器，开始投料。

（9）物料进入分解炉后，迅速增加喂煤量，稳定分解炉出口温度在 880℃左右，待系统稳定后转到自动控制回路。

（10）调整分解炉用煤量，调整整个系统用风量，保证煤粉完全燃烧，分解炉温度在正常控制范围。

（11）逐渐增加窑内用煤量，保证窑内有足够的热力强度，控制第一股生料不审生、不烧流。

（12）熟料出窑后，开启篦冷机空气炮系统，防止篦冷机下料口积料。

（13）根据窑内燃烧、熟料冷却状况，调整篦冷机冷却风机的风量。

（14）在保证窑内煤粉完全燃烧的前提下，逐渐加大三次风闸板开度。

（15）逐渐提高窑尾高温风机的转速，增加系统通风量，增加生料喂料量，增幅以每次增加 1%~2% 为宜（5~10t/次）。

（16）当窑喂料达到满负荷的 70%~80% 时，保持这种负荷运转 8h，进行挂窑皮操作。

（17）结束挂窑皮操作后，继续增加生料喂料量，直到达到 100% 及以上的负荷。

（18）合理控制窑系统的通风量，确保煤粉充分燃烧，窑尾 O_2 含量、CO 含量在规定范围内。

（19）合理控制篦冷机冷却风量、篦床料层厚度，确保熟料温度在规定范围内。

（20）合理控制多风道燃烧器径向风、轴向风以及炉窑燃煤比例，确保火焰形状理想、不刷窑皮。

5.5.6 点火中的不正常现象及处理

（1）送煤过多或过早时，煤粉发生不完全燃烧现象，烟囱冒黑烟，火焰颜色越烧越暗，这时就要适当减少喂煤量，增加径向风量，待温度升高后再适量增加喂煤量。

（2）窑尾排风量过大时，火焰细长，很快被拉向后边，严重时发生只"放炮"不着火的现象。此时应关小排风机闸板，适当减少煤粉量，增加径向风量，稳定火焰的形状，使高温区向窑前移动。

（3）窑尾排风量过小时，烧成带部位浑浊、气流不畅，火焰不活泼。此时应开大窑尾排风机的闸板，使火焰向窑内方向伸展。

（4）径向风量过大时，火焰摇摆打旋，容易损伤窑皮。这时应该适当降低径向风量、增加轴流风量。

（5）轴向风量过大时，火焰细长、温度越烧越低。这时应该适当降低轴向风量、增加径流风量。

（6）输送煤的风量过小时，喷出燃烧器的煤粒有掉落现象，这时就要增加输送煤的风量。

5.5.7 临时停窑升温操作

临时停窑点火升温，是指停窑几小时后重新点火升温，其操作与正常投料运转基本相同，就是没有耐火材料的烘干和挂窑皮操作。

1. 煤的控制

窑内温度较高时，可省去喷油直接喷煤，但喷煤前先把窑内物料翻转过来，把热物料放在表面，以利于煤粉的快速燃烧，开始喷煤量设定 2t/h，确认着火后再适当增加燃煤量。

2. 升温速度的控制

正常点火升温，一般控制在 8h 内完成；当窑内温度较高时，可以控制在 4h 内完成。

5.5.8 紧急停窑操作

窑在投料运行中出现了故障，首先要窑尾止料、分解炉停止喂煤，再根据故障种类及处理时间，完成后续的相关工作。

（1）出现影响回转窑运转的事故（如窑头收尘器排风机、窑尾收尘器排风机、高温风机、窑主传动电机、篦冷机、熟料入库输送机等设备），都必须进行止料、止煤、停风等停窑操作，窑切换辅助传动，保持连续低速运转，防止窑筒体弯曲，一次风继续开启，冷却燃烧器端面，篦冷机一室、二室风机鼓风量减少，其他风室的风机停转。

（2）分解炉喂煤系统发生故障，可按正常停车操作，也可维持系统低负荷生产，这时要适当减少系统的排风量，并且要特别注意各级旋风筒发生堵塞现象。

（3）预热器发生堵塞事故，要立即采取止料、止煤、慢转窑操作，窑内使用小火保温，抓紧时间捅堵。

（4）烧成带筒体出现局部温度过高，应立即采取止料、止火操作，查明是掉窑皮还是掉砖。烧成带掉窑皮一般表现为局部过热，筒体表面温度不是很高；掉砖时筒体表面温度一般大于400℃，并且高温区边缘清晰。如果是掉窑皮，则应该采取补挂措施，但要严禁采取压补办法，以免损伤窑体；如果是掉砖，则应该停窑换砖，否则得不偿失。

（5）如果故障能在短时间内排除，要采取保温操作：减小系统拉风，窑内间断喷煤，控制尾温不超过550℃，C_1出口温度不超过350℃。

5.5.9 计划停窑操作

（1）接到停窑通知后，计算煤粉仓内的存煤量，确保停窑后煤粉仓内的煤粉烧空；如果要清理生料均化库，也要将库内的生料用光。

（2）在确定止火前2h，逐步减少生料喂料量，在此期间窑和分解炉系统运行不稳定，要特别注意系统温度、压力的异常变化。

（3）随着生料的减少，逐步减少窑和分解炉的用煤量，避免窑内结大块，烧坏窑内窑皮或衬砖，避免预热器内筒烧坏。

（4）停止生料均化库充气组，停止均化库卸料组，将喂料皮带秤设定为0t/h，停止生料输送至喂料仓组，停止窑尾生料喂料组。

（5）停止分解炉喂煤组，降低高温风机转速，控制窑尾废气中O_2含量在1.5%左右。

（6）根据窑内情况，逐渐减煤，直至停煤，逐渐减小窑速至0.60r/min，转空窑内物料。

（7）停止窑头喂煤组，停止窑头一次风机组，通知窑巡检岗位人员将燃烧器从窑内退出来。

（8）止火1h后，启动辅助传动，执行表4.5.2所示的冷窑方案。

表4.5.2　冷窑方案

止火后的时间（h）	转窑量	间隔时间（min）
1		连续
3	120°	15
6	120°	30
12	120°	60
24	120°	120
36	120°	240

（9）随着出窑熟料的减少，相应减少篦冷机冷却风机的风量及窑头废气排风机的风量，注意保证出篦冷机熟料温度低于100℃，窑头呈负压状态。

（10）当篦冷机内物料清空后，停篦冷机传动电机的冷却风机、润滑油站、篦冷机主传动电机。

（11）停篦冷机冷却风机组。

（12）停篦冷机废气处理组。

（13）停篦冷机废气粉尘输送组。

（14）停熟料输送组。

（15）对预热器、分解炉、篦冷机及窑内部进行仔细检查，确认需要检修的项目内容。

5.6　预分解窑结圈的处理

预分解窑结圈的原因比较复杂，一般窑的直径越小、煤粉的灰分及水分含量越大、生料的 KH 及 SM 值越低、物料液相黏性越大，窑内越容易形成结圈。结圈表明窑处于不正常的生产状态，如窑内结后圈，会严重影响通风，尾温明显降低，料层波动很大，窑速波动很大，直接影响窑的产量、质量、煤耗和安全运转。

5.6.1　窑尾圈

窑尾圈一般结在离后窑口大约 10m 远的位置，实质上就是一种结皮性的硫碱圈。

1. 窑尾圈的形成原因

（1）当原燃料中的三氧化硫、氧化钠、氧化钾等有害成分含量较高，在 930℃ 左右时，生成大量的低熔点硫酸盐，使物料液相过早地出现，同时液相黏度比较大，逐渐聚集起来就形成结皮性的硫碱圈。

（2）分解炉用煤量过多

当分解炉用煤过量过多、三次风量不足时，过剩煤粉随生料入窑，在窑尾遇到过剩空气重新燃烧放热，出现局部温度过高现象，在离后窑口不远处结皮，结皮逐渐积聚形成结圈。

2. 窑尾圈的处理

（1）将燃烧器适当伸进窑尾方向一段距离，加大窑尾排风量，加大窑头用煤量，增长火焰长度，提高窑内温度，使结圈处的温度高于 1000℃，就可以将结皮性的硫碱圈烧垮烧融。

（2）减少分解炉的用煤量

控制分解炉的用煤量，其最大值不超过总用煤量的 65%，合理控制三次风量，保证煤粉在分解炉内完全燃烧，减少过剩煤粉入窑的几率。

5.6.2　后结圈

1. 后结圈的害处

后结圈一般结在烧成带和放热反应带的交界处。窑内一旦形成后结圈，会对生产造成严重的危害。

（1）窑内通风受到严重影响，火焰伸不进去，形成短焰急烧，烧成带产生局部高温，损伤窑皮和耐火砖。

（2）窑尾温度明显降低，物料预烧差。

（3）窑尾负压上升，来料波动大。

（4）窑传动电流（功率）增加，熟料电耗增加。

（5）熟料产量、质量降低，煤耗增加。

（6）处理结圈时很容易损伤窑皮，甚至发生红窑事故。

（7）为形成大料球创造条件。如果没有后结圈的阻挡，虽有预热器系统能富集有害元素，但形成的小料球不会停留在圈后越滚越大。

2. 后结圈的形成原因

（1）生料成分的影响

生料中的碱、氯、硫有害成分含量高，生料中的熔融矿物成分含量高，液相出现的温度降低，液相提早出现，液相量大，液相黏度大，容易形成后结圈。

（2）煤的影响

煤灰中氧化铝成分的含量较高，当煤粉的灰分含量大、细度粗，煤灰沉落在过渡带和烧成带交界位置的煤灰量多，形成的液相量增加，液相黏度增加，形成后结圈的几率增加。

（3）窑直径的影响

回转窑直径越小，形成结圈的圆拱力就越小，结圈就不宜垮落。直径小于3.0m的回转窑很容易结后圈，直径大于3.5m的回转窑，形成后结圈的几率相对比较小。

（4）操作的影响

① 窑头用煤量过多，产生不完全燃烧现象，窑内出现还原气氛，物料中的三价铁被还原成为亚铁，而亚铁属于低熔点矿物，使液相及早出现，容易形成后结圈。

② 内风及外风的比例控制不合理，造成火焰过长，尾温明显升高，物料预烧好，液相及早出现，容易形成后结圈

③ 生料成分不稳定、喂料量不稳定，造成窑速波动大、热工制度不稳定，容易形成后结圈。

④ 窑速过慢，容易形成长厚窑皮，而长厚窑皮是形成后结圈主要原因。

3. 后结圈的处理

（1）冷烧法

当后结圈结得远而不高时，只要将燃烧器拉出窑外适当距离，适当降低窑速，调整火焰形状，使火焰变粗变短，降低结圈处的温度，使圈体出现裂纹和裂缝而逐渐垮落，这种方法叫冷烧法。采取冷烧方法时，要求烧成带温度比正常低，燃烧器尽量拉出窑外最大距离，窑速要力争快转，使火焰长度缩短。

（2）热烧法

当后结圈结得近而不高时，只要将燃烧器伸进窑内适当距离，再适当增加窑速，调整火焰形状，使火焰变长变细，提高结圈处的温度，将圈逐渐烧熔烧垮，这种方法叫热烧法。采取热烧方法时，要求烧成带温度比正常高，燃烧器尽量向窑内方向伸进，窑速控制要慢，使火焰长度增加。

（3）冷热交替法

当后结圈结得远而高时，就要采取冷热交替处理法。先采取冷烧法处理大约2～4h，降低结圈处的温度，使圈体出现裂纹和裂缝；再减少生料喂料量20%～30%，采取热烧法处理大约2h，提高结圈处的温度，增大其热应力，使已经出现裂纹和裂缝的圈体垮掉。

（4）停窑处理

如果三种操作方法都无法处理或减缓后结圈的长势，就要采取停窑处理的方法。冷窑后进窑仔细观察结圈的状况，根据结圈的厚度和硬度，选择手锤、钢钎、风镐、风钻、高压水枪等清理工具。

如果采用手锤和钢钎处理，作业程序要从外到内、从上到下进行，在停窑位置的左上方（窑是逆时针方向转动，人面向窑尾），将窑上半圆的结圈打开一道大约300mm宽的槽口，然后慢慢转窑，剩余的结圈会自行脱落，个别没有脱落的部位，再人工处理。

如果使用风镐、风钻、高压水枪等清理工具，则要从要点下方清打结圈，操作时特别注意不能损伤其下面的耐火砖，注意上方随时可能塌落的窑皮。

（5）掉圈后的操作

后结圈的圈体后往往积有很多生料粉，当后结圈垮落后，圈体及圈体后这些生料，会一起涌进烧成带，使火焰压缩变短变粗，操作不当容易出现局部高温现象，有烧坏窑皮及衬砖的可能，同时，还有跑生料的可能。所以要预先降低窑速，适当降低窑尾排风量，控制火焰的长度，提高烧成带的热力强度，避免出现跑生料或欠烧熟料现象。

4. 防止形成后结圈的措施

（1）在保证熟料质量和物料易烧性的前提下，降低熔融矿物成分含量，适当提高硅率、降低铝率，控制适当的液相量和液相黏度。

（2）控制原燃材料中碱、氯、硫等有害成分的含量。

（3）发现窑内有长厚窑皮就及时处理，避免形成后结圈。

（4）如果煤粉灰分含量大于 30%，则控制煤粉细度 0.08mm 筛余指标在 3%～5%之间，细度合格率大于 90%；水分指标<1.2%，合格率>90%。

（5）控制熟料 f-CaO 含量小于 1.0%。

（6）采取薄料快转的煅烧方法，控制窑的快转率达到 90%及以上。

5.6.3　前结圈

1. 前结圈过高的危害

前结圈一般结在烧成带靠近窑口的部位。当前结圈高度小于 350mm 时，对熟料的煅烧有利：延长熟料在烧成带的停留时间，使物料煅烧反应更完全，降低熟料游离氧化钙的含量。但前结圈高度达到 400mm 及以上时，就会产生如下危害。

（1）影响窑操作员现场观察烧成带窑情，容易造成判断失误，影响操作参数的确定。

（2）减少窑内通风面积，影响入窑二次风量，影响正常火焰形状，煤粉容易发生不完全燃烧现象。

（3）熟料在烧成带内停留时间过长，容易结大块，容易磨损和砸伤窑皮，影响耐火砖的使用寿命。

2. 前结圈的形成原因

（1）由于风煤配合不好、煤粉细度粗、煤灰和水分含量大等原因使火焰变长，烧成带向窑尾方向移动，造成烧成带的温度相对降低，熔融的物料凝结在窑口处使窑皮增厚，如果不及时处理，就会发展成前结圈。

（2）煤粉沉落到熟料上，在还原条件下燃烧，三价铁被还原成亚铁，形成低熔点的矿物。

（3）煤灰中三氧化二铝含量高，使熟料液相量增加、黏度增加，熟料熔融矿物含量增加，遇到入窑的二次风，就会被冷却而逐渐凝结在窑口形成前结圈。

3. 前结圈的处理

（1）适当增加窑内料层厚度，将燃烧器拉出窑外适当距离，缩短火焰长度，控制火焰的高温部分正好落在前结圈位置上，直接将前结圈烧熔、烧垮。

（2）如果燃烧器已经不能拉出，则操作上采取适当减小排风量、增加内风、减少外风的方法，缩短火焰长度，控制火焰的高温部分正好落在前结圈位置上，直接将前结圈烧熔、烧垮。

（3）烧前结圈时，最好使用灰分低、细度细的煤粉；控制火焰长度不能太短，要保护好窑皮，防止出现红窑事故。

4. 防止前结圈的措施

（1）控制煤粉的细度和水分，加快煤粉燃烧速度。

（2）控制预分解窑内不出现冷却带。

（3）提高二次风温，提高前结圈部位的温度。

（4）发现前结圈高度达到 350mm 就要及时处理。

5.7 飞砂料的形成及处理

飞砂料是指回转窑烧成带产生大量飞扬的细粒熟料，其颗粒大小一般在 1mm 及以下。窑内产生飞砂料，既影响熟料的产量、质量，又影响熟料的煤耗。

1. 飞砂料的形成原因

（1）液相量不足，水泥熟料的烧结反应是在液相中进行的。烧结反应时液相量过多，容易形成大块；液相量过少，容易产生飞砂现象。

（2）生料中氧化铝或碱的含量高，熟料在烧成带明显表现过黏、翻滚不灵活，不容易结粒，成片状从窑壁下落滑动，产生大量飞砂现象。

（3）尾温控制过高，物料预烧充分，进入烧成带后明显表现过黏，产生大量飞砂现象。

（4）生料配料方案不当，熟料硅率 SM 值偏高、铝率 IM 值偏高、铁含量偏低，致使熟料煅烧时液相量偏低、黏度增加，熟料结粒困难，产生大量飞砂现象。

（5）生料配料使用粉煤灰作校正原料，也易形成飞砂料。

2. 处理及预防措施

（1）改变配料方案。熟料硅率过高，液相量会减少；铝率过高，液相量随温度增加的速度减慢，大量出现液相量的时间延迟。从配料方案角度出发，降低熟料硅率和铝率有利于控制及预防飞砂料。

（2）控制煅烧温度。提高煅烧温度，熟料的液相量增加；降低煅烧温度，熟料的液相量降低。从煅烧角度出发，提高煅烧温度，有利于熟料的烧成反应，但煅烧温度过高，熟料的液相量增加，容易产生飞砂料。所以在控制熟料游离氧化钙不超标的前提下，适当降低煅烧温度，有利于控制及预防产生飞砂料现象。

（3）控制原燃材料的碱、氯、硫含量。适当控制原燃料的碱、氯、硫含量，提高窑的快转率，提高煤的细度，可以大大改善飞砂料现象。如果必须使用碱、氯、硫含量高的原燃材料，在配料方案上，要适当降低饱和比、提高硅率；在操作上，采用较长的低温火焰，避免使用粗短的高温火焰；适当增加窑尾排风量，增加碱、氯、硫的挥发量。

（4）控制窑灰入窑量。窑灰含碱量一般比生料高，所以窑灰的入窑量要适当控制。特别是碱含量高的原料，其窑灰碱含量更高，应该减少窑灰入窑量，避免碱含量过高引起飞砂料。对于碱含量较低的窑灰，也要和出磨生料混合均匀后再入窑。

（5）如果窑内前结圈过高，要处理掉前结圈，避免熟料在烧成带停留过长时间。

（6）加强窑内通风，控制煤粉的热值、细度和水分指标，避免煤粉发生不完全燃烧现象。

（7）适当降低窑尾排风量，增加内风、降低外风，缩短火焰的长度，降低窑尾温度，减弱物料的预烧效果，控制物料在烧成带出现液相，能够有效减少或减弱飞砂料的形成。

5.8 预分解窑内结球的处理

1. 窑内结球的危害

（1）加速对结圈后部耐火砖的磨损。

（2）窑内出现后结圈，容易产生结球现象。料球被后结圈阻隔，不容易顺利通过，在后结圈的后部位置长时间和耐火砖发生摩擦，造成耐火砖严重磨损。

（3）威胁喷煤管的安全，甚至被迫止料停窑。超过窑有效半径的"大料球"一旦进入烧成带，很可能撞击到喷煤管，直接威胁喷煤管的安全；窑内通风严重受阻，火焰根本伸不进窑内，只得止料停窑。

（4）影响篦冷机的正常控制及运行。当"大料球"落入篦冷机后，可能砸弯砸坏篦板，卡死破碎机。人工处理"大料球"需要停窑，既费时耗力，又影响水泥的产量和质量。

2. 形成原因

（1）原燃材料中有害成分（主要是 K_2O、Na_2O、SO_3）含量高或在窑内循环富集，形成钙明矾石、硅方解石等中间矿物，造成窑内结球。

（2）当窑内结圈或采用厚料层进行操作时，也容易产生结球现象。窑内料层过厚，物料翻滚较慢，容易产生堆积现象，在过渡带出现液相后，液相容易黏结物料，逐渐滚动长大形成大球。

（3）煤粉的灰分过高、细度过粗，容易发生不完全燃烧现象，使窑尾温度过高，窑后物料出现不均匀的局部熔融，形成结球现象。

（4）生料配料不当，熟料硅率低；煤灰掺入不均，生料成分波动大，造成热工制度波动大，窑内形成结球。

3. 处理措施

（1）如果料球比较小（如球径＜500mm），操作上应适当增加窑内通风，保持火焰顺畅；在保证煤粉完全燃烧的前提下，适当增加窑头用煤，但要控制窑尾温度不要过高，并适当减少生料喂料量、降低窑速，等料球进入烧成带，再适当降低窑速，提高烧成带的热力强度，力争在短时间将其烧垮或烧熔，避免进入冷却机砸坏篦板、卡死破碎机。

（2）如果料球比较大（如球径＞1000mm），可采用冷热交替处理法。将燃烧器伸进窑内适当距离，适当降低窑速和生料喂料量，控制烧成带温度达到上线，热烧大约 1～2h，再将燃烧器拉出到原来位置冷烧大约 1h，这样周而复始的冷热交替处理，直到料球破裂为止。

如果操作不能使球径＞1000mm 大料球破裂，就把它停放在窑口位置进行停窑冷却，降温后实施人工破碎，切忌让大料球滚入冷却机，否则会砸坏、砸弯篦板，得不偿失。

4. 预防措施

（1）选择"两高一中"（高 KH 值、高 SM 值、中 IM 值）的配料方案。生产实践证明，预分解窑采用高 KH 值、高 SM 值、中 IM 值的配料方案，熟料不仅质量好，而且不易发生结球现象。但是生料比较耐火，对操作技能要求较高。如果采用低 KH 值、低 IM 值的生料，则烧结范围明显变窄，液相量偏多，熟料结粒粗大，容易导致结球。

（2）控制原燃料中有害成分（主要是 K_2O、Na_2O、SO_3）含量，控制生料中 R_2O＜1.0%，Cl^-＜0.015%，硫碱摩尔比在 0.5～1.0 之间，燃料中 SO_3＜3.0%。

（3）加强原煤的预均化操作，降低煤粉细度和水分指标，尤其使用挥发分较低的煤粉，更要注意降低煤粉的细度和水分指标，避免煤粉发生不完全燃烧现象。

（4）控制窑内物料的填充率，采取"薄料快转"的操作方法，保证窑的快转率在90%及以上。

（5）窑灰要和出磨生料一起先入均化库进行混合均化再入窑，防止发生窑灰集中入窑现象。

（6）在保证熟料质量的前提下，可适当降低烧成带温度。

5.9 篦冷机堆"雪人"的处理

1. "雪人"及形成原因

"雪人"是指熟料从窑口掉落到篦冷机的过程中，在窑门罩下方的固定篦板上堆积起来的高温发黏熟料。这些熟料冷却后，不再是单个的熟料颗粒，而是一个坚硬的熟料块。严重时，这个大熟料块与运转的前窑口相碰，迫使止料停窑处理。冷却后的"雪人"十分坚硬，处理相当费时费力。

篦冷机堆"雪人"主要有以下原因：

（1）烧成带煅烧温度过高

为了控制熟料中的游离氧化钙，烧成带的温度控制过高，尤其是原料中含有难烧的结晶粗粒石英，被迫强化煅烧，过高的煅烧温度导致熟料出窑后"飞砂"和液相并存，形成了"雪人"。

（2）短焰急烧

采用短焰急烧操作，通常导致煤粉发生不完全燃烧现象。燃烧不完全的煤粉随熟料进入篦冷机，遇到二次风重新发生燃烧反应，使熟料在高温下发生二次结粒，形成了"雪人"。

（3）熟料发生粉化现象

如果燃烧器伸进窑内较多，窑速较慢，熟料在窑内停留时间增加，不能形成急冷，则熟料不但易磨性变差，而且容易发生粉化现象，熟料中1mm及以下的细粉颗粒增加，它们在篦冷机与窑头之间循环富集，加剧了篦冷机内"雪人"的形成。

（4）窑门罩处温度过高

煤粉燃烧器拉出窑口，直接在窑门罩内煅烧，等于将烧成高温带移至窑口及篦冷机上方，篦冷机进料口处成了液相熟料堆积的地方，这样就形成了"雪人"。

2. 处理及预防堆"雪人"措施

（1）借助摄像或扫描系统，直接从屏幕上观察火焰形状、熟料翻滚及结粒等状况，发现异常问题，及时调整风、煤、料等参数，避免出现堆积"雪人"现象。

（2）在篦冷机入料端面设置2~4台空气炮，在"雪人"堆积形成初期，强力将"雪人"打掉。但空气炮打下的熟料颗粒常常是飞向篦冷机顶部，降低了该处浇注料的使用寿命。如果空气炮安装侧面，则同样会影响两侧耐火衬料的使用寿命。

（3）在篦冷机入料端面距篦板大约30mm高处，制作4个平行等距的100mm×200mm的方孔，平时使用耐火砖、耐火岩棉、耐火胶泥密封严实，一旦发现堆积"雪人"，在保持窑头负压状态下，逐个移开方孔部位密封的耐火材料，使用钢钎或水枪向"雪人"根部施力，几十分钟便可打碎"雪人"。这种处理方法，无需止料停窑，既省时、省力，又安全、可靠。

（4）篦冷机入料进口端不设置固定篦板。这种办法确实能够大大缓解"雪人"堆积状况，但容易产生离析及布料不均等现象。

（5）如果"雪人"堆积状况相当严重，只能采取停窑人工处理。首先要止料、止火、停窑，各级预热器内不能存料，锁风阀要关严绑扎结实，通过窑尾风机使"雪人"处保持负压状态；其次是处理"雪人"的工作人员要穿戴好劳动保护用品，先使用钢钎清理松散熟料，再使用风镐、水枪等工具打碎坚硬熟料，期间需要转窑时，清理人员要携带工具撤离现场，避免窑内掉落高温熟料伤人。

5.10　黄心料的形成及处理

1. 理论分析

熟料主要含有氧化钙、二氧化硅、氧化铝和氧化铁等四种氧化物，其中氧化钙、二氧化硅、氧化铝都是白色，氧化铁在氧化气氛下为黑色，在还原气氛下，由于 CO 和三价铁反应生成二价铁而显现黄色。熟料煅烧过程中，如果窑内通风不良，就会使煤粉产生不完全燃烧现象，形成还原气氛，熟料在烧成带就会呈黄色；熟料进入冷却带，由于氧气充足，氧含量大幅度增加，原来的还原气氛又变成了氧化气氛，熟料中的二价铁就被氧化成三价铁，熟料的颜色又变成了黑色。但此时的熟料已经结粒，氧气扩散到熟料内部比较困难，氧化反应只是发生在熟料表面，所以熟料颗粒的外表面呈现黑色，内部呈现黄色，这就是黄心料的形成过程。可见，产生黄心料的主要原因，就是煅烧过程中产生了还原气氛。

2. 原燃材料有害成分的影响及处理

原燃料中碱、硫、氯等有害成分含量过高，尤其是硫碱比越高，窑尾下料斜坡、预热器下料缩口等部位越容易结皮，从而导致系统通风不良，分解炉及窑内产生还原气氛，煤粉产生不完全燃烧现象，增加形成黄心料的机会。碱、硫、氯在预热器、分解炉及窑内的循环富集，形成低熔点的盐类，容易在窑内结球、形成长厚窑皮乃至结圈，预热器及分解炉的下料缩口等部位出现结皮，影响系统通风，窑内及分解炉内容易产生还原气氛，增加形成黄心料的机会。所以正常生产时，一定控制原燃料中的有害成分，控制进厂原煤的全硫含量<1.5%，熟料中 $K_2O<0.3\%$，$Na_2O<0.3\%$，硫碱比<0.8，减少硫、碱、氯在窑尾及窑内的循环富集；同时，加强对窑尾烟室、上升烟道等部位负压值的监控，发现有结皮迹象，及时用高压水枪进行处理。

3. 生料中 Fe_2O_3 成分的影响及处理

生料中的 Fe_2O_3 含量大，对煅烧产生的还原气氛更加敏感，出现黄心料的几率更大，其主要原因是在还原气氛下，Fe_2O_3 含量较大时，增加了 Fe^{3+} 被还原成 Fe^{2+} 的机会和形成的数量。

生料中的 Fe_2O_3 含量大，生料的易烧性好，但煅烧时液相可能会提前出现，而且数量增多，造成熟料结粒变粗、结大块。当窑内生料量过多时，火焰就会变短变粗，烧成带的温度就会过于集中，火焰高温区相对前移，在烧成带和冷却带的交界部位很容易长前结圈，影响窑内通风，使煤粉产生不完全燃烧现象，形成还原气氛，增加产生黄心料的几率。所以正常生产时，不能片面追求生料的易烧性，盲目增加生料中的 Fe_2O_3 含量。

4. 生料中 CaO 成分的影响及处理

生料中的 CaO 含量增大，出现黄心料的几率也会增大。其主要原因是随着 CaO 含量的增加，熟料的易烧性下降，操作上就要增加窑头的用煤量，以提高烧成带的温度。当窑头的用煤量增加过多，造成风煤配合不合理时，窑内就会产生还原气氛，增加产生黄心料的几率。所以正常生产时，一定要控制 CaO 的含量不能过高，（熟料中的 CaO 不能超过 68%）否则增加产生黄心料的几率。

5. 生料质量和分解率的影响及处理

当窑的单位容积产量偏低时，如果生料质量合格率低、质量波动大，对窑的热工制度影响相对小些，产生黄心料的几率也小。当窑的单位容积产量偏高时，如果入窑生料质量合格率低、质量波动大，生料吸收的热量波动大，对窑的热工制度影就大，产生黄心料的几率也大。如果入窑生料的分解率偏高，其在窑内吸收热量少，操作上如不减少窑头煤量，就造成煤粉量的相对过剩，窑内出现还原气氛，产生黄心料的几率增大。如果入窑生料的分解率偏低，其在窑内吸收热量大，操作上如加煤量过大，就造成煤粉量的相对过剩，窑内出现还原气氛，产生黄心料的几率增大。所以正常生产时，保证生料中 CaO 和 Fe_2O_3 的合格率达到 90% 及以上，入窑生料的分解率达到 95%，有利于减少产生黄心料的几率。

6. 单位容积产量的影响及处理

当窑的单位容积产量小于设计值时，窑内有效空间大，窑内风速降低，煤粉燃烧时间增长，燃烧比较充分，不会产生黄心料，或产生黄心料的几率很小。当窑的单位容积产量大于设计值时，窑内有效空间变小，窑内风速变大，煤粉燃烧时间减少，发生不完全燃烧现象，增加产生黄心料的几率。当窑产量增加到一定程度，如果窑内实际通风量小于煤粉燃烧所需要的风量，就会发生不完全燃烧现象。这时，如果采取加大排风量的办法，则窑内气流速度就会增加，煤粉燃烧时间还会缩短，加剧煤粉的不完全燃烧，更容易产生黄心料。所以，正常生产时，单位容积产量达到设计标准时，就不要再盲目增加产量，否则就容易产生黄心料。

7. 煤的影响及处理

煤粉的灰分大、发热量低、挥发分低、细度粗、水分大时，容易造成煤粉燃烧速度减慢，产生不完全燃烧现象，形成还原气氛。有时进厂原煤水分大、灰分大，为提高煤磨产量，保证窑生产所需的煤粉量，又错误地调整了出磨煤粉指标：细度由原来的<12%提高到<14%；水分由原来的<1.2%提高到<1.5%。其结果严重影响了煤粉的燃烧速度，使火焰拉长，高温区后移，液相提前出现，窑内容易形成大块、结圈，窑尾下料斜坡、上升烟道等部位容易结皮，影响窑内通风，产生还原气氛下，增加形成"黄心料"的几率。所以正常生产时，要控制进厂原煤及煤粉的质量，原煤采购指标是：灰分<20%，挥发分>28%，发热量>23000kJ/kg；出磨煤粉的指标是：细度<12%，水分<1.5%。如果一定要进厂不合格的原煤，每次至多进原煤预均化库存量的5%，并且要分堆放置，不能只堆放一个点，要搭配使用，发挥预均化的作用。同时，还要调整出磨煤粉的控制指标，细度由原来的<12%降低到<10%；水分由原来的<1.2%降低到<1.0%。

8. 窑炉用煤比例的影响及处理

预分解窑的窑炉用煤比例设计值一般是 4∶6，但实际生产操作时，这个比例不是固定不变的。增加入窑生料量，就要增加分解炉的煤量，以保证入窑生料的分解率。如果生产条件受限制，不能增加分解炉煤量，这时只有依靠增加窑头煤量，强制提高烧成带的温度。但这样做的后果是人为地造成窑内煤粉过量，产生不完全燃烧现象，形成还原气氛，增大产生黄心料的几率。所以在正常生产时，在保证窑尾废气、分解炉出口废气 CO 的浓度小于 0.3％的前提下，适当增加窑炉用煤，尤其是增加分解炉的用煤量，有利于提高窑的生产质量。

9. 燃烧器的影响及处理

燃烧器的喷嘴越接近料层，越容易产生还原气氛。因为喷嘴靠近料层，火焰与物料表面之间的距离变小，氧气含量不足，在物料表面产生严重的还原气氛。同时，未燃或正在燃烧的炭粒又容易掉落在熟料中，而掉落到熟料中的炭粒，减少了与氧气的接触机会，容易发生不完全燃烧现象，产生还原气氛。根据生产实践经验，当燃烧器的中心在第四象限的（50，－30）位置、端面伸进窑内大约 200mm 时，煤粉燃烧比较理想，窑皮的长度、厚度比较理想，窑内不产生还原气氛。

燃烧器内风、外风、煤风比例不合理，风煤混合不好，煤粉容易产生不完全燃烧现象，产生还原气氛，增大产生黄心料的几率。过小的外风喷出速度，影响直流风的穿透能力，减弱对入窑二次风的卷吸，导致煤粉与二次风不能很好地混合，煤粉燃烧不完全，产生还原气氛；过大的外风喷出速度，会引起过大的回流，强化煤粉的后期混合与燃烧，使火焰核心区拉长，同样导致煤粉燃烧不完全，使窑尾温度过高。内风比例增加，火焰变粗，高温部分集中；内风比例减少，火焰变长，火焰温度相对变低。根据生产实践经验，内外风的比例控制在 4：6～3：7 时比较理想。

10. 窑炉用风比例的影响及处理

三次风负压值偏大，窑尾负压值偏小，表明入分解炉的风量相对过剩，入窑的二次风量相对减少，造成窑内通风量不足，煤粉易产生不完全燃烧现象，形成还原气氛，窑尾温度容易升高，窑尾上升烟道、窑尾下料斜坡等部位容易结皮，影响窑内通风，增加形成黄心料的几率。所以正常生产时，在保证分解炉内煤粉完全燃烧的前提下，尽量减小三次风闸板的开度，控制窑尾负压值在 300～400Pa，三次风负压值在 300～600Pa，目的是保证窑内用风量，使煤粉能够完全燃烧，不产生还原气氛。

11. 系统漏风的影响及处理

窑尾密封装置出现漏风，外界大量冷风被吸进窑内，不但降低窑内通风量，影响煤粉的燃烧，容易发生不完全燃烧现象，而且降低窑尾的废气温度，影响入窑物料的预热。窑头密封装置出现漏风，增加入窑的冷风量，减少了入窑的二次空气量，影响煤粉的燃烧，容易使煤粉发生不完全燃烧现象。预热器、分解炉等密封部位出现漏风，外界大量冷风被吸进预热系统，不但降低系统的通风量，使煤粉发生不完全燃烧现象，而且降低系统的废气温度，影响各级预热器内的物料预热，降低入窑物料的分解率。预热器锁风阀发生漏风，影响物料预热效果和气料分离效果。篦冷机锁风阀发生漏风，影响风料的热交换，降低二次风温和三次风温，影响煤粉的燃烧。所以正常生产时，一定要加强工艺管理，经常检查系统的漏风情况，发现有漏风的部位，就要及时处理，减少因为漏风而产生的影响。

12. 二次风及三次风的影响及处理

二次风温低，使窑内的煤粉燃烧速率降低，火焰相对变长，窑尾温度升高，造成窑尾下料斜坡、上升烟道等部位结皮，影响窑内通风，使煤粉产生不完全燃烧现象，窑内形成还原气氛，增加形成黄心料的几率。三次风温低，使分解炉内的煤粉燃烧速率降低，影响入窑物料的分解率；同时，分解炉出口的废气温度升高，造成最下级预热器下料缩口等部位结皮，影响窑内通风，使煤粉产生不完全燃烧现象，窑内形成还原气氛，增加形成黄心料的几率。所以在实际生产操作时，通过优化箅冷机的厚料层技术操作，尽量增加料层厚度，降低箅床速度，提高一室的箅下压力，使入窑的二次风温达到 950～1000℃ 及以上，入分解炉的三次风温达到 700～750℃ 及以上，提高煤粉的燃烧速率，保证煤粉完全燃烧，不产生还原气氛。

13. 窑速的影响及处理

窑尾下料量过多，窑速过慢，窑内填充系数过大，一方面减少了窑内通风面积，造成窑内通风不良；另一方面，燃烧器喷嘴和料层之间的距离相对减少，已经燃烧的和没有燃烧的煤粉颗粒容易掉落在料层表面，发生不完全燃烧现象，增加形成黄心料的几率。所以在实际生产操作时，通过风、煤、料及窑速的优化匹配，采用"薄料快转"的煅烧方法，保持窑的快转率在 90% 及以上，增加物料在窑内的翻滚次数，有利于强化物料的煅烧。

14. 窑尾还原气氛的影响及处理

窑尾废气中含有 CO 气体成分，分解炉出口废气中没有 CO 气体成分，说明窑尾存在还原气氛，分解炉内不存在还原气氛。这种生产条件下产生的黄心料，主要原因是窑内通风量不足，煤粉燃烧需要的氧气不足，使煤粉产生了不完全燃烧现象，窑内形成了还原气氛，增加形成黄心料的几率。所以在实际生产操作时，控制窑尾废气及分解炉出口废气中的 CO 气体浓度小于 0.3%，保证煤粉完全燃烧现象，窑内不产生还原气氛。

思 考 题

1. 预热器发生堵塞时的征兆。
2. 预热器容易发生堵塞的部位。
3. 预热器发生堵塞种类及原因。
4. 影响预热器结皮的因素。
5. 如何处理预热器的堵塞？
6. 预热器产生塌料的原因。
7. 如何提高入窑生料的分解率？
8. 调节分解炉温度的方法。
9. 如何选择分解炉用的多风道燃烧器？
10. 如何调节多风道煤粉燃烧器的方位？
11. 多风道煤粉燃烧器常见的故障及处理。
12. 提高燃烧器浇注料使用周期的措施。
13. 如何实现第三代箅冷机的优化操作控制？
14. 如何实现第四代箅冷机的优化操作控制？
15. 预分解窑的主要操作参数。
16. 预分解窑温度的调节操作。

17. 如何控制预分解窑熟料的游离氧化钙?
18. 预分解窑产生后结圈的原因及处理。
19. 预分解窑产生飞砂料的原因及处理。
20. 预分解窑产生黄心料的原因及处理。

项目 4　预分解窑中控模拟操作实训

项目描述：本项目详细讲述了预分解窑生产工艺模拟流程、生产操作规程模拟实训及工艺故障模拟操作实训。通过本项目的学习，掌握预分解窑水泥生产企业的工艺流程；掌握预分解窑生产操作规程；掌握预分解窑工艺故障的处理技能。

任务 1　预分解窑生产工艺模拟流程

任务描述：掌握预分解窑水泥生产企业的生料制备系统、煤粉制备系统、熟料煅烧系统、水泥制成系统等生产工序的工艺流程及开停车模拟操作技能。

知识目标：掌握预分解窑水泥生产企业的生料制备系统、煤粉制备系统、熟料煅烧系统、水泥制成系统等生产工序的工艺流程。

能力目标：掌握预分解窑水泥生产企业的生料制备系统、煤粉制备系统、熟料煅烧系统、水泥制成系统等生产工序的开停车模拟操作技能。

1.1　生料制备系统的工艺模拟流程

生料制备系统的工艺模拟流程如图 4.1.1 所示。

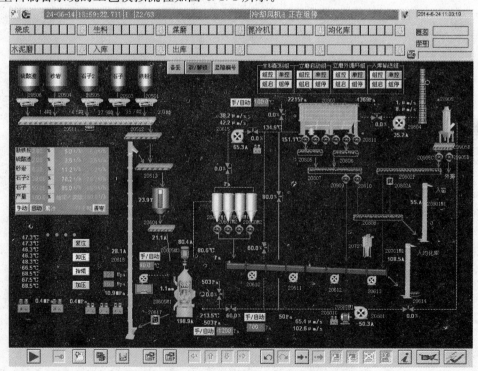

图 4.1.1　生料制备系统的工艺模拟流程

根据图 4.1.1 所示的生料制备系统工艺模拟流程，借助中控模拟操作软件，可以完成以下模拟操作实训任务：

1. 画出生料制备系统的工艺流程图

2. 模拟生料制备系统的组控开车操作

(1) 启动立磨外循环

按程序依次启动 20605M1/5 给油泵→20605M1/9 给油泵→20605M1/2 减速机油站→20605M1/3 主电机油站→20607M1、20607M2、20608M1、20608M2 旋风筒下分格轮→20615AC 系统风机油站→20615 系统风机→20605M3 立磨选粉机→20513 配料下短皮带→20618 立磨提升机→20617 电磁阀。

(2) 启动立磨主电机

复位→卸压→抬辊→立磨主电机→刮板机→落辊→加压。

(3) 启动立磨配料系统

20512 配料下中皮带→20511 配料长皮带→20501、20503、20504、20505、20506 配料秤。

3. 模拟生料制备系统的组控停车操作

停机操作顺序与开车顺序相反。其中立磨的停机操作顺序是：

停刮板机→停加压→抬辊→停磨主电机。

4. 模拟生料制备系统的单控开车操作

5. 模拟生料制备系统的单控停车操作

6. 生料制备系统自动控制的模拟操作

(1) 进磨气体负压自动调节回路

根据进磨气体负压，自动调节系统风机入口阀开度，保持立磨进出口压差在 6000～10000Pa。

(2) 出磨风温自动调节回路

根据出磨气体温度，自动调节立磨喷水量，保持出磨气体温度在 80～90℃范围。

1.2　生料均化库系统的工艺模拟流程

生料均化库系统的工艺模拟流程如图 4.1.2 所示。

根据图 4.1.2 生料均化库系统的工艺模拟流程，借助中控模拟操作软件，可以完成以下模拟操作实训任务：

1. 画出生料均化库系统的工艺流程图

2. 模拟生料均化库系统的组控开车操作

3. 模拟生料均化库系统的组控停车操作

4. 模拟生料均化库系统的单控开车操作

5. 模拟生料均化库系统的单控停车操作

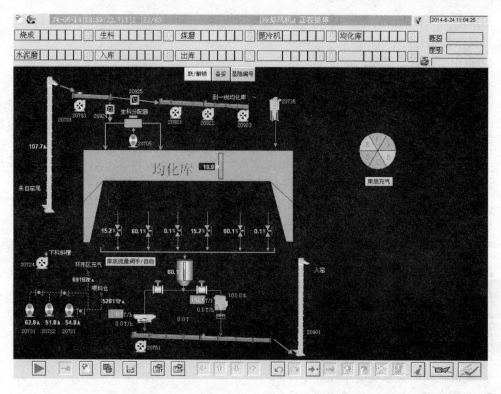

图 4.1.2　生料均化库系统的工艺模拟流程

1.3　煤粉制备系统的工艺模拟流程

煤粉制备系统的工艺模拟流程如图 4.1.3 所示。

根据图 4.1.3 所示的煤粉制备系统工艺模拟流程，借助中控模拟操作软件，可以完成以下模拟操作实训任务：

1. 画出煤粉制备系统的工艺流程图

2. 模拟煤粉制备系统的组控开车操作

（1）开机前的准备工作

① 确认煤粉输送设备正常。

② 启动煤粉输送组。

③ 启动收尘器组。

④ 启动排风机组。

⑤ 启动磨机润滑系统组。

⑥ 慢慢操作控制阀门，控制磨机出口气体温度逐渐达到正常工作温度，完成暖机工作。

⑦ 磨机组启动。

⑧ 喂料启动。

⑨ 逐渐增加喂煤量，直到达到设定值。

⑩ 调节风机阀门和冷风阀，控制出磨气体温度大约 65℃。

（2）启动顺序

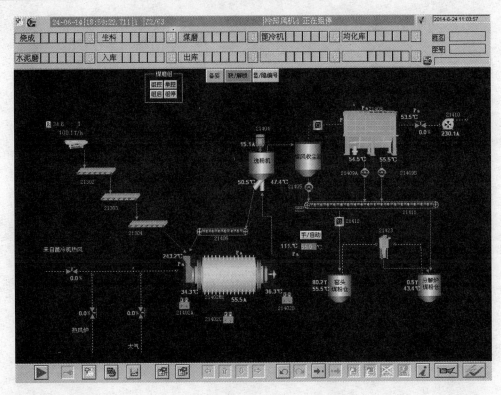

图 4.1.3 煤粉制备系统的工艺模拟流程

按程序启动 21423 煤粉仓顶收尘器→21412 电动阀→21411 煤磨细粉拉链机→21405 煤磨旋风筒下分格轮→21409A、21409B 煤磨袋收尘下分格轮→21410 煤磨拉风机→21409 煤磨袋收尘器→21404 煤磨选粉机→21402A 煤磨前轴承油站→21402B 煤磨前轴承油站→21402C 煤磨电机油站→21406 煤磨粗粉拉链机→21402M1 煤磨主电机→21304 煤磨进磨皮带→21303 煤磨进磨皮带→21302 煤磨进磨皮带→原煤秤。

3. 模拟煤粉制备系统的组控停车操作

停机顺序与启动顺序相反。

4. 模拟煤粉制备系统的单控开车操作

5. 模拟煤粉制备系统的单控停车操作

1.4 熟料煅烧系统的工艺模拟流程

熟料煅烧系统的工艺模拟流程如图 4.1.4 所示。

根据图 4.1.4 所示的熟料煅烧系统的工艺模拟流程，借助中控模拟操作软件，可以完成以下模拟操作实训任务：

1. 画出熟料煅烧系统的工艺流程图

2. 模拟回转窑升温操作

（1）按程序启动窑尾输送组，即 20705 均化库顶罗茨风机→20924 斜槽下料截止阀→20703 斜槽风机→20701 入均化库提升机→20613 斜槽风机→20612 斜槽风机→20611 斜槽风机→20610 斜槽风机→入窑分格轮→20901M1 入窑提升机→20808 拉链机→20802A 电动

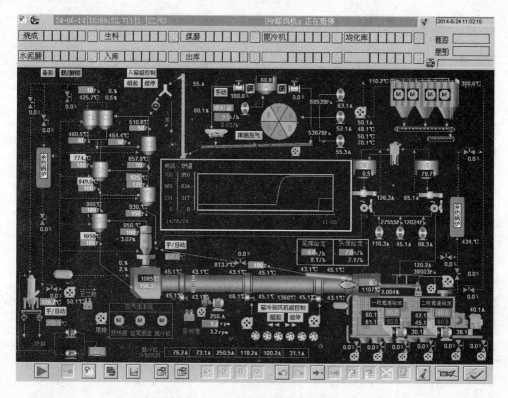

图 4.1.4　熟料煅烧系统的工艺模拟流程

阀→20802P 拉链机→20905C 增湿塔下分格轮→20905B 增湿塔下拉链机→20809、20810 拉链机下分格轮→20807 收尘器下拉链机→20805、20806 收尘器下拉链机→20811a-f 窑尾袋收尘下分格轮，单开 20804 尾排风机，尾排风机启动后调整风机风门和循环风管风门，控制窑头罩负压值－20Pa 左右，启动窑尾收尘器。

（2）启动 21121 窑头一次风机，启动油泵，点燃雾化柴油，形成完整的火焰。

（3）尾温升到 300℃，启动窑头煤秤计量系统，即窑头煤粉风机 b→转子秤锁风阀 b→转子秤供给机 b→煤粉仓收尘器。

（4）刚开始喂煤时，煤量控制在 0.5～1.0t/h，注意调节一次风量和燃烧器的内风、外风比例，保证煤粉充分燃烧。当尾温升到 500℃即停止供油。

（5）尾温升到 800℃时，启动回转窑主传动设备，即窑主电机油站→窑主电机。

（6）增湿塔出口气体温度大于 250℃时，启动增湿塔喷水系统，合理调整喷水量，控制增湿塔出口气体温度在 150～200℃。

（7）启动窑头篦冷机熟料输送设备，即 21201 熟料库顶拉链机→21220 入熟料库链斗机→21106 熟料破碎机→21106M2 二段传动→21106M1 一段传动→21118 篦冷机下拉链机→21130 收尘器下拉链机→21122R、21122S 窑头电收尘下拉链机→21122B1、21122B2、21122B3、21122B4、21122T、21122U 窑头电收尘下分格轮。

（8）启动窑头电收尘器系统，即 21123 窑头排风机→21122A 窑头电收尘器阴极振打→21122Q1、21122Q2、21122Q3、21122Q4 窑头电收尘器电场。

（9）启动篦冷机鼓风机，即启动 21118 六室充气风机→21117 五室充气风机→21116 四室充气风机→21115 三室充气风机→21114 二室充气风机→21113 一室充气风机→21112 一室固定梁左充气风机→21111 斜坡固定梁右充气风机→21110 斜坡固定梁左充气风机→21109 二室平衡风机→21108 一室平衡风机。

3. 模拟回转窑投料操作

当窑尾温度升到大约 1000℃时，开启窑尾高温风机，窑速增加到 0.6～0.9r/min。提高高温风机转速，使 C_1 级出口负压达到－3000Pa，同时增加窑头喂煤量，稳定窑尾温度。开启三次风阀，启动分解炉煤粉输送系统设备，开启计量煤秤，煤量控制在 0.5～1.0t/h。当分解炉出口气体温度达到 860℃即可投料，初始投料量控制在设计产量的 60%。启动生料入窑输送组，将生料分料阀打到预热器方向。

4. 模拟回转窑停窑操作

(1) 逐渐减少喂煤量和生料量，保证分解炉温度稳定，当产量降到设计产量的 50%～60%时，停止分解炉喂煤，降低高温风机转速，关闭三次风门。根据增湿塔出口气体温度，减少喷水量，直到停止喷水。

(2) 停止库底卸料系统，停止生料计量及输送系统设备，将生料分料阀打到入均化库方向。

(3) 逐渐减少窑头喂煤量，降低窑速，保证出窑熟料的质量。降低篦冷机的速度，降低鼓风机的风量，调整窑头电收尘器排风机的风门开度，确保窑头罩呈现负压。待窑内熟料走空时停止窑头喂煤，停止 21121 窑头净风风机，停止窑主传动，开启辅助传动并连续转窑，根据窑内温度降低情况，使用辅助传动间断转窑，直至窑筒体温度冷却到环境温度即停止转窑。

(4) 停止篦冷机风机、篦床、窑头电收尘器系统、熟料输送系统。

(5) 当 C_1 级预热器出口气体温度降低到 100℃时，停止 20801 高温风机，正常冷窑。

5. 熟料煅烧系统自动控制的模拟操作

(1) 根据高温风机出口气体压力，自动调节窑尾风机进风口开度，保持高温风机出口压力在－500～－1000Pa 范围。

(2) 根据窑头罩负压，自动调节窑头排风机进风口阀门开度，保持窑头罩负压在－30～－50Pa 范围。

(3) 根据窑头、窑尾收尘器进口温度，自动调节冷风阀开度，保持窑头电收尘器进口气体温度在 100～250℃范围，窑尾袋收尘器进口气体温度在 80～120℃范围。

(4) 根据分解炉出口气体温度，自动调节分解炉的喂煤量，保持分解炉出口气体温度在 900℃左右。

(5) 根据增湿塔出口气体温度，自动调节增湿用水量，保持增湿塔出口温度在 150～220℃。

(6) 根据入窑计量仓的生料量，自动调节放料流量阀开度，保持计量仓的料位在 60%～80%之间。

1.5　熟料篦冷机系统的工艺模拟流程

熟料篦冷机系统的工艺模拟流程如图 4.1.5 所示。

根据图 4.1.5 所示的熟料篦冷机系统工艺模拟流程，借助中控模拟操作软件，可以完成

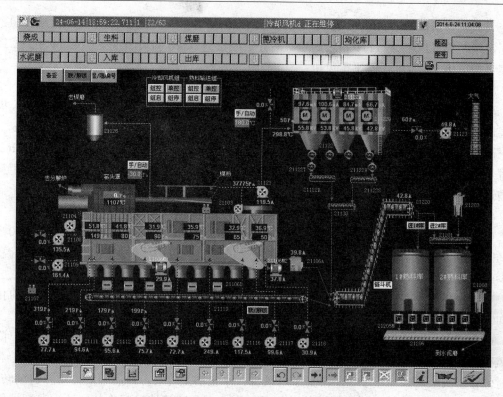

图 4.1.5　熟料篦冷机系统的工艺模拟流程

以下模拟操作实训任务：

1. 画出熟料篦冷机系统的工艺流程图
2. 模拟熟料篦冷机系统的组控开车操作
3. 模拟熟料篦冷机系统的组控停车操作
4. 模拟熟料篦冷机系统的单控开车操作
5. 模拟熟料篦冷机系统的单控停车操作

1.6　水泥制成系统的工艺模拟流程

水泥制成系统的工艺模拟流程如图 4.1.6 所示。

根据图 4.1.6 所示的水泥制成系统的工艺模拟流程，借助中控模拟操作软件，可以完成以下模拟操作实训任务：

1. 画出水泥制成系统的工艺流程图
2. 模拟水泥制成系统的组控开停机操作

（1）开机顺序

采用组控联锁开机，设备应是从后到前延时启动，即成品输送斜槽→收尘器系统→外循环组→磨机系统→喂料系统。

① 成品输送斜槽的启动

1837、1840、1961、1963、1854 水泥库顶收尘→1857、1805、21905 水泥库顶斜槽风机→1856、1804、21904 水泥库顶斜槽风机→21903 水泥库顶斜槽风机→1801、1802、21901

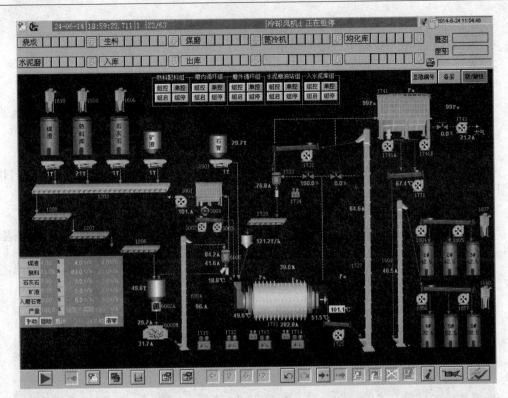

图 4.1.6 水泥制成系统的工艺模拟流程

进库提升机→1771 斜槽风机→1741A、1741B 斜槽风机。

② 收尘器系统及外循环组的启动

1743 拉风机→1741 收尘器→1734 水泥磨选粉机油站→1733 水泥磨选粉机→1731 斜槽风机→1727 出磨提升机→1725 斜槽风机。

③ 磨机系统的启动

1715 水泥磨主电机油站→1712 水泥磨减速机油站→1713 磨头油站→1714/M1 磨尾高压泵→1714 磨尾油站→1713/M1 磨头油站高压泵→1739 粗粉短皮带→1711 水泥磨→3003 斜槽风机→3002 斜槽风机→3004 袋收尘下分格轮→3001 袋收尘→3001/M1 打散拉风机。

④ 喂料系统的启动

6005 打散机→6004 出磨提升机→6002M 辊压机→1206 配料短皮带→1207 配料短皮带→1208配料短皮带→1203 配料长皮带→煤渣配料秤、熟料配料秤、石灰石配料秤、矿渣配料秤、2801 石膏配料秤。

(2)停机顺序

停机顺序与开机顺序相反。水泥磨停稳后，停止高压油泵；低压油泵继续供油，冷却30min 后才能停泵。

(3)开停车注意事项

① 启动设备前，预先启动水泥磨系统、选粉机的稀油站。

② 启动设备前，预先启动水泥磨高压油泵及低压油泵。

③ 水泥磨正常运行后，再停高压油泵。

3. 模拟水泥制成系统的单控开车操作

4. 模拟水泥制成系统的单控停车操作

5. 水泥制成系统自动控制的模拟操作

（1）进磨气体负压自动调节回路

根据进磨气体负压，自动调节磨尾排风机入口阀开度，保持磨机进出口压差在4000～6000Pa。

（2）出磨风温自动调节回路

根据出磨气体温度，自动调节磨机筒体表面的喷水量，保持出磨气体温度在100～110℃范围。

（3）喂料量自动调节回路

根据出磨提升机的功率，自动调节磨机的喂料量，保持出磨提升机的功率在120～130kW。

1.7　水泥入库系统的工艺模拟流程

水泥入库系统的工艺模拟流程如图4.1.7所示。

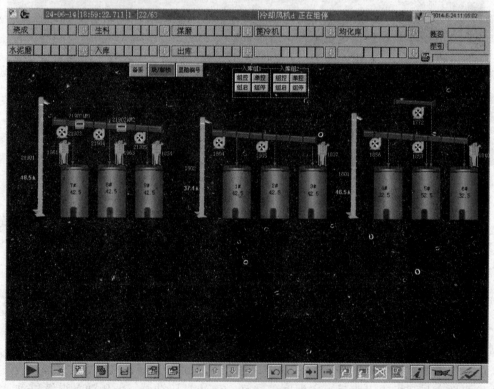

图4.1.7　水泥入库系统的工艺模拟流程

根据图4.1.7所示的水泥入库系统工艺模拟流程，借助中控模拟操作软件，可以完成以下模拟操作实训任务：

1. 画出水泥入库系统的工艺流程图

2. 模拟水泥入库系统的组控开车操作

　　3. 模拟水泥入库系统的组控停车操作

　　4. 模拟水泥入库系统的单控开车操作

　　5. 模拟水泥入库系统的单控停车操作

1.8　水泥出库系统的工艺模拟流程

　　水泥出库系统的工艺模拟流程如图 4.1.8 所示。

图 4.1.8　水泥出库系统的工艺模拟流程

　　根据图 4.1.8 所示的水泥出库系统工艺模拟流程，借助中控模拟操作软件，完成以下模拟操作实训任务：

　　1. 画出水泥出库系统的工艺流程图

　　2. 模拟水泥出库系统的联锁开停机操作

　　（1）开机顺序

　　1903、1904 振动筛→1864、1831 斜槽风机→1863、1830 斜槽风机→1862、1829 斜槽风机→1858、1827 入包装机提升机→1774 斜槽风机→1824 斜槽风机→1823 斜槽风机→1825 斜槽风机→1826 斜槽风机→1841、1842、1843、1844、1845、1846 罗茨风机→3034 斜槽风机→3030 斜槽风机→2002 振动筛→3601 入包装机提升机→1919 斜槽风机→1918 斜槽风机→1917斜槽风机→21954、21955、21956 罗茨风机。

　　（2）停机顺序

　　停机顺序与开机顺序相反。

　　3. 模拟水泥出库系统的单控开车操作

4. 模拟水泥出库系统的单控停车操作

任务 2　预分解窑系统操作规程的模拟实训

任务描述：掌握预分解窑水泥生产企业的生料制备系统、煤粉制备系统、熟料煅烧系统、水泥制成系统等生产工序的操作规程；掌握预分解窑点火的模拟操作技能。

知识目标：掌握预分解窑水泥生产企业的生料制备系统、煤粉制备系统、熟料煅烧系统、水泥制成系统等生产工序的操作规程。

能力目标：掌握预分解窑点火的模拟操作技能。

2.1　石灰石破碎及输送系统操作规程的模拟实训

2.1.1　工艺流程

如图 4.2.1 所示，从矿山开采的石灰石，经汽车运输卸入石灰石破碎机前的料仓，料仓下的重型板式输送机将石灰石喂入单段锤式破碎机，被破碎合格的石灰石经胶带输送机送至石灰石预均化堆场。各扬尘点的含尘气体由袋收尘器净化处理，收集的粉尘送入胶带输送机，净化后的气体对空排放。

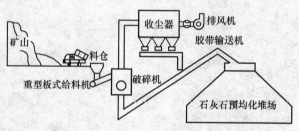

图 4.2.1　石灰石破碎及输送工艺流程

2.1.2　开车顺序

（1）启动收尘器及收尘排风机。

（2）启动胶带输送机。

（3）启动单段锤式破碎机。

（4）启动重型板式给料机。

2.1.3　停车顺序

停车顺序与开车顺序相反，其步骤如下：

（1）停重型板式给料机。

（2）停单段锤式破碎机。

（3）停胶带输送机。

（4）停收尘器及收尘排风机。

2.2　生料制备系统操作规程模拟实训

2.2.1　工艺流程

如图 4.2.2 所示，储存于配料库的原料，按生料配合比，经各自库底皮带秤的计量，由混合胶带输送机输送至磨头仓，再经锁风阀喂入生料立磨粉磨。来自窑尾的废气或备用热风炉的热风进入立磨烘干细粉，粉磨合格的生料由气体携带出立磨，再由旋风分离器、电收尘器进行收集，收集下的生料细粉，由空气料槽输送至气力提升泵（提升机），再由气力提升泵（提升机）送入生料均化库，净化后的废气由排风机对空排放。

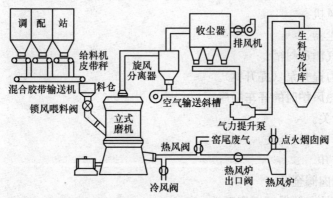

图 4.2.2 生料制备系统的工艺流程

2.2.2 利用窑尾废气时的开车操作顺序

（1）热风炉出口阀全关。

（2）热风阀全关。

（3）冷风阀全开。

（4）启动气力提升泵（提升机）。

（5）启动空气输送斜槽。

（6）启动电收尘器。

（7）启动排风机。

（8）启动热风阀，逐渐加大热风阀开度，并注意观察风温，调节冷风阀的开度。增大排风机阀门开度。

（9）启动磨机。

（10）启动锁风喂料机。

（11）启动混合胶带输送机。

（12）启动各个电子皮带秤。

（13）启动各库底喂料机。

2.2.3 利用窑尾废气时的停车操作顺序

（1）减小喂料量（即减少喂料机的给料量）。

（2）减小热风阀开度。

（3）加大冷风阀开度。

（4）减小排风机阀门开度。

（5）关闭库底喂料机。

（6）关闭电子皮带秤。

（7）关闭混合胶带输送机。

（8）关闭锁风喂料机。

（9）磨机停机。

（10）减小排风机阀门开度（开度调整到 20％左右）。

（11）调节冷风阀至全开。

（12）热风阀全关。

（13）关闭排风机。

（14）关闭收尘器。

（15）关闭空气输送斜槽。

（16）关闭气力提升泵（提升机）。

2.2.4　使用备用热风炉时的开车顺序

（1）热风阀全关。

（2）热风炉出口阀门全关。

（3）冷风阀全开。

（4）热风炉烟囱阀全开。

（5）点燃热风炉，并保证燃烧正常。

（6）启动气力提升泵（提升机）。

（7）启动空气输送斜槽。

（8）启动电收尘器。

（9）启动排风机。

（10）开启热风炉出口阀，增大排风机阀门开度。

（11）关闭热风炉烟囱阀，并调整冷风阀及热风炉出口阀。

（12）启动磨机。

（13）启动锁风喂料机。

（14）启动混合胶带输送机。

（15）启动各个电子皮带秤。

（16）开启各个库底喂料机。

2.2.5　使用备用热风炉时的停车操作顺序

（1）减小喂料量。

（2）热风炉不再加煤。

（3）增大冷风阀开度，开启热风炉烟囱阀门。

（4）减小热风炉阀开度。

（5）减小排风机阀开度。

（6）停库底喂料机。

（7）停电子皮带秤。

（8）停混合胶带输送机。

（9）停锁风喂料机。

（10）停磨机。

（11）热风炉内煤烧完后，关热风炉烟囱阀，停热风炉。

（12）减小排风机阀门开度（开度调整到 20％左右）。

（13）冷风阀全开。

（14）热风阀全关。

（15）停排风机。

（16）停收尘器。

（17）停空气输送斜槽。

（18）停气力提升泵（提升机）。

2.3　煤粉制备系统操作规程模拟实训

2.3.1　工艺流程

如图 4.2.3 所示，原煤仓中的煤经定量给料机、锁风阀喂入磨机，来自窑尾的废气或热风炉的热气体也入煤磨。出磨气体携带煤粉经粗粉分离器的分离，粗粉经锁风阀、螺旋输送机返回磨内再次粉磨，细粉随气体进入细粉分离器，含尘气体经收尘器净化后由排风机排出，分离出的细粉与收尘器收集的煤粉通过螺旋输送机送入煤粉仓。

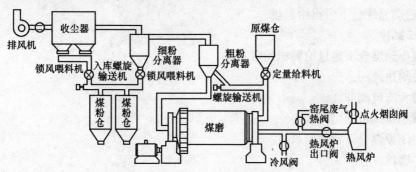

图 4.2.3　煤粉制备系统的工艺流程

2.3.2　利用窑尾废气时的开车顺序

（1）热风阀全关。

（2）热风炉出口阀全关。

（3）冷风阀全关。

（4）排风机进口阀门全关。

（5）启动入库螺旋输送机。

（6）启动细分分离器及电收尘器下料锁风喂料机、粗粉螺旋输送机。

（7）启动电收尘器。

（8）启动排风机，并逐渐开启排风机阀门。

（9）增大热风阀开度。

（10）减小冷风阀开度。

（11）开启磨机。

（12）开启原煤仓下定量给料机。

2.3.3　使用备用热风炉时的开车顺序

（1）热风阀全关。

（2）热风炉出口全关。

（3）冷风阀全开。

（4）热风炉烟囱阀全开。

125

（5）排风机进口阀全关。

（6）热风炉点火启动。

（7）开启煤粉入库螺旋输送机。

（8）开启电收尘器下料锁风喂料机、细粉分离器下料锁风喂料机、粗细螺旋输送机。

（9）开启电收尘器。

（10）启动排风机。

（11）增大排风机阀门。

（12）开启热风炉出口阀门。

（13）关闭热风炉烟囱阀门。

（14）关小冷风阀门。

（15）启动磨机。

（16）启动原煤仓下定量给料机。

2.3.4 停车顺序

（1）减小原煤仓下定量给料机的喂料量。

（2）关闭热风阀。

（3）增大冷风阀开度。

（4）减小排风机阀门开度。

（5）关闭原煤仓下定量给料机。

（6）停磨机。

（7）关闭热风阀（用备用热风炉时，打开热风炉烟囱阀门）。

（8）停排风机。

（9）停电收尘器。

（10）停收尘器下料锁风喂料机、细粉分离器下料锁风喂料机和粗粉分离器下的粗粉螺旋输送机。

（11）停入库螺旋输送机（用备用热风炉时，首先停热风炉）。

2.4 熟料煅烧系统操作规程模拟实训

2.4.1 工艺流程

如图 4.2.4 所示，生料由气力提升泵（提升机）送至窑尾预热器 C_2 和 C_1 连接风管处，依次通过 C_1、C_2、C_3、C_4、分解炉、C_5、回转窑、冷却机，完成干燥、预热、分解、烧成、冷却等过程而形成熟料，经破碎后由熟料链斗机送入熟料库。

冷却机由箅下鼓风机鼓风，被加热的低温气体（三、四、五室气体）经窑头收尘器收尘后对空排放，收集的粉尘由熟料链斗机送入熟料库；一部分高温气体（二室气体）经三次风管送入分解炉，供煤粉燃烧；一部分高温气体（一室气体）入窑作为二次风供窑头煤粉燃烧。煤粉经计量后由罗茨风机分别送至窑头和分解炉的燃烧器。一次风机的供风主要以内风和外风的形式作为调节火焰用风。

在窑尾高温风机和主排风机作用下，窑头煤粉燃烧产生的废气向窑尾流动，经窑尾烟室进入分解炉，并与分解炉煤粉燃烧、生料分解产生的废气汇合，依次经 C_5、C_4、C_3、C_2、C_1，逐渐汇合各部位产生的废气，通过预热器后的风管，一部分去生料磨作为生料烘干热风，一部分去煤磨作为煤磨烘干热风，其余经高温风机、增湿塔、电收尘器、排风机、烟囱，排至大气。增湿塔、电收尘器收集的窑灰，由螺旋输送机和生料气力提升泵（提升机）送入生料库。

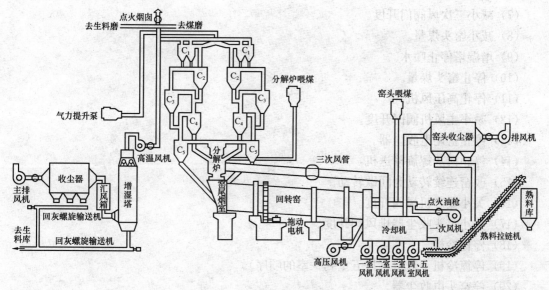

图 4.2.4　熟料煅烧系统的工艺流程

2.4.2　开车顺序

（1）启动供油系统（开窑或长期停窑后点火时用）。

（2）启动窑的辅助传动系统。

（3）启动一次风机。

（4）启动窑头喂煤系统。

（5）停供油系统（使用油枪点火时）。

（6）启动篦冷机 一、二室风机。

（7）启动窑头电收尘器及排风机。

（8）启动篦冷机三、四、五室风机。

（9）启动熟料链斗机及熟料破碎机。

（10）启动篦冷机。

（11）启动高压风机。

（12）启动排风机及回灰螺旋输送机。

（13）启动分解炉喂煤系统。

（14）启动窑尾电收尘器。

（15）启动增湿塔喷水。

（16）启动气力提升泵（提升机），开始喂料。

2.4.3　停车顺序

（1）减小生料喂料量。

（2）分解炉停煤。

（3）停料（当分解炉出口温度为 600～650℃时）。

（4）降低窑速。

（5）减小窑头煤量。

（6）减小高温风机阀门开度。

（7）减小三次风阀门开度。

（8）减小窑头煤量。

（9）增湿塔停止喷水。

（10）停止窑头煤量。

（11）停止高压风机。

（12）减小主风机阀门开度。

（13）停止窑尾电收尘器。

（14）停止回灰螺旋输送机。

（15）改窑连续转动为间歇转动。

（16）关小篦冷机风阀开度。

（17）关小窑头收尘器排风阀开度。

（18）停篦冷机。

（19）停篦冷机下风机（按五室到一室的顺序）。

（20）停窑头电收尘器。

（21）停熟料链斗机。

（22）停一次风机、高温风机、窑头排风机。

（23）停窑尾排风机。

2.5 烘干系统操作规程模拟实训

2.5.1 工艺流程

如图 4.2.5 所示，混合材经提升机送入料仓，经定量给料机喂入烘干机。从热风炉来的热风气体也进入烘干机，对物料进行烘干，出烘干机气体经旋风收尘器、电收尘器净化后排空。旋风收尘器与电收尘器收集的粉尘经螺旋输送机送至胶带输送机，出烘干机的物料也送至胶带输送机，由胶带输送机送入提升机，再由提升机送入混合材库顶入库。

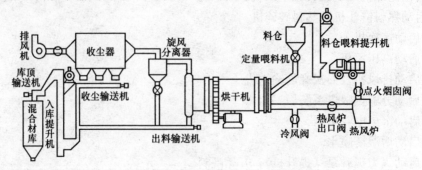

图 4.2.5 烘干系统的工艺流程

2.5.2 开车顺序

（1）关闭热风阀。

（2）开启冷风阀。

（3）开启热风炉点火烟囱。

（4）启动热风炉。

（5）启动库顶输送机。

（6）启动入库提升机。

（7）启动烘干机尾出料输送机。

（8）启动电收尘器下输送机。

（9）启动排风机。

（10）启动电收尘器。

（11）打开热风阀。

（12）关闭热风炉点火烟囱阀门。

（13）调整冷风阀门开度。

（14）启动烘干机。

（15）启动烘干机定量给料机。

（16）启动料仓喂料提升机。

2.5.3　停车顺序

（1）减小喂料量，即减小定量给料机的喂料量；停料仓提升机。

（2）停热风炉。

（3）增大冷风阀门开度。

（4）打开热风炉烟囱阀门。

（5）关闭热风阀。

（6）减小排风机阀门开度。

（7）停止喂料，即停定量给料机。

（8）停烘干机。

（9）停排风机。

（10）停电收尘器。

（11）停电收尘器下输送机。

（12）停烘干机出料输送机。

（13）停入库提升机。

（14）停库顶输送机。

2.6　水泥制成系统操作规程模拟实训

2.6.1　工艺流程

如图 4.2.6 所示，来自配料站的熟料、石膏、混合材经库底喂料、电子皮带秤送到混合胶带输送机，除铁后经提升机喂入料仓。从料仓卸出的物料通过辊压机后喂入水泥磨，边料经胶带输送机、提升机重新回到料仓。出磨物料由提升机送入选粉机，粗粉经输送机入磨再次粉磨，细粉由螺旋输送机、库侧提升机送入水泥库。出磨气体经旋风收尘、电收尘净化后排空，收集的粉尘也由螺旋输送机、库侧提升机入水泥库。

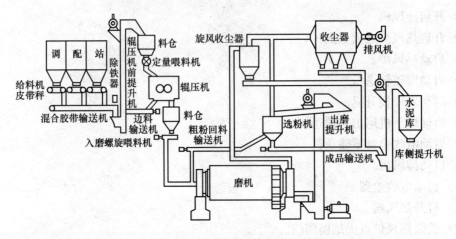

图 4.2.6　水泥制成系统的工艺流程

2.6.2　开车顺序

（1）启动库侧提升机。

（2）启动螺旋输送机。

（3）开启收尘器。

（4）开启粗粉输送机。

（5）启动选粉机。

（6）启动出磨提升机。

（7）启动磨尾排风机。

（8）启动磨机。

（9）启动入磨螺旋喂料机。

（10）启动辊压机边料输送机。

（11）启动辊压机。

（12）启动料仓下定量喂料机。

（13）启动辊压机前提升机。

（14）启动混合胶带输送机。

（15）启动电子皮带秤。

（16）启动配料站库底定量给料机。

2.6.3　停车顺序

（1）停配料站库底定量给料机。

（2）停库底电子皮带秤。

（3）停混合胶带输送机。

（4）停辊压机前提升机。

（5）停料仓下定量喂料机。

（6）停辊压机。

（7）停辊压机边料输送机。

（8）停入磨螺旋喂料机。

（9）停磨机。

（10）停出磨提升机。

（11）停选粉机。

（12）停排风机。

（13）停收尘器。

（14）停粗粉输送机。

（15）停成品螺旋输送机。

（16）停库侧提升机。

2.7　预分解窑点火操作模拟实训

2.7.1　工艺流程

工艺流程同 2.4.1。

2.7.2　点火必备条件

（1）设备调试完毕，运行状况正常。

（2）仪表准确可靠。

（3）控制系统灵敏、有效、可靠。

（4）烧成系统耐火材料已烘干。

（5）油、气、水输送线路畅通，压力满足要求。

（6）煤、料库存量满足要求。

（7）点火工具、材料齐备。

（8）通讯线路畅通。

2.7.3　点火程序模拟实训

（1）确认冷却机各风室风机阀门全关。

（2）确认窑尾高温风机进口阀门全关。

（3）确认窑头电收尘器排风机阀门全关。

（4）确认窑头一次风进口阀门全关。

（5）确认入炉三次风阀门全关。

（6）确认窑尾点火烟囱阀门全开。

（7）启动供油系统，点火。

（8）启动一次风机。

（9）窑尾温度升至 200℃时，每隔 60min 间歇转窑 1/4 转。

（10）窑尾温度升至 500℃时，窑头开始喷煤，喂煤量 1t/h。

（11）窑尾温度升至 500℃时，每 30min 间歇转窑 1/4 转。窑尾温度升温至 600℃时，每 15min 间歇转窑 1/4 转。

（12）煤粉燃烧稳定后，减少喷油量直至停止，并逐渐增加喷煤量和风量。

（13）启动篦冷机一、二室风机，调节风机进口阀门，保证窑尾废气中 O_2 含量在 2% 以上。

（14）启动窑头电收尘器，启动窑头电收尘排风机。

（15）启动篦冷机三、四、五室风机，调整其阀门开度。

131

（16）调整窑头电收尘排风机进口阀门开度，维持窑头负压 0～50Pa。

（17）窑尾温度达 700℃时，每 10min 间歇转窑 1/4。

（18）窑尾温度升至 800℃时，开始连续转窑，转速 0.5r/min。

（19）启动窑尾高温风机和主排风机，适当打开进风阀门（大约 20%），关闭点火烟囱阀门。

（20）分解炉出口温度达到 650℃时，增大窑头喷煤量，调节窑速到 1.0r/min，分解炉开始喷煤（大约 1.0t/h），并加大排风机和高温风机进口阀门开度（大约 50%）。

（21）分解炉出口气体温度达 850℃时，开始投料（投料量 150t/h），并增大窑头和分解炉喂煤量，并调节窑速。

（22）启动熟料输送机。

（23）启动熟料箅式冷却机。

（24）启动增湿塔喷水，控制废气温度低于 150℃。

（25）当废气中 CO 浓度小于 0.15% 时，启动窑尾收尘器。

（26）逐步增大生料喂料量，约 10min 增加 5t，同时根据温度变化增大喂煤量；调节系统用风量及箅冷机的箅床速度，维持窑头负压在 0～50Pa。

喂料量、窑速及箅速之间的对应关系如表 4.2.1 所示。

表 4.2.1 喂料量、窑速及箅速之间的对应关系

喂料量（t/h）	150	160	170	180	190	200	210	220	230
窑速（r/min）	1.1	1.3	1.5	1.7	2.0	2.2	2.5	2.7	3.0
一段箅速次（min）	3.8	4.3	6.6	7.5	8.5	9.4	10.0	11.5	12.5
二段箅速次（min）	3.5	4.0	5.0	6.0	6.5	7.5	8.5	9.0	10.0

模拟点火升温控制曲线如图 4.2.7 所示。

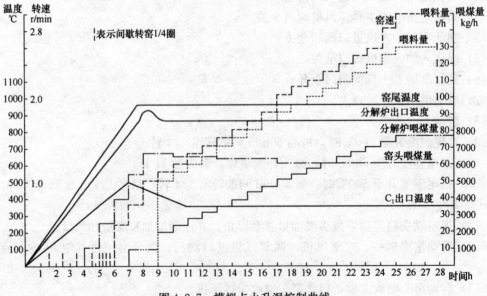

图 4.2.7 模拟点火升温控制曲线

任务 3　预分解窑工艺故障的模拟操作实训

任务描述：掌握预分解窑生产出现的断料、煤质发生变化、分解炉喂煤严重波动、篦冷机风量变化、预热器堵塞、窑内结圈等 20 个工艺故障产生的原因、表现的故障症状及模拟处理操作技能。

知识目标：掌握预分解窑生产出现的断料、煤质发生变化、分解炉喂煤严重波动、篦冷机风量变化、预热器堵塞、窑内结圈等 20 个工艺故障产生的原因、表现的故障症状等方面的知识内容。

能力目标：掌握预分解窑生产出现的断料、煤质发生变化、分解炉喂煤严重波动、篦冷机风量变化、预热器堵塞、窑内结圈等 20 个工艺故障的模拟处理操作技能。

3.1　窑尾预热器突然断料故障模拟操作

3.1.1　故障产生的原因

（1）生料输送系统的设备（如空气输送斜槽、螺旋输送机、提升机、拉链机等）突然发生故障。

（2）均化库的生料库存量严重不足，生料已经不能顺利出库。

（3）均化库内的生料发生堵塞、棚料等故障，生料不能顺利出库。

（4）均化库底的压缩空气突然中断。

3.1.2　故障产生时的主要现象

（1）生料下料量显示为"0t/h"。

（2）各级旋风预热器出口温度急剧升高，其开始升温顺序按生料运动方向依次为 $C_1-C_2-C_3-C_4-C_5$。当分解炉内无料大约 30s 后，各级旋风预热器出口温度的变化速度大小依次为 $C_5-C_4-C_3-C_2-C_1$。

（3）各级旋风筒气体阻力减小，出口负压减小。

（4）分解炉内无料后，分解炉出口温度急剧升高，升温速度比其他预热器都快。

（5）分解炉出口负压减小。

（6）窑尾增湿塔、除尘器等部位的排放气体温度升高，但升温速度较小。

（7）窑尾增湿塔、除尘器等部位的排放气体负压减小。

（8）窑尾废气温度升高，负压增大。

（9）窑头罩内负压增大。

（10）窑尾及各级预热器出口气体的 O_2 浓度增加，CO 浓度降低。

（11）窑尾高温风机进口气体温度超限，高温风机进口冷风调节阀开度自动增大；窑尾电收尘器进口气体温度超限，增湿塔喷水量自动增加，水泵回水阀开度自动减小。

（12）其他参数无明显变化。

3.1.3　故障处理步骤

（1）分解炉停止喂煤，即分解炉选择"停煤"操作。

在显示分解炉喂煤量值处，用鼠标单击后，选择喂煤量值为"0t/h"。

（2）窑头喂煤量逐渐减少，直至全停，即选择"减煤"、"停煤"操作。

133

在显示窑头喂煤量值处，用鼠标单击后，选择喂煤量值依次减少 2t/h、1.5t/h、1.0t/h、0.5t/h，直到喂煤量值减少到"0t/h"。

（3）窑速逐渐降低，直至停窑，即选择"降窑速"、"停窑"操作。

在显示窑速数值处，用鼠标单击后，选择窑速数值依次减少 0.50r/min、0.20r/min、0.10r/min，直到窑速数值减少到"0r/min"。

（4）停窑后即通知有关部门迅速检查生料库及生料输送系统的设备故障，及时排除故障。若短时间不能排除故障，则烧成系统的机械设备按操作规程依次停车，做必要的检查和保养工作。

3.1.4 分析与讨论

（1）窑尾预热器断料是预分解窑系统常见的生产故障，如果发现不及时，处理不得当，四级预热器、五级预热器、分解炉、窑尾高温风机等设备会受到破坏性的损伤。

（2）窑尾预热器发生断料故障时，生料喂料电机指示灯闪烁报警。但在大多数情况下，来料并不立即减少为零，生料喂料电机指示灯不能及时报警。因此窑操作员要仔细观察煅烧参数的变化，及时采取正确的措施，避免发生重大生产事故。

（3）由于窑尾预热器发生断料故障，生料吸收的热量减小，各级预热器及分解炉出口气体温度急剧升高。同时，因断料气体通风截面积增大，通风阻力减小，系统压力也发生相应变化。

（4）窑尾预热器发生断料故障后，并非整个煅烧系统立即同时断料，而是按物料运动方向，预热器自上而下、窑由后向前逐渐受到影响，一般生料在各级预热器及分解炉内的停留时间约为 5s，因此各级预热器及分解炉出口气体温度和压力的变化并不同步。

（5）处理窑尾预热器发生断料故障时，首先要停止分解炉的喂煤，避免温度过高而损坏四级预热器、五级预热器、分解炉、窑尾高温风机等设备，造成重大生产事故。

（6）物料在窑内的停留时间大约是 20～30min，窑尾预热器发生断料后，回转窑内物料并不会立即被烧空，因此不能立即停止窑头喂煤，应依次减少 2t/h、1.5t/h、1.0t/h、0.5t/h，直到喂煤量值减少到"0t/h"。

（7）煅烧系统的机械设备按操作规程依次停车。

（8）停窑后要仔细检查各级预热器、分解炉、高温风机、收尘器等设备，做好必要的维护及保养工作。

3.2 生料饱和比过高故障模拟操作

3.2.1 故障产生的原因

（1）生料配比不当，生料饱和比过高。

（2）配料计量系统发生故障。

（3）均化库的库存量严重不足，均化效果不良。

3.2.2 故障产生时的主要现象

（1）各级预热器出口气体温度降低，其降温顺序按生料运动方向依次为 $C_1-C_2-C_3-C_4-C_5$。

（2）分解炉出口气体温度降低，开始降温时间较四级预热器出口气体晚，但降温速度较其他预热器均大。

（3）高温风机进口、增湿塔进口、电收尘器进口的气体温度降低，但降温速度较小。

（4）窑尾温度降低。

（5）其他参数无明显变化。

3.2.3　故障处理步骤

（1）增加分解炉的喂煤量，依次选择增加 0.20t/h、0.50t/h。

（2）增加窑头喂煤量，依次选择增加 0.20t/h、0.50t/h。

（3）增加窑尾主排风机进口阀门开度 5%～10%。

（4）通知化验室调整生料配比方案；通知计量控制部门检查生料配料计量设备。

3.2.4　分析与讨论

（1）本故障为调节性故障。

（2）因生料饱和比过高，生料吸收热量多，系统温度降低。

（3）窑操作员要根据温度变化，及时采取处理措施，防止温度降得太低，影响熟料质量，甚至出现质量事故。

（4）根据温度变化幅度的大小，采取相应加煤、加风操作，每次调节幅度不应过大，避免引起较大波动。

3.3　生料饱和比过低故障模拟操作

3.3.1　故障产生原因

（1）生料配比不当，生料饱和比过低。

（2）配料计量系统发生故障。

（3）均化库的库存量严重不足，均化效果不良。

3.3.2　故障产生时的主要现象

（1）各级预热器出口气体温度升高，其升温顺序按生料运动方向依次为 $C_1 - C_2 - C_3 - C_4 - C_5$。

（2）分解炉出口气体温度升高，开始升温时间较四级旋风筒出口晚，但升温速度比其他预热器都快。

（3）窑尾高温风机进口、增湿塔进口、电收尘进口的气体温度升高，但升温速度较慢。

（4）窑尾温度升高。

（5）其他参数无明显变化。

3.3.3　故障处理步骤

（1）减少分解炉喂煤量，依次选择减少 0.20t/h、0.50t/h。

（2）减少窑头喂煤量，依次选择减少 0.20t/h、0.50t/h。

（3）减小窑尾主排风机进口阀门开度，依次选择减少 5%、10%。

（4）通知化验室调整生料配比方案；通知计量控制部门检查生料配料计量设备。

3.3.4　分析与讨论

（1）本故障为调节性故障。

（2）因生料饱和比过低，生料吸收热量减少，系统温度升高。

（3）窑操作员要根据温度变化，及时采取处理措施，防止温度升高太快、太高，发生生产事故及设备事故。

（4）根据温度变化幅度的大小，采取相应减煤、减风操作，每次调节幅度不应过大，避免引起较大波动。

3.4 冷却机篦板掉落故障模拟操作

3.4.1 故障产生的原因

（1）冷却机运转时间长，篦板磨损严重。

（2）篦板固定螺旋脱落。

（3）篦床被熟料块或金属块卡死。

3.4.2 故障产生时的主要现象

（1）冷却机篦下一室、二室压力升高，其他篦室压力降低。

（2）二次风温及三次风温降低。

（3）窑头罩至窑尾主排风机之间部位的气体温度略有升高，负压略有增加。

（4）出窑熟料温度略有降低。

（5）出冷却机熟料温度升高。

（6）窑头电收尘器进口、出口气体温度升高。

（7）窑尾及各级预热器出口气体 O_2 浓度减小，CO 浓度增加。

（8）其他参数无明显变化。

3.4.3 故障处理步骤

（1）停止分解炉的喂煤量。

（2）停止窑尾入窑的生料量。

（3）逐渐减少窑头喂煤量，依次选择减少 0.20t/h、0.50t/h、1.00t/h、1.50t/h，直至全停。

（4）逐渐降低窑速，依次选择降低 0.5r/min、1.0r/min、1.5r/min，直至停窑。

（5）通知机械维修部门迅速检查、维修冷却机篦板及传动系统，及时排除故障。

3.4.4 分析与讨论

（1）本故障为冷却机常见的机械故障。

（2）故障发生时，冷却机篦板被卡死或篦板掉落将篦板卡死，使出窑熟料堆积在前段篦板上，无法输送，后段篦板料层变薄。

（3）由于前段篦板上料层厚，通风阻力大，致使二次风、三次风量不足，回转窑及分解炉内燃料燃烧不充分，窑尾及预热器出口气体 O_2 浓度减小，CO 浓度增大。

（4）故障发生时，篦床传动电机指示灯报警，但有时并不能立即报警，操作人员要密切注意热工参数的变化，及时发现问题，避免大事故。

（5）处理故障时，首先要停止分解炉的喂煤量及入窑生料量。

（6）逐渐减少窑头喂煤量，不能立即全停，避免跑生料。

3.5 煤粉发热量下降故障模拟操作

3.5.1 故障产生原因

（1）采购的原煤质量变差。

（2）原煤的均化效果不良。

3.5.2 故障产生时的主要现象

（1）各级预热器出口气体温度降低。

（2）分解炉出口气体温度降低。

（3）预热器出口、高温风机进口、增湿塔进口、电收尘进口及主排风机进口气体温度降低，但降温速度较慢。

（4）窑尾温度降低。

（5）窑头烧成带温度降低。

（6）窑头罩内温度降低。

（7）出窑熟料温度降低。

（8）二次风及三次风温降低。

（9）窑头电收尘器进口及出口温度降低。

（10）窑尾气体 O_2 浓度增大，CO 浓度减小，NO_x 浓度减小。

（11）其他参数无明显变化。

3.5.3 故障处理步骤

（1）增加分解炉的喂煤量，依次选择增加 0.20t/h、0.50t/h、1.00t/h、1.50t/h 等操作。

（2）增加窑头的喂煤量，依次选择增加 0.20t/h、0.50t/h、1.00t/h、1.50t/h 等操作。

（3）降低窑速，依次选择降低 0.5r/min、1.0r/min、1.5r/min 等操作。

（4）通知化验室、采购部门注意燃煤质量。

3.5.4 分析及讨论

（1）本故障为调节性故障。

（2）燃煤热值急剧下降，整个煅烧系统温度降低，影响熟料质量，容易发生跑生料现象。

（3）窑操作员要根据温度变化，及时发现问题，采取相应对策，防止温度降低太大，影响熟料质量，甚至发生停窑事故。

（4）根据温度变化幅度逐渐加煤，每次调节幅度不应过大，避免引起较大温度波动。

（5）加煤后可以不加风，以免温度下降。

（6）注意灰分对熟料化学成分的影响。

3.6 煤粉细度偏细故障模拟操作

3.6.1 故障产生的原因

（1）煤粉计量系统产生故障。

（2）煤磨操作员操作不当。

（3）原煤质量变好。

3.6.2 故障产生时的主要现象

（1）窑头烧成带温度升高。

（2）窑尾与预热器出口气体温度略降。

（3）窑头罩内温度升高。

（4）出窑熟料温度及出冷却机熟料温度升高。

(5) 二次风及三次风温升高。

(6) 窑头电收尘器出口及进口气体温度升高。

(7) 窑尾气体 NO_x 浓度增大。

(8) 其他参数无明显变化。

3.6.3 故障处理步骤

(1) 减小三次风管的阀门开度，依次选择减小 5%、10% 的调节幅度。

(2) 增加窑头喷煤量，依次选择增加 0.20t/h、0.50t/h、1.00t/h、1.50t/h 等操作。

(3) 通知计量部门检查煤粉计量设备。

(4) 煤磨操作员及时采取措施，适当增加煤粉的细度。

3.6.4 分析与讨论

(1) 本故障为调节性故障。

(2) 煤粉细度对其燃料速度有重大影响。根据煤的品质、燃烧器结构及燃烧条件等因素，一般控制煤粉细度为 0.08mm 方孔筛余 8%～15%。若燃煤细度偏细，燃烧速度加快，会造成窑头烧成带火焰变短，高温部分集中，损伤窑皮及耐火砖，影响窑的安全运转。

(3) 窑头烧成带温度升高，窑尾温度降低，入炉烟气温度也降低，各级预热器出口温度降低。

(4) 窑头烧成带温度升高，O_2 与 N_2 反应加剧，窑尾及预热器出口气体 NO_x 浓度增大。

(5) 出窑熟料温度、出冷却机熟料温度、窑头罩内温度、二次风及三次风温度、窑头电收尘器进口及出口温度升高，煤磨操作员要根据温度变化，及时采取正确处理措施。

(6) 避免烧成带高温过于集中，要增加窑内通风量，增大外风量，延长火焰的长度。

3.7 分解炉喂煤量偏多故障模拟操作

3.7.1 故障产生的原因

(1) 分解炉喂煤计量系统发生故障。

(2) 分解炉喂煤量与窑头喂煤量的比例失调，即分解炉喂煤控制偏多，窑头喂煤量控制偏少。

(3) 窑操作员操作不当或失误。

3.7.2 故障产生的主要现象

(1) 各级预热器出口气体温度升高。

(2) 分解炉出口气体温度升高，升温幅度较大。

(3) 预热器、高温风机进口、增湿塔进口、电收尘进口及主排风机进口气体温度升高，但升温速度较小。

(4) 窑尾气体温度降低。

(5) 窑头烧成带温度降低。

(6) 窑头罩内温度降低。

(7) 出窑熟料温度及冷却机熟料温度降低。

(8) 二次风及三次风温降低。

(9) 窑头电收尘器进口及出口气体温度降低。

(10) 窑尾气体 NO_x 浓度减小。

（11）其他参数无明显变化。

3.7.3　故障处理步骤

（1）减少分解炉喂煤量，依次选择减少 $0.20t/h$、$0.50t/h$、$1.00t/h$、$1.50t/h$ 等操作。

（2）增加窑头喂煤量，依次选择增加 $0.20t/h$、$0.50t/h$、$1.00t/h$、$1.50t/h$ 等操作。

（3）减小三次风管阀门开度，依次选择减小 5%、10% 的调节幅度。

（4）通知计量部门检查、维修喂煤系统设备，校正窑炉用煤比例。

3.7.4　分析与讨论

（1）本故障为调节性故障。

（2）故障发生时，由于分解炉喂煤量偏多，放热量过剩，分解炉及出口气体温度升高；由于窑头喂煤量偏少，放热量不足，窑尾及烧成带的温度降低。

（3）故障发生时，不一定报警，窑操作员要根据温度变化，正确分析温度变化的原因，及时调整窑炉用煤比例。

3.8　分解炉煤量偏少故障模拟操作

3.8.1　故障产生原因

（1）分解炉喂煤计量系统发生故障。

（2）分解炉喂煤量与窑头喂煤量的比例失调，即分解炉喂煤控制偏少，窑头喂煤量控制偏多。

（3）窑操作员操作不当或失误。

3.8.2　故障产生的主要现象

（1）各级预热器出口气体温度降低。

（2）分解炉出口气体温度降低，温度降低幅度较大。

（3）高温风机进口及出口、电收尘器进口、主排风机进口的气体温度降低，但降温幅度较小。

（4）窑尾温度升高。

（5）窑头烧成带温度升高。

（6）窑头罩内温度升高。

（7）出窑熟料温度及出冷却机熟料温度升高。

（8）二次风及三次风温升高。

（9）窑头电收尘器进口及出口气体温度升高。

（10）窑尾气体 NO_x 浓度增大。

（11）其他参数无明显变化。

3.8.3　处理故障步骤

（1）逐渐增加分解炉喂煤量，依次选择减少 $0.20t/h$、$0.50t/h$、$1.00t/h$、$1.50t/h$ 等操作。

（2）逐渐减少窑头喂煤量，依次选择减少 $0.20t/h$、$0.50t/h$、$1.00t/h$、$1.50t/h$ 等操作。

（3）加大三次风管阀门开度，依次选择减小 5%、10% 的调节幅度。

（4）分析查找窑炉用煤比例失调的原因，如果是喂煤计量系统故障，就通知计量部门检查、维修喂煤计量系统，保证窑炉用煤比例。

3.8.4 分析与讨论

（1）本故障为调节性故障。

（2）故障发生时，由于分解炉喂煤减少，放热量不足，使分解炉出口气体温度降低；由于窑头喂煤量偏多，放热量过剩，使窑尾及烧成带温度升高。

（3）故障发生时不一定报警，窑操作员要根据温度变化，正确分析温度变化的原因，及时调整窑炉用煤比例。

3.9 分解炉断火故障模拟操作

3.9.1 故障产生的原因

（1）分解炉喂煤系统设备发生故障。

（2）分解炉喷煤嘴发生故障。

（3）分解炉内温度太低，喷入的煤粉不能燃烧。

（4）分解炉断煤。

3.9.2 故障产生时的主要现象

（1）各级旋预热器出口气体温度降低。

（2）分解炉出口气体温度降低。

（3）高温风机进口、增湿塔进口、电收尘器进口及排风机进口气体温度降低。

（4）窑尾温度降低。

（5）窑头烧成带温度降低。

（6）窑头罩内温度降低。

（7）出窑熟料温度及出冷却机熟料温度降低。

（8）二次风温及三次风温降低。

（9）窑尾及预热器出口气体 NO_x 浓度减小。

（10）窑尾及预热器出口气体 O_2 浓度增大，CO 浓度增大。

（11）其他参数无明显变化。

3.9.3 故障处理步骤

（1）停止分解炉的喂煤量。

（2）逐渐减小生料喂料量，依次选择减少 5.0t/h、2.0t/h、1.00t/h、0.50t/h 等操作，直至停料。

（3）窑速略为降低。

（4）分析分解炉断火原因，如果是喷煤嘴故障，应及时通知设备维修部门检查和维修，故障排除后，就重新点火。

3.9.4 分析与讨论

（1）分解炉断火故障在预分解窑煅烧系统属于不常见故障。

（2）由于喂煤系统设备故障、分解炉喷煤嘴故障、喷煤嘴结构不合理、来料突然增大、分解炉温度太低等原因，使喷入分解炉的煤粉不能立即燃烧，发生断火现象，温度持续大幅度降低。

（3）分解炉发生断火故障，导致生料入窑分解率降低，加重回转窑的负荷。

（4）处理分解炉断火故障时，应及时停止分解炉的喂煤量。

（5）生料喂料量逐渐减少，窑速逐渐降低，以提高烧成带温度，保证熟料质量。同时，使窑尾烟气温度升高，以提高分解炉温度，为分解炉重新点火打下基础。

3.10　四级预热器堵塞故障模拟操作

3.10.1　故障发生原因
（1）生料喂料不均。
（2）生料成分波动变化大。
（3）旋风筒内筒掉落、衬料剥落。
（4）下料锁风阀动作不灵活。
（5）四级旋风筒下料管结皮、堵塞。
（6）操作不当造成四级旋风筒温度波动大。

3.10.2　故障产生时的主要现象
（1）四级旋风筒出口至主排风机之间各处温度降低，负压增大。
（2）四级旋风筒出口至窑头罩之间各处温度升高，负压减小，甚至为正压。
（3）出窑熟料温度及出冷却机熟料温度升高。
（4）二次风及三次风温升高。
（5）窑头电收尘器进口及出口温度升高。
（6）窑尾气体 O_2 浓度减小，CO 浓度增大。
（7）各级预热器出口气体 O_2 浓度增大，CO 浓度减小。
（8）其他参数无明显变化。

3.10.3　故障处理步骤
（1）立即停止生料喂料。
（2）立即停止分解炉的喂煤。
（3）逐渐减少窑头喂煤量，依次选择减少 0.20t/h、0.50t/h、1.00t/h、1.50t/h 等操作，直至全停。
（4）逐渐减小三次风阀门开度，直至全关。
（5）逐渐降低窑速，直至停窑。
（6）通知生产部门迅速处理堵塞部位。
（7）分析造成堵塞原因，制定相应的预防措施。

3.10.4　讨论与分析
（1）四级预热器堵塞在预分解窑系统属不常见生产故障。
（2）发生四级预热器堵塞故障时，气体压力会有明显变化，比如自堵塞部位以后各处负压升高，堵塞部位以前各处负压降低，甚至为正压。同时，由于系统通风不良，气体温度与气体成分也发生变化。
（3）处理四级预热器堵塞故障时，首先要停止分解炉喂煤量，以防产生大量 CO，发生爆炸事故；其次要停止喂料，以防堵塞程度越来越重。
（4）逐渐减少窑头喂煤量，避免出现跑生料现象。

3.11 五级预热器堵塞故障模拟操作

3.11.1 故障发生原因

(1) 生料喂料不均。

(2) 生料成分波动变化大。

(3) 旋风筒内筒掉落、衬料剥落。

(4) 下料锁风阀动作不灵活。

(5) 五级旋风筒下料管结皮、堵塞。

(6) 操作不当造成五级旋风筒温度波动大。

3.11.2 故障产生时的主要现象

(1) 五级旋风筒出口至主排风机之间各处温度降低，负压增大。

(2) 五级旋风筒出口至窑头罩之间各处温度升高，负压减小，甚至为正压。

(3) 出窑熟料温度及出冷却机熟料温度升高。

(4) 二次风及三次风温升高。

(5) 窑头电收尘器进口及出口温度升高。

(6) 窑尾气体 O_2 浓度减小，CO 浓度增大。

(7) 各级预热器出口气体 O_2 浓度增大，CO 浓度减小。

(8) 其他参数无明显变化。

3.11.3 故障处理步骤

(1) 立即停止生料喂料。

(2) 立即停止分解炉的喂煤。

(3) 逐渐减少窑头喂煤量，依次选择减少 0.20t/h、0.50t/h、1.00t/h、1.50t/h 等操作，直至全停。

(4) 逐渐减小三次风阀门开度，直至全关。

(5) 逐渐降低窑速，直至停窑。

(6) 通知生产部门迅速处理堵塞部位。

(7) 分析造成堵塞原因，制定相应的预防措施。

3.11.4 讨论与分析

(1) 五级预热器堵塞在预分解窑系统属不常见生产故障。

(2) 发生五级预热器堵塞故障时，气体压力会有明显变化，比如自堵塞部位以后各处负压升高，堵塞部位以前各处负压降低，甚至为正压。同时，由于系统通风不良，气体温度与气体成分也发生变化。

(3) 处理五级预热器堵塞故障时，首先要停止分解炉喂煤量，以防产生大量 CO，发生爆炸事故；其次要停止喂料，以防堵塞程度越来越重。

(4) 逐渐减少窑头喂煤量，避免出现跑生料现象。

3.12 分解炉锥体堵塞故障模拟操作

3.12.1 故障产生原因

(1) 生料喂料不均。

（2）生料成分波动变化大。

（3）分解炉内衬料剥落。

（4）分解炉锥体部位结皮、堵塞。

（5）操作不当造成分解炉内温度波动大。

3.12.2 故障产生时的主要现象

（1）分解炉出口至主排风机之间各处温度降低，负压增大。

（2）窑尾温度升高，负压减小。

（3）窑头烧成带温度升高。

（4）窑头罩内温度升高，负压减小。

（5）出窑熟料温度及出冷却机熟料温度升高。

（6）二次风及三次风温升高。

（7）窑头电收尘器进口及出口气体温度升高。

（8）窑尾及预热器出口气体 O_2 浓度减小，CO 浓度增大。

（9）其他参数无明显变化。

3.12.3 故障处理步骤

（1）立即停止生料喂料。

（2）立即停止分解炉供煤。

（3）逐渐减少窑头喂煤量，依次选择减少 0.20t/h、0.50t/h、1.00t/h、1.50t/h 等操作，直至全停。

（4）关闭三次风管阀门。

（5）逐渐降低窑速，直至停窑。

（6）通知生产部门迅速处理堵塞部位。

（7）分析造成堵塞原因，制定相应的预防措施。

3.12.4 分析与讨论

（1）分解炉锥体堵塞故障在预分解窑系统属于不常见的生产故障。

（2）发生分解炉锥体堵塞故障时，气体压力会有明显变化，比如自堵塞部位以后各处负压升高，堵塞部位以前各处负压降低，甚至为正压。同时，由于系统通风不良，气体温度与气体成分也发生变化。

（3）处理分解炉锥体堵塞故障时，首先要停止分解炉喂煤量，以防产生大量 CO，发生爆炸事故；其次要停止喂料，以防堵塞程度越来越重。

（4）逐渐减少窑头喂煤量，避免出现跑生料现象。

3.13 篦冷机风量不足故障模拟操作

3.13.1 故障产生的原因

（1）篦板磨损严重，造成内漏风。

（2）风室密封装置损坏，造成外漏风。

（3）风室风机的风门开度调节不灵活，造成冷却机供风不足。

3.13.2 故障产生时的主要现象

（1）冷却机篦下各室压力减小。

（2）分解炉及各级预热器出口气体温度升高。

（3）二次风温及三次风温升高。

（4）窑头罩至主排风机之间各处温度略有升高，负压略有增大。

（5）出窑熟料温度略有升高。

（6）出冷却机熟料温度升高。

（7）窑头电收尘器进口及出口气体温度升高。

（8）窑尾及预热器出口气体 O_2 浓度减小，CO 浓度增大。

（9）其他参数无明显变化。

3.13.3 故障处理步骤

（1）增加冷却机篦下一室鼓风机进风阀门开度，依次选择增加 5%、10% 等调节幅度。

（2）增加冷却机篦下二室鼓风机进风阀门开度，依次选择增加 5%、10% 等调节幅度。

（3）增加冷却机其余篦下风室鼓风机进风阀门开度，依次选择增加 5%、10% 等调节幅度。

（4）适当降低窑速。

（5）通知设备维修部门检查冷却机的篦板磨损、风门磨损及漏风状况。如果是因漏风引起冷却风量不足，应及时维修密封装置。

3.13.4 分析与讨论

（1）篦冷机风量不足故障是预分解窑常见的生产故障。

（2）发生篦冷机风量不足故障时，其篦下压力、出冷却机熟料温度、窑头电收尘器进口及出口温度会发生变化。

（3）发生篦冷机风量不足故障时，由于风量不足，熟料冷却不充分，出冷却机温度较高，易损坏篦板。

3.14 生料量不足故障模拟操作

3.14.1 故障产生的原因

（1）生料输送系统的设备（如空气输送斜槽、螺旋输送机、提升机、拉链机等）发生故障。

（2）均化库的生料库存量严重不足，生料已经不能顺利出库。

（3）均化库内的生料发生堵塞、棚料等故障，生料不能顺利出库。

（4）均化库底的压缩空气压力不足。

（5）生料计量系统的设备发生故障。

3.14.2 故障产生时的主要现象

（1）生料喂料量数值减少，如入窑生料喂料量设定为 300t/h，其瞬间显示值只有 200t/h。

（2）各级预热器出口气体温度升高，其升高顺序按生料运动方向依次为 C_1—C_2—C_3—C_4—C_5。

（3）各级预热器出口气体阻力减小，出口负压减小。

（4）分解炉出口气体温度升高，开始升温时间较四级旋风筒出口晚，但升温速度较其他部位均快。

（5）分解炉出口气体负压增大。

（6）窑尾增湿塔、除尘器等出口气体温度升高，但升温速度较小。

（7）窑尾增湿塔、除尘器等出口气体负压减小。

（8）窑尾温度升高，负压增大。

（9）窑头罩内负压增大。

（10）窑尾及预热器出口气体 O_2 浓度减小，CO 浓度增大。

（11）其他参数无明显变化。

3.14.3　故障处理步骤

（1）减少分解炉喷煤量，依次选择减少 0.20t/h、0.50t/h、1.00t/h、1.50t/h 等操作。

（2）减小三次风管阀门开度，依次选择减少 5%、10% 等调节操作。

（3）逐渐增加生料喂料量，依次选择增加 1t/h、3t/h、5t/h、10t/h、15t/h 等调节操作。

（4）如果生料喂料量不足属非人为调节或操作不当造成的，应通知计量部门检查生料计量系统的设备，及时排除计量故障。

3.14.4　分析与讨论

（1）本故障属于调节性故障。

（2）发生生料量不足故障时，预热器、分解炉系统的温度和压力会发生变化。窑操作员根据这些参数的变化，及时采取有效的处理措施，以免由于温度升高太快、太高而损坏设备，造成重大设备事故。

（3）处理生料量不足故障时，首先减少分解炉的供煤，防止温度过高而损坏设备，确保设备安全。

3.15　生料量过量故障模拟操作

3.15.1　故障产生原因

（1）生料输送系统的设备（如空气输送斜槽、螺旋输送机、提升机、拉链机等）发生故障。

（2）均化库的生料库存量严重不足，生料已经不能顺利出库。

（3）均化库内的生料发生堵塞、棚料等故障，生料不能顺利出库。

（4）均化库底的压缩空气压力不足。

（5）生料计量系统的设备发生故障。

3.15.2　故障产生时的主要现象

（1）生料喂料量过多，如生料设定值为 300t/h，其瞬间显示值为 320t/h。

（2）各级预热器出口气体温度降低，其降低顺序按生料运动方向依次为 $C_1—C_2—C_3—C_4—C_5$。

（3）各级预热器出口气体阻力增大，出口负压增大。

（4）分解炉出口气体温度降低，开始降温时间较其他预热器出口晚，但降温速度较其他预热器都快。

（5）分解炉出口气体负压减小。

（6）窑尾增湿塔、除尘器等出口气体温度降低，但降温速度较小。

（7）窑尾增湿塔、除尘器等出口气体负压增大。

（8）窑尾温度升高，负压减小。

（9）窑头罩内负压减小。

（10）窑尾及预热器出口气体 O_2 浓度减小，CO 浓度增大。

（11）其他参数无明显变化。

3.15.3　故障处理步骤

（1）增加分解炉喷煤量，依次选择减少 0.20t/h、0.50t/h、1.00t/h、1.50t/h 等操作。

（2）增大三次风管的阀门开度，依次选择增大 5％、10％等调节操作。

（3）逐渐减小生料喂料量，依次选择增加 1t/h、3t/h、5t/h、10t/h、15t/h 等调节操作。

（4）如果生料喂料量不足属非人为调节或操作不当造成的，应通知计量部门检查生料计量系统的设备，及时排除计量故障。

3.15.4　分析与讨论

（1）本故障为调节性故障。

（2）发生生料量过量故障时，预热器、分解炉系统的温度和压力会发生变化。窑操作员根据这些参数的变化，及时采取有效的处理措施，以免由于温度降低太快、太高而影响熟料质量。

（3）处理生料量过量故障时，首先增加分解炉的喂煤，以避免降温太多，分解炉断火而造成质量事故，甚至被迫慢窑、停窑。

3.16　系统突然断电故障模拟操作

3.16.1　故障产生的原因

（1）供电系统发生故障。

（2）窑尾高温风机发生跳停。

（3）窑尾供料提升机发生跳停。

3.16.2　故障产生时的主要现象

（1）高温风机及其工艺后续设备（如窑尾增湿塔、收尘器等）停机。

（2）各级预热器出口气体温度升高。

（3）分解炉出口气体温度急剧升高，升温速度较其他预热器都大。

（4）窑尾增湿塔、收尘器等进口气体温度升高，但升温速度较小。

（5）窑头烧成带温度升高。

（6）窑头罩内温度升高。

（7）出窑熟料温度及出冷却机熟料温度升高。

（8）二次风温及三次风温升高。

（9）窑头电收尘器进口及出口气体温度升高。

（10）窑尾废气温度升高。

（11）系统压力剧增，除了主排风机至二级预热器出口略呈负压外，三级预热器出口至窑头罩压力显示为零，窑头罩内为正压。

（12）窑尾及预热器出口气体 O_2 浓度减小，CO 浓度增大。

（13）其他参数无明显变化。

3.16.3　故障处理步骤

（1）停止分解炉的喂煤。

（2）停止窑尾生料的喂料。

（3）停止窑头的喂煤。

（4）逐渐降低窑速，直至停窑。

（5）通知电气部门迅速检查配电系统、窑尾高温风机、窑尾供料提升机、窑尾增湿塔、除尘器等供电系统，及时排除故障。

3.16.4　分析与讨论

（1）本故障为破坏性生产故障。窑尾高温风机发生跳停后，系统排风只能依靠烟囱的抽吸，但烟囱的抽吸能力严重不足，窑通风系统为正压，致使局部温度过高，CO 浓度剧增，容易发生爆炸事故，造成设备损坏、甚至人员伤亡。

（2）本故障发生时，必须停止窑尾电收尘器，以防止发生爆炸事故，造成电收尘器损坏、甚至人员伤亡。同时，应及时打开一级预热器顶端的点火烟囱，以利于通风排气。

（3）处理故障时，首先要停煤、停料，防止煤粉不完全燃烧产生大量 CO 而发生爆炸事故，确保设备和人身的安全。

（4）停机后，对整个烧成系统的设备进行全面检查和保养。

3.17　出 C_1 级预热器气体含有 CO 成分的模拟操作实训

3.17.1　故障产生的原因

（1）分解炉的喂煤量增多。

（2）入分解炉的三次风量减少。

（3）预热器系统存在漏风现象。

（4）分解炉锥体部位发生结皮现象。

（5）三次风阀门出现故障。

3.17.2　故障产生时的主要现象

（1）三次风压降低。

（2）出 C_1 级预热器气体中的 O_2 浓度升高。

（3）分解炉用煤量增多。

（4）窑尾负压升高。

（5）三次风阀门开度指示值出现明显错误。

3.17.3　故障处理步骤

（1）减少分解炉用煤量。

（2）增大三次风量。

（3）检查并处理预热器系统漏风现象。

（4）校正三次风阀门开度指示值。

3.17.4　分析与讨论

（1）本故障为破坏性生产故障。出 C_1 级预热器气体中含有 CO 成分，说明分解炉的煤粉存在不完全燃烧现象，如果电收尘中 CO 的浓度在爆炸浓度范围，再有放电火星存在，就可能发生 CO 燃爆现象，造成人员安全和设备事故。

（2）处理本故障时，首先要减少分解炉用煤量，其次是增大三次风量，防止分解炉的煤粉发生不完全燃烧现象。

（3）调整窑炉的用煤比例。

3.18 窑尾烟室发生结皮的模拟操作实训

3.18.1 故障产生的原因

（1）原料中含有的碱、氯等有害成分过高。

（2）燃料中含有的有害成分硫过高。

3.18.2 故障产生时的主要现象

（1）窑尾烟室负压增大。

（2）窑尾废气中的 O_2 浓度增加。

（3）窑尾废气中的 CO 浓度减少。

（4）窑尾高温风机功率增加。

3.18.3 故障处理步骤

（1）三次风门开度减到 $50\%\sim60\%$。

（2）增大窑尾排风量，高温风机转速开到 $95\%\sim100\%$，入口阀门开到 100%。

（3）利用空气炮突然释放的爆炸力清理。

3.18.4 分析与讨论

（1）本故障为破坏性生产故障。窑尾烟室发生严重结皮时，会严重影响窑内通风，使煤粉发生不完全燃烧现象，增加熟料热耗。

（2）处理窑尾烟室结皮是下策，预防窑尾烟室结皮才是上策。可以采取的预防措施主要有：利用空气炮突然释放的爆炸力定期清理结皮；采用旁路放风，减少碱、氯、硫等有害成分的内循环。

3.19 窑尾结后圈的模拟操作实训

3.19.1 故障产生的原因

（1）原燃料中含有的碱、氯、硫等有害成分高。

（2）原煤的灰分含量高。

（3）石灰石中含有的 MgO 含量高。

（4）窑的快转率低。

（5）生料的硅率低。

3.19.2 故障产生时的主要现象

（1）窑尾负压增加。

（2）窑尾 O_2 减少，CO 浓度增加。

（3）窑电流增加，波动范围增大。

（4）二次风量减少，三次风大量增加。

（5）窑电流、功率增加，其波动幅度增大。

（6）出窑熟料不均匀、波动大。

（7）结圈严重时窑尾密封圈出现漏料现象。

3.19.3　故障处理步骤

(1) 三次风门开度降到 $50\%\sim60\%$。

(2) 增大窑尾排风量，窑尾高温风机的转速加到 95%，入口风阀开到 100%。

(3) 处理后结圈一般采用冷热交替法。处理较远的后圈则以冷为主，处理较近的后圈则以烧为主。

(4) 改变配料方案，提高生料的硅率。

(5) 停窑人工打圈。

3.19.4　分析与讨论

(1) 本故障为破坏性生产故障。窑尾发生结后圈现象，会严重影响窑内通风，影响窑内物料运动，使窑主电机电流升高、功率升高，使煤粉发生不完全燃烧现象，增加熟料热耗。

(2) 处理窑尾后结圈的难度非常大，如果操作不慎，很可能发生红窑事故，所以预防窑尾结后圈更有实际意义。生产上可以采取如下技术措施：控制进厂原材料的质量；控制进厂原煤及煤粉的质量；稳定生料的质量；控制窑的快转率$\geqslant90\%$；控制窑尾的 $O_2\geqslant2.0\%$。

3.20　窑结前圈的模拟操作实训

3.20.1　故障产生的原因

(1) 熟料和窑皮有较大的温差。

(2) 控制二次风温度偏高。

(3) 燃烧器内流风控制偏大。

(4) 采用短焰急烧，烧成带高温区更为集中。

3.20.2　故障产生时的主要现象

(1) 窑尾负压增加。

(2) 窑尾 O_2 减少，CO 浓度增加。

(3) 窑电流增加，波动范围增大。

(4) 二次风量减少，三次风大量增加。

(5) 窑电流、功率增加，其波动幅度增大。

3.20.3　故障处理步骤

(1) 三次风阀门开度降到 $50\%\sim60\%$。

(2) 窑尾排风机的风门开度增到 95%。

(3) 增加篦冷机一室、二室鼓风量。

(4) 提高二次风温。

(5) 后移煤粉燃烧器，缩短火焰长度，使用热烧法烧掉前结圈。

3.20.4　分析与讨论

(1) 本故障为破坏性生产故障。窑结前圈时，会影响窑内通风，延长熟料在烧成带的停留时间，增加前结圈后的窑皮磨损量，影响熟料的产量和质量。

(2) 处理前结圈时，一般使用热烧法，即后移煤粉燃烧器，缩短火焰长度，使火焰的高温区正好落在前结圈处，将前结圈烧融、烧化，达到处理前结圈的目的。

任务 4　预分解窑自动控制模拟操作实训

任务描述：掌握预分解窑电机控制操作、操作参数监控曲线、设备及工艺联锁控制、生产自动控制等模拟操作技能。

知识目标：掌握预分解窑电机控制操作、操作参数监控曲线等模拟操作技能。

能力目标：掌握预分解窑设备及工艺联锁控制、生产自动控制等模拟操作技能。

4.1　电机功能操作面板

4.1.1　普通电机块

普通电机块功能显示板如图 4.4.1 所示。

图 4.4.1　普通电机块功能显示板

1. 工艺代号及设备名称

工艺代号采用英文加数字模式，如 1428M、1318MAC 等，也就是组态软件中的功能块名，在生产中对操作人员起设备提示作用。对应的下面设备名称是设备的通用名字，对工艺代号进行说明，对应组态软件中的功能块注释。

2. 设备报警区

设备报警区是设备本身自带的报警信息，主要作用就是在电机面板上进行显示。画面显示与对应报警信号状态码：

备妥■："备妥"两字一直显示，■与"Ready"信号联锁，为"0"时□，为"1"时■。

应答■："应答"两字一直显示，■与"ACK"信号联锁，为"0"时□，为"1"时■。

速度■："速度"两字一直显示，■与"SS＿AL"信号联锁，为"0"时■，为"1"时■。

备妥故障■："备妥故障"一直显示，■与"R＿AL"信号联锁，为"0"时■，为"1"时■。

应答故障■："应答故障"一直显示，■与"A＿AL"信号联锁，为"0"时■，为"1"时■。

综合故障■："综合故障"一直显示，■与"AL"信号联锁，为"0"时■，为"1"时■。

启动联锁■："启动联锁"一直显示，■与"STTLK＿AL"信号联锁，为"0"时■，为"1"时■。

运行联锁■："运行联锁"一直显示，■与"RUNLK＿AL"信号联锁，为"0"时

■，为"1"时■。

3. 控制按钮

按照现在的操作习惯，在普通马达电机面板上做 6 个操作按钮。按钮信号都是 0/1 两种状态，而且在不同状态时可以有不同的文字说明或状态显示。

手动：与"MA"信号联锁，显示"手动"时"MA"为 1，点击按钮，"MA"为 1，按钮字体显示"手动"。

自动：与"MA"信号联锁，显示"自动"时"MA"为 0，点击按钮，"MA"为 0，按钮字体显示"自动"。

手动启动：与"MSTART"信号联锁，通常信号为 0，点击信号为 1。

手动停止：与"MSTOP"信号联锁，通常信号为 0，点击信号为 1。

启动：与"START"信号联锁，通常信号为 0，点击信号为 1。

停止：与"STOP"信号联锁，通常信号为 0，点击信号为 1。

4. 电机状态

面板中的圆圈代表电机的状态，与 STATE 信号的数值联锁：

● —— 灰色：表示设备"未备妥"，不能启动，信号为"0"。

○ —— 白色，表示设备"备妥"，等待启动，信号为"1"。

● —— 绿色：表示设备"运行"，信号为"2"。

● —— 红色，表示设备"故障"，信号为"3"。

● —— 深绿色，表示设备"现场运行"，信号为"4"。

4.1.2 高压电机块

高压电机块功能显示板如图 4.4.2 所示。

1. 设备报警区

图 4.4.2 高压电机块功能显示板

备妥■："备妥"两字一直显示，■与"Ready"信号联锁，为"0"时□，为"1"时■。

运行■："运行"两字一直显示，■与"ACK"信号联锁，为"0"时□，为"1"时■。

备妥故障■："备妥故障"一直显示，■与"R_AL"信号联锁，为"0"时■，为"1"时■。

应答故障■："应答故障"一直显示，■与"A_AL"信号联锁，为"0"时■，为"1"时■。

综合故障■："综合故障"一直显示，■与"AL"信号联锁，为"0"时■，为"1"时■。

综合过流故障█："综合过流故障"一直显示，█与"OV＿AL"信号联锁，为"0"时█，为"1"时█。

事故跳闸█："事故跳闸"一直显示，█与"FTZ＿AL"信号联锁，为"0"时█，为"1"时█。

继电器故障█："继电器故障"一直显示，█与"FJDQ＿AL"信号联锁，为"0"时█，为"1"时█。

回路断线█："回路断线"一直显示，█与"FTZC＿AL"信号联锁，为"0"时█，为"1"时█。

低电压█："低电压"一直显示，█与"FLU＿AL"信号联锁，为"0"时█，为"1"时█。

启动联锁█："启动联锁"一直显示，█与"STTLK＿AL"信号联锁，为"0"时█，为"1"时█。

运行联锁█："运行联锁"一直显示，█与"RUNLK＿AL"信号联锁，为"0"时█，为"1"时█。

安全联锁█："安全联锁"一直显示，█与"SAFELK＿AL"信号联锁，为"0"时█，为"1"时█。

2. 控制按钮

按照现在的操作习惯，在普通马达电机面板上做 6 个操作按钮。按钮信号都是 0/1 两种状态，而且在不同状态时可以有不同的文字说明或状态显示。

手动：与"MA"信号联锁，显示"手动"时"MA"为 1，点击按钮，"MA"为 1，按钮字体显示"手动"。

自动：与"MA"信号联锁，显示"自动"时"MA"为 0，点击按钮，"MA"为 0，按钮字体显示"自动"。

手动启动：与"MSTART"信号联锁，通常信号为 0，点击信号为 1。

手动停止：与"MSTOP"信号联锁，通常信号为 0，点击信号为 1。

启动：与"START"信号联锁，通常信号为 0，点击信号为 1。

停止：与"STOP"信号联锁，通常信号为 0，点击信号为 1。

3. 电机状态

面板中的圆圈代表电机的状态，与 STATE 信号的数值联锁：

●——灰色：表示设备"未备妥"，不能启动，信号为"0"。

○——白色，表示设备"备妥"，等待启动，信号为"1"。

●——绿色：表示设备"运行"，信号为"2"。

● ——红色，表示设备"故障"，信号为"3"。

● ——深绿色，表示设备"现场运行"，信号为"4"。

4.1.3　斗式提升机块

斗式提升机块功能显示板如图 4.4.3 所示。

1. 设备报警区

图 4.4.3　斗式提升机
块功能显示板

备妥■："备妥"两字一直显示，■与"Ready"信号联锁，为"0"时□，为"1"时■。

应答■："应答"两字一直显示，■与"ACK"信号联锁，为"0"时□，为"1"时■。

速度■："速度"两字一直显示，■与"SS _ AL"信号联锁，为"0"时■，为"1"时■。

备妥故障■："备妥故障"一直显示，■与"R _ AL"信号联锁，为"0"时■，为"1"时■。

应答故障■："应答故障"一直显示，■与"A _ AL"信号联锁，为"0"时■，为"1"时■。

料位■："料位"一直显示，■与"LS _ AL"信号联锁，为"0"时■，为"1"时■。

温度■："温度"一直显示，■与"TS _ AL"信号联锁，为"0"时■，为"1"时■。

轻跑偏■："轻跑偏"一直显示，■与"SI _ AL"信号联锁，为"0"时■，为"1"时■。

重跑偏■："重跑偏"一直显示，■与"SII _ AL"信号联锁，为"0"时■，为"1"时■。

综合故障■："综合故障"一直显示，■与"AL"信号联锁，为"0"时■，为"1"时■。

启动联锁■："启动联锁"一直显示，■与"STTLK _ AL"信号联锁，为"0"时■，为"1"时■。

运行联锁■："运行联锁"一直显示，■与"RUNLK _ AL"信号联锁，为"0"时■，为"1"时■。

2. 控制按钮

按照现在的操作习惯，在普通马达电机面板上做 6 个操作按钮。按钮信号都是 0/1 两种状态，而且在不同状态时可以有不同的文字说明或状态显示。

手动：与"MA"信号联锁，显示"手动"时"MA"为1，点击按钮，"MA"为1，按钮字体显示"手动"。

自动：与"MA"信号联锁，显示"自动"时"MA"为0，点击按钮，"MA"为0，按钮字体显示"自动"。

手动启动：与"MSTART"信号联锁，通常信号为0，点击信号为1。

手动停止：与"MSTOP"信号联锁，通常信号为0，点击信号为1。

启动：与"START"信号联锁，通常信号为0，点击信号为1。

停止：与"STOP"信号联锁，通常信号为0，点击信号为1。

3. 电机状态

面板中的圆圈代表电机的状态，与 STATE 信号的数值联锁：

——灰色：表示设备"未备妥"，不能启动，信号为"0"。

——白色，表示设备"备妥"，等待启动，信号为"1"。

——绿色：表示设备"运行"，信号为"2"。

——红色，表示设备"故障"，信号为"3"。

——深绿色，表示设备"现场运行"，信号为"4"。

图 4.4.4　电动阀门
块功能显示板

4.1.4　电动阀门块

电动阀门块功能显示板如图 4.4.4 所示。

1. 设备报警区

备妥▉："备妥"两字一直显示，▉与"Ready"信号联锁，为"0"时□，为"1"时▉。

应答▉："应答"两字一直显示，▉与"ACK"信号联锁，为"0"时□，为"1"时▉。

正转限位▉：▉与"ZF"信号联锁，为"0"时□，为"1"时▉。

反转限位▉：▉与"ZR"信号联锁，为"0"时□，为"1"时▉。

备妥故障▉："备妥故障"一直显示，▉与"R_AL"信号联锁，为"0"时▉，为"1"时▉。

应答故障▉："应答故障"一直显示，▉与"A_AL"信号联锁，为"0"时▉，为"1"时▉。

正转限位故障▉：▉与"ZF_AL联锁，为"0"时▉，为"1"时▉。

反转限位故障▉：▉与"ZR_AL联锁，为"0"时▉，为"1"时▉。

综合故障▉："综合故障"一直显示，▉与"AL"信号联锁，为"0"时▉，为

"1"时■。

启动联锁■："启动联锁"一直显示，■与"STTLK_AL"信号联锁，为"0"时 ■，为"1"时■。

运行联锁■："运行联锁"一直显示，■与"RUNLK_AL"信号联锁，为"0"时 ■，为"1"时■。

2. 控制按钮

按照现在的操作习惯，在普通马达电机面板上做 6 个操作按钮。按钮信号都是 0/1 两种状态，而且在不同状态时可以有不同的文字说明或状态显示。

手动：与"MA"信号联锁，显示"手动"时"MA"为 1，点击按钮，"MA"为 1，按钮字体显示"手动"。

自动：与"MA"信号联锁，显示"自动"时"MA"为 0，点击按钮，"MA"为 0，按钮字体显示"自动"。

手动启动：与"MSTART"信号联锁，通常信号为 0，点击信号为 1。

手动停止：与"MSTOP"信号联锁，通常信号为 0，点击信号为 1。

启动：与"START"信号联锁，通常信号为 0，点击信号为 1。

停止：与"STOP"信号联锁，通常信号为 0，点击信号为 1。

3. 电机状态

面板中的圆圈代表电机的状态，与 STATE 信号的数值联锁：

●——灰色：表示设备"未备妥"，不能启动，信号为"0"。

○——白色，表示设备"备妥"，等待启动，信号为"1"。

●——绿色：表示设备"运行"，信号为"2"。

●——红色，表示设备"故障"，信号为"3"。

●——深绿色，表示设备"现场运行"，信号为"4"。

4.1.5　窑主传动块

窑主传动块功能显示板如图 4.4.5 所示。

1. 设备报警区

备妥■："备妥"两字一直显示，■与"Ready"信号联锁，为"0"时□，为"1"时■。

应答■："应答"两字一直显示，■与"ACK"信号联锁，为"0"时□，为"1"时■。

速度■："速度"两字一直显示，■与"SS_AL"信号联锁，为"0"时■，为"1"时■。

图 4.4.5　窑主传动块功能显示板

备妥故障▨："备妥故障"一直显示，▨与"R_AL"信号联锁，为"0"时▨，为"1"时▨。

应答故障▨："应答故障"一直显示，▨与"A_AL"信号联锁，为"0"时▨，为"1"时▨。

故障▨："故障"一直显示，▨与"F"信号联锁，为"0"时▨，为"1"时▨。

综合故障▨："综合故障"一直显示，▨与"AL"信号联锁，为"0"时▨，为"1"时▨。

离合器限位▨："离合器限位"一直显示，□与"SW"信号联锁，为"0"时▨，为"1"时▨。

远程控制▨："远程控制"一直显示，▨与"MROM_C"信号联锁，为"0"时□，为"1"时▨。

启动联锁▨："启动联锁"一直显示，▨与"STTLK_AL"信号联锁，为"0"时▨，为"1"时▨。

运行联锁▨："运行联锁"一直显示，▨与"RUNLK_AL"信号联锁，为"0"时▨，为"1"时▨。

安全联锁▨："安全联锁"一直显示，▨与"SAFELK_AL"信号联锁，为"0"时▨，为"1"时▨。

速度给定：与"MSCV1513"信号联锁，给定窑速。

速度反馈：与"SIA1513"信号联锁，窑速反馈显示。

2. 控制按钮

按照现在的操作习惯，在普通马达电机面板上做 6 个操作按钮。按钮信号都是 0/1 两种状态，而且在不同状态时可以有不同的文字说明或状态显示。

手动：与"MA"信号联锁，显示"手动"时"MA"为 1，点击按钮，"MA"为 1，按钮字体显示"手动"。

自动：与"MA"信号联锁，显示"自动"时"MA"为 0，点击按钮，"MA"为 0，按钮字体显示"自动"。

手动启动：与"MSTART"信号联锁，通常信号为 0，点击信号为 1。

手动停止：与"MSTOP"信号联锁，通常信号为 0，点击信号为 1。

启动：与"START"信号联锁，通常信号为 0，点击信号为 1。

停止：与"STOP"信号联锁，通常信号为 0，点击信号为 1。

3. 电机状态

面板中的圆圈代表电机的状态，与 STATE 信号的数值联锁：

●——灰色：表示设备"未备妥"，不能启动，信号为"0"。

○——白色，表示设备"备妥"，等待启动，信号为"1"。

●——绿色：表示设备"运行"，信号为"2"。

●——红色，表示设备"故障"，信号为"3"。

●——深绿色，表示设备"现场运行"，信号为"4"。

4.1.6　电机正反转块

电机正反转块功能显示板如图 4.4.6 所示。

1. 设备报警区

图 4.4.6　电机正反转块
功能显示板

备妥█："备妥"两字一直显示，█与"Ready"信号联锁，为"0"时██，为"1"时█。

正转应答█："正转应答"两字一直显示，█与"AF"信号联锁，为"0"时██，为"1"时█。

反转应答█："反转应答"两字一直显示，█与"AR"信号联锁，为"0"时██，为"1"时█。

正转限位█：█与"ZF"信号联锁，为"0"时██，为"1"时█。

反转限位█：█与"ZR"信号联锁，为"0"时██，为"1"时█。

备妥故障█："备妥故障"一直显示，█与"R＿AL"信号联锁，为"0"时██，为"1"时█。

正应答故障█："正应答故障"一直显示，█与"AF＿AL"信号联锁，为"0"时█，为"1"时█。

反应答故障█："反应答故障"一直显示，█与"AR＿AL"信号联锁，为"0"时█，为"1"时█。

正转限位故障█：█与"ZF＿AL联锁，为"0"时██，为"1"时█。

反转限位故障█：█与"ZR＿AL联锁，为"0"时██，为"1"时█。

综合故障█："综合故障"一直显示，█与"AL"信号联锁，为"0"时██，为"1"时█。

启动联锁█："启动联锁"一直显示，█与"STTLK＿AL"信号联锁，为"0"时█，为"1"时█。

运行联锁█："运行联锁"一直显示，█与"RUNLK＿AL"信号联锁，为"0"时

■，为"1"时■。

2. 控制按钮

按照现在的操作习惯，在普通马达电机面板上做 6 个操作按钮。按钮信号都是 0/1 两种状态，而且在不同状态时可以有不同的文字说明或状态显示。

手动：与"MA"信号联锁，显示"手动"时"MA"为 1，点击按钮，"MA"为 1，按钮字体显示"手动"。

自动：与"MA"信号联锁，显示"自动"时"MA"为 0，点击按钮，"MA"为 0，按钮字体显示"自动"。

手动正转：与"MSTART1"信号联锁，通常信号为 0，点击信号为 1。

手动反转：与"MSTART2"信号联锁，通常信号为 0，点击信号为 1。

手动停止：与"MSTOP"信号联锁，通常信号为 0，点击信号为 1。

正转启动：与"START1"信号联锁，通常信号为 0，点击信号为 1。

反转启动：与"START2"信号联锁，通常信号为 0，点击信号为 1。

停止：与"STOP"信号联锁，通常信号为 0，点击信号为 1。

3. 电机状态

面板中的圆圈代表电机的状态，与 STATE 信号的数值联锁：

●——灰色：表示设备"未备妥"，不能启动，信号为"0"。

○——白色，表示设备"备妥"，等待启动，信号为"1"。

●——绿色：表示设备"运行"，信号为"2"。

●——红色，表示设备"故障"，信号为"3"。

●——深绿色，表示设备"现场运行"，信号为"4"。

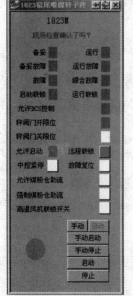

图 4.4.7 煤粉转子
计量秤块功能显示板

4.1.7 煤粉转子计量秤块

煤粉转子计量秤块功能显示板如图 4.4.7 所示。

1. 设备报警区（以 1823 为例）

备妥■："备妥"两字一直显示，■与"Ready"信号联锁，为"0"时□，为"1"时■。

应答■："应答"两字一直显示，■与"ACK"信号联锁，为"0"时□，为"1"时■。

故障■："故障"两字一直显示，■与"F_AL"信号联锁，为"0"时■，为"1"时■。

备妥故障■："备妥故障"一直显示，■与"R_AL"信号联锁，为"0"时■，为"1"时■。

应答故障■："应答故障"一直显示，■与"A_AL"信号联锁，为"0"时■，为"1"时■。

综合故障■："综合故障"一直显示，■与"AL"信号联锁，为"0"时■，为"1"时■。

启动联锁■："启动联锁"一直显示，■与"STTLK_AL"

信号联锁，为"0"时■，为"1"时■。

运行联锁■："运行联锁"一直显示，■与"RUNLK＿AL"信号联锁，为 0 时■，为"1"时■。

允许 DCS 控制■：■与"DCS1823"信号联锁，为"0"时□，为"1"时■。

秤阀开限位■：■与"ZF1823"信号联锁，为"0"时□，为"1"时■。

秤阀关限位■：■与"ZR1823"信号联锁，为"0"时□，为"1"时■。

允许启动■：■与"BP1823"信号联锁，为"0"时□，为"1"时■。

远程联锁■：■与"LOCK1823"信号联锁，为"0"时□，为"1"时■。

中控紧停■：■与"ESTOP1823"信号联锁，为"0"时□，为"1"时■。

中控复位■：■与"REST1823"信号联锁，为"0"时□，为"1"时■。

允许助流■：■与"BPMZL1823"信号联锁，为"0"时□，为"1"时■。

强制助流■：■与"DQZ11823"信号联锁，为"0"时□，为"1"时■。

联锁开关■：■与"SEL1823"信号联锁，为"0"时□，为"1"时■。

2. 控制按钮

按照现在的操作习惯，在普通马达电机面板上做 6 个操作按钮。按钮信号都是 0/1 两种状态，而且在不同状态时可以有不同的文字说明或状态显示。

手动：与"MA"信号联锁，显示"手动"时"MA"为 1，点击按钮，"MA"为 1，按钮字体显示"手动"。

自动：与"MA"信号联锁，显示"自动"时"MA"为 0，点击按钮，"MA"为 0，按钮字体显示"自动"。

手动启动：与"MSTART"信号联锁，通常信号为 0，点击信号为 1。

手动停止：与"MSTOP"信号联锁，通常信号为 0，点击信号为 1。

启动：与"START"信号联锁，通常信号为 0，点击信号为 1。

停止：与"STOP"信号联锁，通常信号为 0，点击信号为 1。

3. 电机状态

面板中的圆圈代表电机的状态，与 STATE 信号的数值联锁：

——灰色：表示设备"未备妥"，不能启动，信号为"0"。

——白色，表示设备"备妥"，等待启动，信号为"1"。

——绿色：表示设备"运行"，信号为"2"。

——红色，表示设备"故障"，信号为"3"。

——深绿色，表示设备"现场运行"，信号为"4"。

4.2 监控模拟板块

4.2.1 报警画面

报警画面显示板如图 4.4.8 所示，主要用于动态显示符合组态中位号报警信息和工艺情况而产生的报警信息，查找历史报警记录以及对位号报警信息进行确认等。画面中分别显示了报警序号、报警时间、数据区（组态中定义的报警区缩写标识）、位号名、位号描述、报警内容、优先级、确认时间和消除时间等。

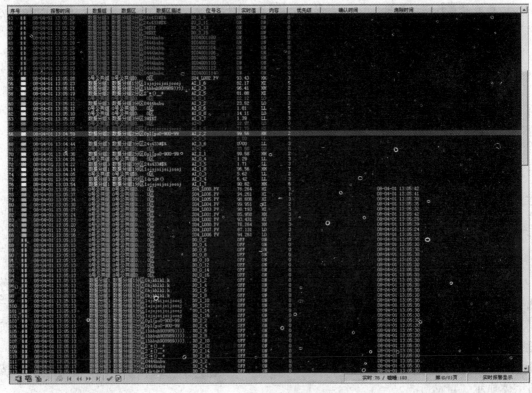

图 4.4.8 报警画面显示板

报警画面可以滚动显示最近产生的 1000 条实时报警和瞌睡报警的信息；每个优先级中的位号报警颜色显示为组态中配置的颜色；在报警信息列表中可以显示实时报警信息和历史报警信息两种状态；列表中上半部的记录是正在报警的位号报警信息，下半部是最近已经消除了的报警记录；列表中的实时报警记录的数目是不受限制的，有多少条报警信息就显示多少条记录；实时报警列表每过 1s 检测一次位号的报警状态，并刷新列表中的状态信息。当产生满足弹出属性的报警后，屏幕中间会弹出报警提示窗，样式与光字牌报警列表相仿，包括确认和设置等功能，如果这些报警不被确认或者消除，将无法关闭报警弹出框（关闭窗口后将再次弹出，直到被确认或者消除）。

4.2.2　确认及查找历史报警记录

点击报警画面一览表工具条中的图标，将对当前页内报警信息进行确认，且在确认时间项显示确认时间。

点击如图 4.4.9 所示的对话框，设置希望查看的报警内容和时间，点击"确认"即可在报警画面一览表中显示静止的历史报警信息。

4.2.3　调整画面

调整画面可以通过数值方式显示位号的所有信息，也可以通过趋势图表现出来。趋势图显示最近 1～32min 的趋势曲线，鼠标点击选择显示时间范围，包括 1、2、4、8、16、32min 等六种，如果选择×8 的表达方式，则趋势图横轴时间范围为 8min。通过鼠标拖动时间轴游标，可显示某一时刻的位号数值。

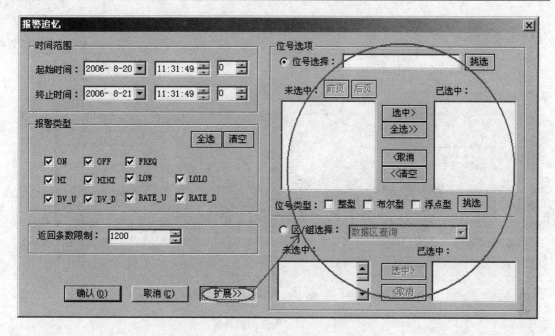

图 4.4.9　查找历史报警记录的对话框

调整画面有模拟量调整画面及回路调整画面两种形式，模拟量调整画面如图 4.4.10 所示，回路调整画面如图 4.4.11 所示。

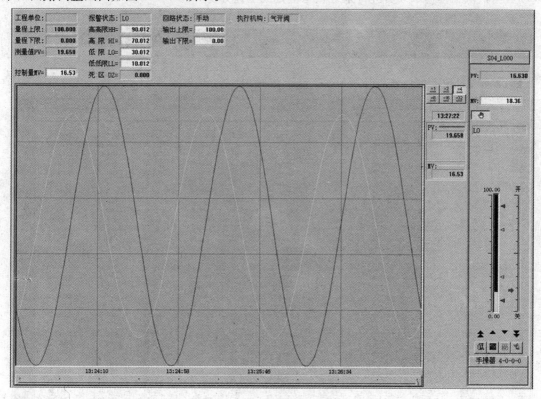

图 4.4.10　模拟量调整画面

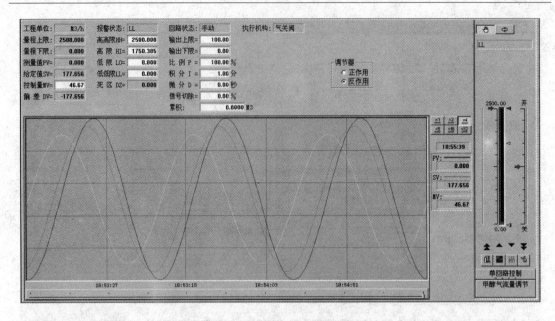

图 4.4.11　回路调整画面

4.2.4　报表画面

报表画面如图 4.4.12 所示，主要以报表的形式显示实时数据，包括重要的系统数据和现场数据，供工程技术人员进行系统状态检查或工艺分析。

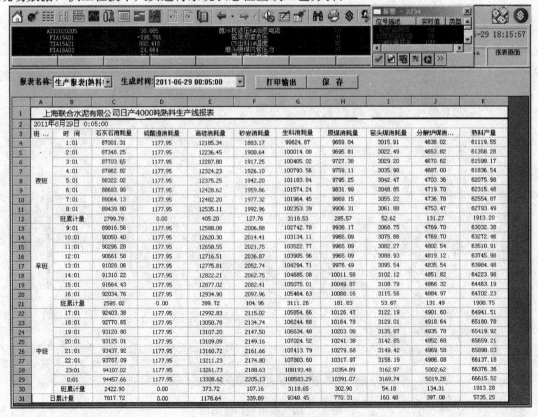

图 4.4.12　报表画面

4.3　设备联锁控制

4.3.1　高压电机联锁

高压电机联锁控制如表 4.4.1 所示。

表 4.4.1　高压电机联锁控制

工艺代号	设备名称	安全联锁	运行联锁	启动联锁
1618M	窑尾排风机	电机定子温度		风机入口阀门开度
		电机前后轴承温度		
		风机前后轴承温度		
		袋收尘入口温度		
		风机 1♯测振		
		风机 2♯测振		
1318M	循环风机	电机定子温度	R13182 水电阻备妥	ZIA13181 风机入口阀门开度
		电机前后轴承温度	FH13184 电机油站中故障	MP13184 允许主机启动
		风机前后轴承温度	A1618 风机应答	BP13182 允许主电机启动
		风机 1♯测振		
		风机 2♯测振		
1309M	立磨主电机	电机定子温度	TIA13094 选粉机前轴承温度	H-ALM1♯、2♯、3♯、4♯辊高位
		电机前后轴承温度	TIA13094 选粉机上轴承温度	AH1、2♯130963 磨主减低压泵应答
			TIA13094 选粉机下轴承温度	AH1、2♯130963 磨主减高压泵应答
			TIA13094 选粉机电机前后轴承温度	磨高压泵出口压力1♯、2♯、3♯、4♯压力
			TIA13094 选粉机油箱温度	
			A13095 密封风机应答	
			A1309412 选粉机主减油泵应答	
			R120941 选粉机润滑系统备妥	
			ALH130963 综合故障	
1513	窑主电机	窑托轮瓦温、油温	A15121 电机冷却风机应答	
		窑主电机绕组温度	A1528	
1506	高温风机	XIA15A02 电机测振	TIA15A05 C₁ 总出口温度	ZIA150611 风机阀门开度
		1506 电机前后轴承温度	F15061 风机油站故障	
		定子温度	A1、2 15061 风机油站 1♯、2♯低压泵应答	
		风机前后轴承温度	BP15061 风机油站允许主电机启动	
			A1618 废气风机应答	

工艺代号	设备名称	安全联锁	运行联锁	启动联锁
1804	煤磨主电机	煤磨袋收尘器出口 CO 含量	A1、2 180431 1#、2#低压油泵应答	磨机出口温度
		1804 主电机定子温度	A1、2 180432 1#、2#低压油泵应答	BP180431 允许主电机启动
		电机前后轴承温度	R18041 水电阻备妥	BP180432 允许主电机启动
		煤磨中空轴 1#、2#温度	A1819 排风机应答	BP18041 允许主电机启动
		煤磨磨头滑履轴承温度	A1811 选粉机应答	
		煤磨袋收尘灰斗 1#、2#、3#、4#温度	ZF1814 电动阀开度	
			F18041 水电阻故障	
			F180431 滑履轴承油站故障	
			F180432 滑履轴承油站故障	
			A18042 煤磨主减循环泵应答	
1819	煤磨排风机	煤磨袋收尘器出口 CO 含量		ZIA18191 风机阀门开度
		主电机定子温度		
		电机前后轴承温度		
		风机前后轴承温度		
		磨机出口温度		
1538	窑头排风机	TIA1538 电机定子温度		ZIA1538 风门开度
		电机前后轴承温度		
		风机前后轴承温度		
		XIA1538 电机测振		
1604	窑头袋收尘器		A1618 风机应答	

4.3.2 熟料冷却及输送设备联锁

熟料冷却及输送设备联锁如表 4.4.2 所示。

表 4.4.2 熟料冷却及输送设备联锁

工艺代号	设备名称	安全联锁	运行联锁	启动联锁
1701	槽式输送机			A1732 风机应答
15291	F1 1#风机		TIA15291 风机前后轴温度	ZIA15291 风机入口阀门开度
15292	F1 2#风机		TIA15292 风机前后轴温度	ZIA15292 风机入口阀门开度
15301	F2 1#风机		TIA15301 风机前后轴温度	ZIA15301 风机入口阀门开度

续表

工艺代号	设备名称	安全联锁	运行联锁	启动联锁
15302	F2 2#风机		TIA15302 风机前后轴温度	ZIA15302 风机入口阀门开度
15311	F3 1#风机		TIA15311 风机前后轴温度	ZIA15311 风机入口阀门开度
15312	F3 2#风机		TIA15312 风机前后轴温度	ZIA15312 风机入口阀门开度
15321	F4 1#风机		TIA15321 风机前后轴温度	ZIA15321 风机入口阀门开度
15322	F4 2#风机		TIA15322 风机前后轴温度	ZIA15322 风机入口阀开度
15331	F5 1#风机		TIA15331 风机前后轴温度	ZIA15331 风机入口阀门开度
15332	F5 2#风机		TIA15322 风机前后轴温度	ZIA15332 风机入口阀门开度
1534	F6 风机		TIA1534 风机前后轴温度	ZIA1534 风机入口阀门开度
15391/2/3/4	刚性叶轮给料机		A1701 槽式输送机应答	
15371/2/3/4	电收尘器电场		A1538 头排风机应答	
1537	电收尘器低压柜		A1538 头排风机应答	
1732	袋收尘器风机		A1731 袋收尘器应答	
152831/2/3/4/5	液压系统油泵			A152836 篦冷机循环油泵应答
1528	篦冷机		A152831/2/3/4/5 篦冷机液压油泵应答	
			AF152812 破碎 2#电机正转应答	
			AR152812 破碎 2#电机反转应答	
			AF152813 破碎 3#电机正转应答	
			AR152813 破碎 3#电机反转应答	
			A1701 槽式输送机应答	
			A152811/4 破碎 1#/4#电机应答	
152811	熟料破碎机		TIA152811 1#破碎机前后轴温度	A1701 槽式输送机应答
152814			TIA152814 4#破碎机前后轴温度	
152812			TIA152812 2#破碎机前后轴温度	
			F_152812 破碎机 2#辊堵塞	
152813			TIA152813 3#破碎机前后轴温度	
			F_152813 破碎机 3#辊堵塞	

4.4　工艺联锁控制

1. 生料喂料量低于 80t/h 或增湿塔出口温度低于 180℃，增湿塔水泵自动停机。

2. 五级预热器下料管温度超过 930℃，分解炉煤秤自动减至设定值的 50%，超过 950℃，分解炉煤秤自动减至 0t。

3. 篦冷机跳停，窑速自动降至设定值的 50%。

4. 分解炉出口温度持续 3min 达到 920℃或大于 930℃，分解炉煤秤自动减至设定值的 50%；超过 950℃，分解炉煤秤自动减至零。

5. 一级预热器出口废气温度持续 30min 达到 430℃，窑尾高温风机跳停；超过 450℃，窑尾高温风机直接跳停。

6. 窑尾高温风机、一次风机、窑及炉煤秤等任一台设备跳停，窑速自动减至 0.40r/min。

7. 窑尾高温风机、一次风机等任一台设备跳停，窑尾生料量自动减至 0t；分解炉煤秤跳停，窑尾生料量自动减至 80t。

8. 窑头排风机跳停，窑尾生料量自动减至 180t。

9. 标准仓的仓重与下料流量阀联锁，仓重超过 140t，下料流量阀自动关闭。

10. 煤磨出口废气温度超过 75℃高报警，85℃高高报警，磨主机跳停，喂煤秤联锁跳停，热风阀全关，冷风阀全开，入袋收尘器阀门关闭，煤磨主排风机进口阀门关闭，主排风机转速自动减半。

11. 煤磨出口废气 CO 浓度达到 0.10% 高高报警，煤磨袋收尘跳停，磨主机跳停，磨喂煤秤联锁跳停，热风阀全关，冷风阀全开，入袋收尘器阀门关闭，煤磨主排风机进口阀门关闭，主排风机跳停。

12. 选粉机电流达到额定电流 95% 高高报警，选粉机跳停，磨主机跳停，喂煤秤联锁跳停，热风阀全关，冷风阀全开，煤磨主排风机进口阀门关闭。

4.5　自动控制回路

1. 均化库的均化控制

均化库共分七个区，每区工作时间可以由工程师站进行设定，按 1、4 区，2、5 区，3、6 区，4、7 区，1、5 区，2、6 区，3、7 区循环，每次工作 20min，每区左右各 10min，完成一次循环需要 140min，满足均化库的均化效果。

2. 窑尾喂料标准仓重的控制

（1）控制参数：窑尾喂料标准仓重。

（2）操作参数：均化库底计量滑板开度。

（3）控制连锁：通过荷重传感器所测的仓重与设定值的比较，控制均化库出库计量滑板开度，保持窑尾喂料标准仓的仓重为设定值。

3. 窑尾生料喂料量的控制

（1）控制参数：窑尾生料喂料量。

（2）操作参数：流量阀门开度。

（3）控制连锁：根据实际喂料量与设定值的比较，控制流量阀门开度，保持生料喂料量为设定值。

4. 分解炉喂煤量的控制

（1）控制参数：分解炉出口废气温度。

（2）操作参数：分解炉喂煤量。

（3）控制连锁：通过热电偶检测分解炉出口废气温度与设定值的比较，控制分解炉的喂煤量，保持分解炉出口废气温度为设定值。

5. 窑头罩负压的控制

（1）控制参数：窑头罩负压。

（2）操作参数：窑头排风机入口阀门开度。

（3）控制连锁：通过压力变送器检测窑头罩压力与设定值的比较，控制窑头排风机入口阀门开度，保持窑头罩压力为设定值。

6. 篦冷机各室空气流量的控制

（1）控制参数：各室空气流量。

（2）操作参数：各室风机入口阀门开度。

（3）控制连锁：通过压力变送器检测鼓风机入口空气流量与设定值的比较，控制鼓风机入口阀门开度，保持各室空气流量为设定值。

7. 增湿塔出口废气温度的控制

（1）控制参数：增湿塔出口温度。

（2）操作参数：增湿塔水泵电机转速。

（3）控制连锁：通过温度变送器检测增湿塔出口废气温度与设定值的比较，控制水泵电机转速，保持增湿塔出口废气温度为设定值。

8. 煤磨出口气体温度的控制

（1）控制参数：煤磨出口气体温度。

（2）操作参数：冷风阀门开度。

（3）控制连锁：通过温度变送器检测煤磨出口气体温度与设定值的比较，控制入磨冷风阀门的开度，保持煤磨出口气体温度为设定值。

思　考　题

1. 画出生料制备系统的模拟工艺流程图。

2. 画出煤粉制备系统的模拟工艺模拟流程。

3. 画出熟料煅烧系统的模拟工艺模拟流程。

4. 画出水泥制成系统的模拟工艺模拟流程。

5. 模拟生料制备系统的开停车操作。

6. 模拟煤粉制备系统的开停车操作。

7. 模拟熟料煅烧系统的开停车操作。

8. 模拟水泥制成系统的开停车操作。

9. 模拟处理断料故障。

10. 模拟处理分解炉断火故障。

11. 模拟处理五级预热器堵塞故障。

12. 模拟处理窑尾烟室发生结皮故障。

13. 简述预分解窑生产的自动控制回路。

14. 预分解窑生产系统为什么设置设备及工艺联锁控制？

项目 5　预分解窑的生产调试

项目描述：本项目比较详细地讲述了新建预分解窑的烘窑操作、投料试运行操作及正常生产操作等方面的生产技能。通过本项目的学习，掌握新建预分解窑的烘窑操作、投料试运行操作及正常生产操作的技能；掌握操作参数出现异常的判断及处理方法；掌握出现紧急窑情的处理方法。

任务 1　烘窑操作

任务描述：掌握烘干的技术要求；了解烘窑前的准备工作；掌握点火烘窑的技术操作；了解耐火材料烘干结束标志。

知识目标：掌握烘干的技术要求；了解耐火材料烘干结束标志。

能力目标：掌握点火烘窑的技术操作；了解烘窑前的准备工作。

以日产 5000t 熟料的 Φ4.8×74m 预分解窑为例，详细讲述新建预分解窑的试生产实践操作。

1.1　耐火材料烘干的技术要求

新建预分解窑在点火投料前，应对回转窑、预热器、分解炉等热工设备内衬砌的材料进行烘干，以免直接点火投料由于升温过急而使耐火衬料骤然受热引起爆裂和剥落。烘窑方案要根据耐火材料的种类、厚度、含水量及水泥企业的具体条件而定，一般采用窑头点火烘干方案，烘干用的燃料前期以轻柴油为主，后期以油煤混烧为主。

回转窑从窑头至窑尾使用的耐火衬料有浇注料、耐火砖，以及各种耐碱火泥等。这些砖衬在冷端有一膨胀应力区，温度超过 800℃时应力松弛，因此 300~800℃区间升温速率要缓，最好控制 30℃/h 以内，最快不应超过 50℃/h，尤其不能局部过热，在 300~800℃区间尽量少转窑，以免砖衬应力变化过大。烘窑期间回转窑的升温制度及转窑制度如表 5.1.1 及表 5.1.2 所示。

表 5.1.1　回转窑的升温制度

窑尾温度（℃）	升温制度（h）	备注
常温~200	10	
200	36	
200~400	16	
400	24	
400~600	16	
600	16	
600~800	16	
800~1000	8	

表 5.1.2 回转窑升温转窑制度

窑尾温度（℃）	转窑间隔（min）	转窑量（°）
常温～200	120	90～120
200～400	60	90～120
500～600	30	90～120
600～700	15	90～120
700～800	10	90～120
＞800	低速连续转窑	

注：使用辅助电机转窑；遇到降雨天气时，时间减半。

预热器及分解炉使用的耐火衬料有抗剥落高铝砖、高强耐碱砖、隔热砖、耐碱浇注料、硅酸钙板、耐火纤维及各种耐火粘结剂，并且使用导热系数不同的复合衬里，面积和总厚度比较大，在常温下施工 24h 内不准加热烘烤。升温烘烤确保脱去附着水和化学结合水，附着水脱去温度 150～200℃，化学结合水脱去温度 400～500℃，因此这两温度段要恒温一定时间。预热器衬料烘烤随窑烘干进行，回转窑升温制度的操作应兼顾预热器。C_1 出口温度 150～200℃时，恒温 36h；当 C_5 出口 450～500℃时，恒温 24h。

篦冷却机耐火材料的烘干可借助于熟料散热，不需要特别设置单独烘干程序，但要特别注意以下事项：

（1）尽可能采用长时间自然通风干燥。

（2）为防止冷却机耐火材料温度骤增，窑低产量运转时间不少于 48h，操作时也要兼顾三次风管内耐火材料的烘干。

（3）如果窑的负荷率在投料初期就较高，可开启篦冷前段的冷却风机，减慢烘干速度。

1.2 烘窑前需要完成的工作

（1）窑系统已完成单机试车和联动试车工作。

（2）煤粉制备系统具备带负荷试运转条件，煤磨已经完成粉磨石灰石的工作。

（3）煤粉计量、喂料及煤粉气力输送系统已经完成带负荷运转，输送管路通畅。

（4）空压机站已经调试完毕，可对窑尾、喂料、喂煤等系统正常供气，并且管路通畅。

（5）窑系统及煤粉制备系统的冷却水管路畅通、水压正常。

1.3 烘窑前窑系统的检查与准备工作

（1）清除窑、预热器、三次风管及分解炉内部的杂物（比如砖头、铁丝等安装遗留的物品）。

（2）压缩空气管路系统的各阀门转动灵活，开关位置正确，管路通畅、不泄露；各吹堵孔通畅。

（3）检查耐火材料砌筑情况，重点检查部位是下料管、锥体、撒料板上下部位的砌筑面光滑，旋风筒涡壳上堆积杂物要清扫，各人孔门无变形，衬料牢固，检查后关闭所有人孔门，并密封好。

（4）确认窑系统的测温、测压点开孔正确，指示值准确无误。

（5）启动分解炉喂煤罗茨风机，也可断开分解炉喂煤管路，防止烘干时潮湿气体发生倒灌现象。

（6）检查并确认预热器系统旋风筒、分解炉顶部及各级上升管道顶部浇注料排气孔没有封上。

（7）窑头、窑尾喷煤系统在联动试车后应保证管路通畅，调整灵活，随时可投入运转，油点火装置已进行过试喷。

（8）确认油泵已备妥，油罐内储轻柴油 25～30t。

（9）确认清堵工具、安全用品已经备齐。

（10）点火升温过程中，当窑尾温度升至 600℃、700℃、800℃时，应该分别预投 20～30t 生料。

（11）初次点火时，当窑尾温度达到 900℃时，窑内煤灰呈酸性熔态物，对碱性耐火砖有熔蚀性。

（12）在篦冷机一段篦床上铺 200～250mm 厚熟料，防止烘窑期间热辐射使其变形；逐点检查篦板的紧固情况。

（13）逐点检查熟料输送机紧固件及润滑点。

（14）熟料进库前要清除施工、安装时遗留的杂物，防止熟料出库时发生堵塞现象。

（15）检查生料输送斜槽的透气层是否有破损、漏气现象。

（16）检查窑头、窑尾收尘器并确认可使用。

（17）检查增湿塔喷水装置，每个喷头均要抽出检查。

（18）窑头喷煤管按照生产工艺要求进行定位。

（19）生料均化库内至少存有 8000t 的生料。如果试生产期间生料质量指标与控制指标相差过大，生料库存量可以适当降低。

1.4　点火烘窑操作

新型干法水泥企业一般采用回转窑、预热器、分解炉等耐火材料一次完成烘干，并紧接着进行投料的烘窑操作方案。

（1）确认风管道阀门位置正确：高温风机入口阀门、窑头收尘器排风机入口阀门全关；考虑到环保要求，可先开启窑尾收尘器风机，调整收尘器风机阀门和窑尾高温风机阀门开度，保持窑头罩处于微负压状态；篦冷机各室的风机入口阀门全关；窑头喷煤管各风道的手动阀门全开；水、电、生料、煤粉等供应储备充足。

（2）准备大约 7m 长的钢管，端部缠上浸油绵纱，作为临时点火棒。

（3）将喷煤管调至窑口内 50mm 的位置，连接好油枪，关好窑门，确认油枪供油阀门全关，启动临时供油装置。

（4）自窑门罩点火孔伸入点燃的临时点火棒，全开进油、回油阀门，确认油路畅通后慢慢关小回油阀门，调整油压在 1.8～2.5MPa。

（5）开启窑头一次风机，其转速调整到正常生产时的 10%～20% 左右。

（6）随着喷油量的增加，注意观察窑内火焰形状，调整窑尾收尘器风机阀门开度，保持窑头处于微负压状态。

（7）用回油阀门控制油量大小，按预先规定的升温曲线，控制回转窑的升温速率。

（8）烘窑初期窑内温度较低，且没有熟料出窑，二次风温比较低，煤粉燃烧不稳定，有回火爆燃的危险，操作时应防止发生烫伤事故。窑尾温度达到 350℃时开始喷煤，进行油煤混烧操作。

（9）为防止尾温剧升，应慢慢加大喂煤量，注意检查托轮的润滑及轴承温升情况。

（10）烘窑后期要注意窑体窜动，必要时调整托轮，投入窑筒体温度扫描仪，监测窑体表面温度变化。

（11）烘窑过程中，要不断调整内风和外风的比例，保持较长的火焰，防止筒体发生局部过热现象。

（12）启动回转窑主减速机稀油站，按转窑制度，启动辅助传动转窑。

（13）启动密封干油泵；启动密封装置的气缸空压机，并调整进入密封气缸的气压符合生产要求。

（14）随着燃煤量的逐步加大，尾温沿设定趋势上升，当燃烧空气不足或窑头负压较高时，可关闭冷却机人孔门，启动篦冷机一室风机，逐步加大一室风机进口阀门开度。当一室风机进口阀门开至 60％仍感觉风量不足时，逐步启动一室的固定篦床充气风机，乃至二室风机，增加入窑的风量。

（15）烘窑后期可根据窑头负压和窑尾温度、筒体表面温度、火焰形状等加大窑尾排风量。

（16）启动窑口密封圈冷却风机。

（17）尾温升到 600℃时，每间隔 1h，人工活动一次各级预热器的锁风翻板阀，以防受热变形卡死。同时检查预热器衬砖烘干状况。

（18）烘干后期，仪表技术人员应重新校验系统的温度、压力仪表，确认仪表回路接线正确，数值显示准确。

（19）如果烧成带筒体出现局部温度过高现象，说明衬砖出了问题，应该采取停煤、停风、停窑等操作，使窑系统处于自然冷却状态，期间注意使用辅助电机转窑。

检查窑内耐火砖时，如果发现有大面积剥落、炸裂，其厚度达到原耐火砖厚度的 1/3 及以上，就要更换这些损坏的耐火砖，更换时要特别注意不要使已经烘干的耐火砖淋水变湿。

1.5　预热器、分解炉、三次风管和篦冷机的烘干操作

预热器、分解炉、三次风管和篦冷机的烘干操作，不需要特别设置单独烘干程序，可在试生产期间处于低产量的条件下完成。

1.6　烘干结束标志

（1）检查各级预热器顶部浇注孔有无水汽。把一块干净的玻璃片放在排气孔部位，如果玻璃片上有水汽凝结，则说明烘干过程没有结束；如果玻璃片上没有水汽凝结，则说明烘干过程已经结束。

（2）检查预热器和分解炉烘干的重点部位是 C_4 锥体、C_5 锥体和分解炉的顶部。检查时可在上述部位的筒体外壳钻孔 $\phi 6 \sim 8mm$（视水银温度计粗细而定），孔深要穿透隔热保温层达到耐火砖外表面，在烘干后期插 300℃玻璃温度计，如果测试温度达到 120℃及以上，则说明该处烘干已符合要求，检查后用螺钉将检查孔堵上即可。

任务 2　投料试运行操作

任务描述：熟悉第一次点火投料前的准备工作；掌握投料的技术操作；掌握分解炉点火的技术操作；掌握紧急停窑及开窑的技术操作。

知识目标：熟悉第一次点火投料前的准备工作；掌握紧急停窑及开窑的技术操作。

能力目标：掌握投料的技术操作；掌握分解炉点火的技术操作。

2.1　第一次点火投料前的准备

（1）生料细度指标控制 $80\mu m$ 筛余在 $10\%\sim12\%$；$200\mu m$ 筛余＜0.5%；生料库存量大于 8000t；生料率值根据试生产情况进行调整。

（2）烟煤煤粉细度指标控制 $80\mu m$ 筛余＜12.0%，水分＜1.5%；热值＞25000kJ/kg；Aad≤20%。

（3）生料磨和煤磨系统应处于随时启动状态，保证能根据煅烧需要连续供料和供煤。

（4）封闭所有人孔门和检查孔，各级翻板阀全部复位，并调好配重保证开启灵活，检查废气处理系统及增湿塔喷水系统。

（5）确认冷却机热端空气炮可以随时投入使用。

（6）确认全系统 PLC 正常，各种开车、停车及报警信号正确。重点检查窑主传动控制系统、窑尾高温风机控制系统、窑头篦冷机控制系统的报警信号、报警值的设定及速度调节等。

（7）重点检查校验表 5.2.1 所示的仪器及仪表。

表 5.2.1　重点检查校验的仪器及仪表

序号	测点名称	序号	测点名称
1	窑尾烟室气体温度、压力	10	窑尾喂煤量
2	窑头罩负压	11	五级筒出口温度
3	窑主传动负荷	12	分解炉本体温度
4	篦冷机一室篦板温度	13	分解炉出口温度
5	篦冷机一室篦下压力	14	一级筒出口压力、温度
6	篦冷机二室篦板温度	15	高温风机负荷
7	篦冷机二室篦下压力	16	高温风机入口温度
8	生料喂料量	17	二次风温度
9	窑头喂煤量	18	窑尾烟室出口气体成分检测

（8）窑尾烟室和 C_5 出口处热电偶易损坏，应准备至少两支质量优良的备用热电偶。

（9）备齐窑头看火工具、窑尾预热器捅堵工具、捅料用个人防护用品（比如防护镜、石棉衣、手套等）。

（10）设备所需的润滑油、润滑脂等全部备齐；准备一些石棉绳、石棉板、水玻璃等用于系统密封和堵漏。

2.2　投料操作

（1）继续升温至窑尾温度 700～800℃时，启动窑主减速机稀油站组，窑的辅助传动改为主传动，在最慢转速下连续转窑，注意窑速是否平稳，电流是否稳定，如果不正常，应调整控制柜各参数。

（2）启动液压挡轮。

（3）加料前应随时注意 C_1 筒出口温度，防止入排风机废气超温。

（4）下料后适当延长油煤混烧时间，待窑头温度升高、能形成稳定火焰时，再停止喷油操作。

（5）点火后应随即开窑尾喂煤风机，既可降低出 C_1 筒废气温度，又可防止烘干不彻底产生的潮气倒灌喂煤系统。

（6）窑尾烟室废气温度的控制。

投料前应以窑尾废气温度为准，按升温制度调整加煤量，投料初期可控制在 1000～1100℃ 范围内，当尾温超过 1150℃ 时，要适当减少窑头用煤量，并检查窑尾烟室和炉下烟道内的结皮情况，如发现结皮要及时清理。

（7）窑速的控制。

窑尾废气温度达 200℃ 及以上时开始间断转窑，达到 800℃ 及以上时按电气设备允许最低转速连续转窑，到投料前窑速达到 1.0r/min。当生料进入烧成带即可开始挂窑皮，期间按窑内温度调整窑速，窑速一般控制在 1.0～2.0r/min。窑皮挂好后可将窑速提高到 2.0～3.0r/min，并加大生料喂料量、喂煤量，当窑产量接近设计指标时，窑速应达到 3.5～4.0r/min 左右。

（8）窑筒体表面温度的控制。

间断转窑时应投入窑筒体红外扫描测温仪，筒体表面温度应控制在 350℃ 以下，最高不得超过 400℃。

（9）加煤量的控制。

窑尾烟室温度达到 350℃ 及以上时可开始窑头加煤，实现油煤混烧，加煤量约为 1t/h 左右，不可太小，注意调整窑头一次风机转速和多通道喷煤管内外风比例来保持火焰形状，燃煤初期有爆燃回火现象，窑头看火操作应注意安全。

2.3   投料初期的操作

（1）投料前通知各岗位巡检人员，再次检查确认设备正常。

（2）逐步加大系统排风量，启动窑头一次风机，控制窑头负压在 30～50Pa，保持窑头火焰形状。

（3）窑尾烟室温度达到 1000℃ 及以上时，启动喂料系统。

（4）投料前，预热器应自上而下用压缩空气吹扫一遍；低产量投料生产时，应 1h 吹扫一次；稳定生产时，2h 吹扫一次。

（5）窑尾烟室气体温度达 1000℃、分解炉出口温度达 800℃ 以上、C_1 筒出口达 450℃ 时开启生料计量仓下的电动流量阀投料。通过生料固体流量计监控初始投料量在 250～280t/h 左右。如 C_1 出口温度曲线下滑说明生料已入预热器，此时应注意控制喂煤量以保持窑尾烟室温度在 1050～1100℃。通过观察 C_5 入窑物料温度确认料已入窑。喂料后生料从 C_1 级预热器到窑尾只需 30s 左右，在加料最初 1h 内，要特别注意预热器的翻板阀，发现闪动不灵活或有堵塞征兆要及时处理；投料的第一个班要设专人看管各级旋风筒的翻板阀，及时调整重锤的位置，此后预热器系统如无异常则可按正常巡回检查。旋风筒锥体是最易堵塞部位，加料初期可适当增加旋风筒循环吹堵吹扫密度和吹扫时间，以后逐渐转为正常。

（6）调整冷风阀开度，使高温风机入口温度不超过400℃。在设定喂料量下进行投料。

（7）启动分解炉喂煤组，炉煤量设定2t/h。

（8）熟料出窑后，二次风温升高，可适当增加窑速及窑头用煤量。

（9）当篦冷机一室篦下压力逐渐升高，应加大该室各风机入口阀门开度，当压力超过4500Pa时，可启动篦冷机带料运转。注意熟料到哪个室，就应加大该室鼓风量，并用窑头排风机入口阀门开度调整窑头罩负压在30～50Pa范围内。

（10）初次投料时，由于设备处于磨合期，易发生各种设备、电气故障。一旦发生设备故障，要及时止煤、止料，保护设备和人身安全。

（11）废气温度的控制。

窑尾袋收尘器的入口气体温度一般控制在200℃以下，当温度高于200℃时应开泵喷水降温，试生产的投料初期可控制增湿塔出口温度在160～180℃，并以此调节增湿水量；生产正常后，在不湿底的情况下逐步增加水量降低出口气体温度，控制进袋收尘器的气体温度在130～150℃左右。

（12）窑开始投料后，窑尾收尘系统的输送设备要全部开启。如果灰斗积灰较多，拉链机应断续开动，以免后面的输送设备过载。

（13）增湿塔排灰输送机的转向视出料水分而定，当排灰水分在4％以下时可送至生料均化库，水分≥4％时废弃。投产初期因操作经验不足，或前后工序配合不当造成排灰水分超标，宁可多废弃，也不要回库，以免造成堵塞而影响生产。

（14）当生料磨启动抽用热风时，入增湿塔的废气量将减少，这时要及时调整增湿塔喷水量。

2.4　紧急停车操作

（1）岗位巡检人员发现设备有不正常的运转状况或危及人身安全时，可通过机旁按钮盒上的紧急停车按钮进行紧急停车操作。

（2）控制室操作员要进行紧急停车时，可通过计算机键盘操作"紧停"按钮，则联锁组内设备依次停机。

2.5　故障停车后的重新启动操作

故障停车后的重新启动是指紧急停车将故障排除后，窑内仍保持一定温度时的烧成系统启动。窑内温度较低时，先翻窑后采用喷油装置点火，燃油燃烧后再启动喷煤系统，喷煤量的大小应视窑内情况灵活掌握；窑内温度较高时，喷煤前应先转窑，将底部温度较高的熟料翻至上部，直接喷入煤粉即可发生燃烧反应。

2.6　分解炉的点火操作

正常生产条件下，窑尾废气温度、末级预热器物料温度都比较高，进入分解炉内的气体温度也比较高，大于煤粉的燃点，因此，只要将煤粉喷入分解炉内，煤粉即可以发生燃烧反应。

任务 3 正常生产操作

任务描述：掌握窑的操作参数及运转中的调整技能；掌握判断操作参数异常的方法及处理技能；掌握常见的故障及处理方法；掌握紧急窑情的处理方法。

知识目标：掌握窑的操作参数及运转中的调整技能；掌握操作参数异常的判断及处理方法。

能力目标：掌握常见的故障及处理方法；掌握紧急窑情的处理方法。

3.1 操作参数的调整

(1) 随着生料量的增加、窑头用煤量的增加、分解炉用煤量的增加，要特别注意观察分解炉及 C_5 出口气体温度的变化。

(2) 窑速与生料量的对应关系如表 5.3.1 所示：

表 5.3.1 窑速与生料量的对应关系

喂料量（t/h）	250	270	280	290	300	310	320	330	340	350
窑速（r/min）	2.0	2.2	2.4	2.6	2.8	3.0	3.2	3.4	3.5	3.6

(3) 根据情况启动窑筒体冷却风机组。烧成带窑皮正常时，筒体表面温度 250～320℃ 较正常。温度超过 350℃，筒体需进行风冷。

(4) 随窑产量提高，注意拉风，最好不要使高温风机入口温度超过 350℃。

(5) 烧成操作，最主要就是使风、煤、料最佳配合，具体指标是：窑头煤比例 40%，烟室 O_2 含量 2%～3%，CO 含量小于 0.3%；分解炉煤比例 60%，分解炉出口温度 880～920℃；窑喂料量 330～350t/h，C_1 出口气体中的 O_2 含量 3.5%～5%，温度 320～340℃。

(6) 初次投料，当投料量 250～280t/h 时应稳定窑操作，挂好窑皮，一般情况 8～16h 可挂好窑皮，再逐步加大投料量。

(7) 在试生产及正常生产时，若生料磨系统未投入生产，当增湿塔出口温度超过 200℃，增湿塔内即可喷水，喷水量可通过调整回水阀门开度控制。初期产量低时为稳妥起见，增湿塔出口温度可控制在 150～160℃。系统正常后，可逐步控制在 130～150℃。若生料磨系统同步生产，增湿塔的喷水量和出口温度的控制必须满足生料磨的烘干要求。依据生料磨的出口温度及生料成品的水分来控制增湿塔的喷水量以使其出口达到一个合适温度。

(8) 当窑已稳定，入窑尾大布袋废气 CO 含量<0.5% 时，应适时投入大布袋，以免增加粉尘排放。

(9) 窑头罩负压控制：调整窑头电收尘器排风机进口阀开度控制窑头罩负压 20～40Pa。

(10) 烧成带温度控制：试生产初期，操作员在屏幕上看到的参数还只能作为参考。

应多与窑头联系，确认实际情况。烧成带温度高低，主要判断依据有：①烟室温度；②窑电流；③高温工业看火电视。

操作员应能用肉眼熟练观察烧成带温度，同时要依据其他窑况作为辅助，区别特殊情况。例如：当窑内通风不良或黑火头过长时，尾温较高，而烧成带温度不一定高；烧成带温度高，窑电流一般变大，但当窑内物料较多，电流也较高；而烧成带温度过高，物料烧流时，窑电流反而下降。

（11）高温风机出口负压控制：用窑尾大布袋排风机入口阀门开度控制高温风机出口负压 200～300Pa。

（12）窑头电收尘器入口温度控制：增大篦冷机鼓风量，保持窑头罩负压，使该点温度控制在小于 250℃。必要时还可开启入口冷风阀降温。

（13）烟室负压控制：正常值 100～200Pa，由于该负压值受三次风、窑内物料、系统拉风等因素的影响，应勤观察，总结其变化规律，掌握好了，能很好地判断窑内煅烧情况。

3.2 正常生产的操作参数

正常生产时的操作参数如表 5.3.2 所示。

表 5.3.2 正常生产的操作参数

序号	操作参数	控制范围	单位
1	投料量	330～350	t/h
2	窑速	3.5～4.0	r/min
3	窑头罩负压	20～50	Pa
4	入窑头电收尘器风温	<250	℃
5	二室篦下压力	5800～6400	Pa
6	五室篦下压力	3000～3700	Pa
7	三次风温	>850	℃
8	窑电流	600～800	A
9	窑尾烟室温度	1050～1150	℃
10	窑尾烟室负压	100～300	Pa
11	烟室废气中 O_2 含量	2～3	%
12	烟室废气中 CO 含量	<0.3	%
13	分解炉本体温度	870～930	℃
14	分解炉出口温度	880～920	℃
15	C_5 出口温度	860～880	℃
16	C_5 下料温度	850～870	℃
17	C_4 出口温度	780～800	℃
18	C_3 出口温度	670～690	℃
19	C_1 出口温度	300～320	℃
20	C_1 出口负压	4500～5300	Pa
21	高温风出口负压	200～300	Pa
22	窑尾大布袋入口温度	110～150	℃
23	窑筒体最高温度	<350	℃
24	生料入窑表观分解率	>90	%
25	出篦冷机熟料温度	65℃＋环境温度	℃

3.3　常见的故障及处理

（1）燃油器
燃油器常见的故障及处理如表 5.3.3 所示。

表 5.3.3　燃油器常见的故障及处理

序号	故障名称	故障原因	处理方法
1	喷头不出油	1. 喷头发生堵塞； 2. 阀门位置不对； 3. 油压力不足，要求达到 2.5MPa	1. 清洗； 2. 调整； 3. 调整
2	喷头雾化不良，产生滴油、烟囱冒黑烟现象	1. 燃烧器调整不佳； 2. 压力不足； 3. 过滤网有杂物； 4. 油量过大； 5. 风量配合不佳； 6. 喷头处有杂物； 7. 喷油管的位置不对	1. 调整； 2. 调整； 3. 清洗； 4. 关小节流阀； 5. 调节轴向风、径向风阀门开度； 6. 清洗； 7. 调整喷油管的位置
3	喷油形成的火焰形状不佳	火焰过粗或过细，冲扫窑皮及耐火砖	调节用风或更换雾化片

（2）火焰
火焰常见的故障及处理如表 5.3.4 所示。

表 5.3.4　火焰常见的故障及处理

序号	故障名称	故障原因	处理方法
1	火焰分叉	1. 喷煤管头部有杂质； 2. 送煤粉空气量不够： (1) 风机过滤网积灰过多； (2) 管道缝有杂物堵塞； (3) 喷煤管口变形	1. 清除； 2. (1) 清除； (2) 清除； (3) 更换
2	火焰过粗	1. 内风、外风比例不匹配； 2. 一次风量过大	1. 增大外风或减小内风，增大出口风速； 2. 适当关小一次风机的阀门开度

（3）窑尾喂料系统
窑尾喂料系统常见的故障及处理如表 5.3.5 所示。

表 5.3.5　窑尾喂料系统常见的故障及处理

序号	故障名称	故障原因	处理方法
1	气动流量控制阀开关不到位	1. 压缩空气的压力不够； 2. I/O 没有返回，实际上已到位	1. 提高空压机出口压力； 2. 通知仪表人员处理

序号	故障名称	故障原因	处理方法
2	固体流量计流量保持最大值，不能调整	流量阀门被异物卡住	1. 停生料喂料秤，采取旁路喂料； 2. 拆开流量阀取出异物
3	固体流量计流量不能超过某一数值	流量阀执行机构行程中有死点	调节电机和执行机构叶片的固定螺丝
4	斜槽堵死，生料外泄	负荷太大，斜槽上方负压不足	1. 停止进料； 2. 风机继续开，人工振动斜槽壁促进生料流动； 3. 重新启动时，减轻斜槽负荷
5	提升机跳停	1. 失去备妥； 2. 跑偏； 3. 料位高报警	1. 通知电工恢复备妥，重新启动； 2. 重新启动失败，停车打开后盖清理积灰，停车钳工处理
6	斜槽风机震动大	1. 轴承缺油； 2. 轴承损坏	1. 轴承加油； 2. 停风机，更换轴承
7	回转阀跳停	1. 失去备妥； 2. 回转阀被卡死； 3. 回转阀转速低报警	1. 电工恢复备妥后重新启动； 2. 清除卡死回转阀的异物，重新再开启； 3. 通知电工处理

（4）设备跳闸

设备常见的跳闸故障及处理如表5.3.6所示。

表5.3.6　设备常见的跳闸故障及处理

序号	故障名称	处理方法
1	一次风机跳闸	停止喂煤、喂料，根据情况再作停窑处理
2	预热器高温风机跳闸	1. 停入窑生料及分解炉的喂煤； 2. 减小篦冷机的冷却风量，适当降低篦速； 3. 窑筒体间隔慢转； 4. 减少窑头用煤量，必要时停止喂煤； 5. 若保温时间达4h以上，要清理烟室
3	分解炉喂煤系统跳闸	1. 减小喂料量，进入SP窑操作； 2. 关小三次风风门开度； 3. 适时减少窑头喂料量； 4. 降低窑总通风量及冷却机冷却风量； 5. 加强临视各翻板阀工作情况，每小时清理一次旋风筒下料管翻板阀； 6. 每小时清理一次烟室积料
4	冷却机低温段风机跳闸	1. 减少投料量； 2. 加大热端风机风量

序号	故障名称	处理方法
5	窑头收尘排风机跳闸	1. 关闭低温段风机入口阀门； 2. 降低窑速； 3. 减少投料量及喂煤量； 4. 密切注意箅床上物料冷却情况
6	停电	1. 启动备用电源； 2. 冷风阀全部打开； 3. 窑改辅助传动，来电后立即慢转窑；启动固定箅床及一室风机； 4. 高温风机改辅助传动； 5. 恢复运行前应清理预热器下料管，清理烟室积料

（5）箅冷机

箅冷机常见的故障及处理如表5.3.7所示。

表5.3.7　箅冷机常见的故障及处理

序号	故障名称	故障原因	处理方法
1	熟料被吹起来	1. 风量太大； 2. 箅床上料层不均匀； 3. 料层厚度和风量不匹配	1. 检查风量，减少外部区域冷却风量； 2. 安装窄板或改变窄缝
2	热回收效率低或二次风温低	1. 热回收区风量太大； 2. 风出现短路现象； 3. 窑头抽风太大	1. 检查风量，调整风量； 2. 检查不正确的风机风门开度； 3. 关小窑头收尘排风机的风门，减少窑头漏风，控制窑头罩负压在30~50Pa
3	出冷却机熟料的温度高	1. 卸料区冷却风量不足； 2. 卸料端熟料冷却不充分，出现"红河"现象； 3. 熟料颗粒大； 4. 在卸料区熟料结料； 5. 箅床速度太快，料层厚度太薄	1. 检查风量并调整； 2. 安装窄板（阻器）； 3. 增加卸料区风量，降低卸料的熟料温度； 4. 适当降低箅板速度
4	箅板漏料过多	1. 箅板破裂或断裂； 2. 间接充气风量不足，直接充气风量不足，密封风量不足	1. 更换损坏箅板； 2. 调整风机风量
5	堆雪人	1. 卸落的熟料温度高； 2. 卸料区冷却风量不足，如风机跳停； 3. 液相量多； 4. 煤粉灰分高； 5. 箅冷机空气炮不动作	1. 调整火焰形状，延长冷却带； 2. 调整风机的风量； 3. 检查并调整生料化学成分； 4. 检查燃料化学成分； 5. 检查或维修空气炮

序号	故障名称	故障原因	处理方法
6	掉箅板	箅板固定螺栓脱落	1. 按停窑程序停窑; 2. 继续通风冷却熟料,开大冷却机风机入口阀门,使风改变通路,减少入窑二次风量; 3. 继续开动箅床把熟料送空,注意箅板不能掉入破碎机,捡出掉落的箅板; 4. 有人在箅冷机内作业时,禁止窑头喷煤保温
7	电动弧形阀故障	1. 风室漏料; 2. 转动零件磨损严重	1. 检查各风室漏料情况; 2. 及时更换损坏零件
8	固定箅床堆积熟料	1. 烧成带温度过高; 2. 冷却风量不足; 3. 熟料率值偏差过大	1. 减少窑头喂煤量; 2. 增加冷却风量; 3. 调整生料配比; 4. 应用空气炮处理; 5. 停窑从冷却机侧孔及时进行清理
9	熟料出现"红河现象"	箅速过快	适当降低箅床速度,调整风机阀门开度
10	箅板温度高	1. 熟料粒度过细; 2. 熟料 SM 值过大; 3. 一室冷却风量过大,熟料被吹穿; 4. 固定箅板及一室风量过小,不足以冷却熟料; 5. 箅床上有大块,此时风压大,风量小; 6. 箅床速度过快,料层过薄	1. 提高烧成带的温度; 2. 调整配料方案,适当降低熟料 SM 值; 3. 关小一室风机阀门开度,适当减慢箅速; 4. 应开大固定箅板一室风机阀门开度,适当加快箅速; 5. 适当增加一室风机阀门开度,增大一室冷却风量; 6. 适当减慢箅速

（6）窑及预热器

窑及预热器常见的故障及处理如表 5.3.8 所示。

表 5.3.8 窑及预热器常见的故障及处理

序号	故障名称	故障原因（现象）	处理方法
1	跑生料	1. 窑尾温度下降过大,喂煤量过少; 2. 预热器塌料,生料涌入烧成带; 3. 火焰被生料压缩,烧成带温度下降比较大,窑头负压波动大	1. 减少生料喂料,减窑速; 2. 当出现跑生料预兆时或跑生料前期,可适当加煤。当跑生料已成事实,窑头温度下降较大,宜适当减少喂料量及喂煤量。待电流及烧成带温度呈上升趋势时,即可加料,提高窑速,加料幅度不宜过大
2	预热器塌料	1. 系统排风量突然下降; 2. 锥体负压突然降低; 3. 窑尾温度下降幅度很大; 4. 窑头负压减小,呈正压状态	1. 小塌料可适当增加窑头喂煤量或不作处理; 2. 大塌料按跑生料故障处理

序号	故障名称	故障原因（现象）	处理方法
3	掉窑皮、垮圈	1. 窑电流短时间内上升很快； 2. 窑内可见暗红窑皮； 3. 有可能出现局部高温	1. 调整火焰高温点，提高烧成带的热力强度； 2. 适当降低窑速，待窑内正常时可缓慢恢复窑速； 3. 开启窑筒体冷却风机
4	预热器锥体堵塞	1. 下料翻板阀长期窜风，下锥体结皮； 2. 分解炉煤粉未充分燃烧，物料黏性增大，逐步积于锥体，未及时清堵； 3. 锥体负压急剧减少，下料温度下降，出口温度上升	堵料已经发生，按停窑顺序停窑，停窑 4h 之内禁止用拉大风的方法处理堵料，需要人工捅堵
5	温度指示误差大	1. 热电偶被物料糊住； 2. 热电偶被烧断	1. 清理积料； 2. 更换热电偶
6	压力指示偏低	1. 测压管被粉尘堵塞； 2. 旋风筒积料	1. 用压缩空气吹扫测压管； 2. 用压缩空气吹扫旋风筒锥部
7	上升烟道结皮	1. 原料中含有碱、氯、硫等有害成分； 2. 窑尾温度偏高； 3. 窑尾还原气氛严重； 4. 系统热工制度不稳定	1. 清理结皮； 2. 定时使用空气炮； 3. 调整进分解炉的分料比例； 4. 防止窑内产生还原气氛； 5. 加强原燃材料预均化
8	窑尾密封圈冒灰	1. 上升烟道结皮； 2. 窑尾斜坡积料； 3. 窑内物料填充率太高	1. 同 7； 2. 清理斜坡积料； 3. 减少生料喂料量或止料，加大窑速
9	窑头密封圈冒灰	1. 窑头正压太大； 2. 跑生料； 3. 冷却机堆"雪人"	1. 放慢篦床速度，加大窑头抽风； 2. 减料、减煤、减风； 3. 处理堆"雪人"故障
10	托轮油壶温度高	1. 冷却水量不足； 2. 油路不畅	1. 加大冷却水量； 2. 疏通油路
11	窑筒体温度高	1. 掉窑皮； 2. 耐火砖薄； 3. 烧成带温度高； 4. 入窑生料率值不当，不容易挂窑皮； 5. 烧成带掉砖引起红窑	1. 开启筒体冷却风机，冷却高温区； 2. 调节燃烧器内外风比例，改变火焰的高温区，如筒体温度高于 400℃ 还有上升趋势，只有采取停窑换砖； 3. 保证入窑生料分解率，减轻窑头压力； 4. 适当提高生料的铝率； 5. 停窑补砖
12	窑筒体温度低	窑皮太厚	1. 窑速快； 2. 提高入窑生料硅率值，降低铝率

（7）熟料及回灰输送系统

熟料及回灰输送系统常见的故障及处理如表 5.3.9 所示。

表 5.3.9　熟料及回灰输送系统常见的故障及处理

序号	故障名称	故障原因	处理方法
1	熟料输送机跳停	1. 无备妥； 2. 过载跳停； 3. 拉绳开关动作跳停	1. 电工检查后恢复备妥重启即可； 2. 检查过载原因，排除故障后重启； 3. 复位拉绳开关后重启
2	篦冷机水平拉链机跳停	过载跳停	如果篦冷机风室漏料不多，且故障 15min 内能排除，可不停窑，反之就要停窑处理
3	收尘器回灰拉链机、螺旋输送机、回灰阀跳停	1. 过载跳停； 2. 连锁跳停	1. 如果处理时间在 15min 以内，可先打至现场手动位置再启动，故障排除后中控重启，否则只有停窑处理； 2. 满足连锁条件后重新送高启动
4	窑头袋收尘器跳停	1. 连锁跳停； 2. 其他原因	1. 满足连锁条件后重新送高启动； 2. 15min 内不能排除故障，只有停窑处理

3.4　操作参数异常的判断及处理

（1）窑尾温度过高

窑尾温度过高的判断及处理如表 5.3.10 所示。

表 5.3.10　窑尾温度过高的判断及处理

序号	原因	判断	处理方法
1	某级预热器堵塞，来料减少	结合预热器各点温度、压力，判断堵塞位置	止料处理
2	窑头用煤量过多	分解炉加不进煤，窑筒体表面温度偏高，窑炉用煤比例不合适	窑头减煤
3	黑火头偏长，煤粉细度粗	根据窑尾烟气 O_2 含量及用肉眼观察方法	调整燃烧器内风及外风的比例；降低煤粉细度指标
4	窑内通风不良	窑尾烟气 O_2 含量低，CO 浓度偏高	增大系统拉风
5	热电偶损坏	温度单向性变化	换热电偶

（2）窑尾温度过低

窑尾温度过低的判断及处理如表 5.3.11 所示。

表 5.3.11　窑尾温度过低的判断及处理

序号	原因	判断	处理方法
1	C_2、C_3、C_4 级预热器塌料	窑头间歇反火，预热器压力瞬间变化比较大	塌料量小时，可略减窑速；塌料量大时，减窑速的同时再减料
2	窑内有后结圈	窑尾负压增大，可短时间止料、止煤，向窑内观察后结圈的位置及形状	结圈小时，将燃烧器伸进窑内适当距离，并降低窑速、减料； 结圈大时，采取冷热交替的办法

序号	原因	判断	处理方法
3	窑内通风量过大	窑尾废气中的 O_2 含量高	减少系统通风量
4	窑尾烟室热电偶上结皮	温度反应迟钝，指示明显偏低	处理结皮；换热电偶

（3）窑尾负压过高

窑尾负压过高的判断及处理如表 5.3.12 所示。

表 5.3.12　窑尾负压过高的判断及处理

序号	原因	判断	处理方法
1	系统拉风过大	高温风机入口负压高，C_1 出口风温高	减少系统排风量
2	窑内结圈	窑尾废气温度低，窑头火焰无力发飘	结圈小时，可调煤管位置、一次风量处理结圈
3	烟室斜坡积料	现场观察	适当降低窑尾温度

（4）窑尾负压过低

窑尾负压过低的判断及处理如表 5.3.13 所示。

表 5.3.13　窑尾负压过低的判断及处理

序号	原因	判断	处理方法
1	系统总排风量不足	高温风机入口负压偏低，C_1 出口风温低	增大系统拉风
2	分解炉下缩口结皮	三次风入炉压力偏高	处理分解炉的结皮
3	烟室斜坡积料	现场观察	适当降低窑尾温度

（5）末级预热器入口温度升高

末级预热器入口温度升高的判断及处理如表 5.3.14 所示。

表 5.3.14　末级预热器入口温度升高的判断及处理

序号	原因	判断	处理方法
1	加料不足或突然分解炉断料	某级旋风筒堵塞，或 C_4 塌料入窑	1. 迅速减煤；2. 确认有堵塞时止料；无堵塞时，控制分解炉的喂煤量至温度正常
2	分解炉喂煤失控	分解炉温度迅速升高	迅速止尾煤，待温度降下后减料，查找故障点

（6）一级预热器出口温度升高

一级预热器出口温度升高的判断及处理如表 5.3.15 所示。

表 5.3.15　一级预热器出口温度升高的判断及处理

序号	原因	判断	处理方法
1	喂料量变小	各级筒温度普遍升高，且负压下降	加大生料喂料量
2	系统通风量过大	高温风机入口负压升高	减少系统通风量

3.5 紧急窑情的处理

3.5.1 高温风机停机

1. 现象

（1）系统压力突然增加。

（2）窑头罩出现正压。

（3）高温风机电流显示为零。

2. 处理措施

（1）立即停止分解炉的喂煤量。

（2）立即减少窑头的喂煤量。

（3）适当降低窑速。

（4）退出摄像仪、比色高温计等仪表，以免其遭到损坏。

（5）调节一次风量，保护好燃烧器。

（6）根据实际情况，调整篦床速度，减少冷却风量，调整窑头排风机转速，保持窑头呈负压状态。

（7）待高温风机故障排除启动后进行升温，重新投料操作。

（8）若高温风机启动失败，采取下列技术操作：减小篦冷机鼓风量；增加篦冷机排风机风量，尽量保持窑头罩为负压；适当降低窑速；适当降低篦床速度；适当减小一次风量，防止过多的冷空气破坏窑皮及耐火材料。

3.5.2 生料断料

1. 现象

（1）一级预热器出口气体温度急剧上升。

（2）每级预热器及烟室负压迅速增加。

（3）每级预热器的温度值都迅速升高。

2. 处理措施

（1）迅速停止分解炉的喂煤。

（2）迅速调整喷水系统喷水量，确保进高温风机气体温度不超过320℃（生料磨停机时小于240℃）。

（3）迅速降低窑尾高温风机转速。

（4）根据尾温变化适当减少窑头喂煤量，保证正常的烧结温度。

（5）根据情况降低窑速。

（6）降低篦冷机的篦床速度，减少冷却风量。

（7）如果断料事故在30min之内成功处理，则将窑置于最低转速；停止篦冷机篦床，并根据篦床熟料厚度间歇运转。

3.5.3 窑主电机停

1. 现象

窑停止运转。

2. 处理措施

（1）重新启动窑主电机。

（2）若启动失败，马上执行停窑操作程序：停止喂料；停止分解炉喂煤；减少窑头喂煤；减小窑尾高温风机转速；减小箅冷机箅床速度；减少箅冷机鼓风量；调节箅冷机排风量，保持窑头罩负压；启动窑的辅助传动，防止窑筒体变形。

3.5.4　分解炉断煤

1. 现象

分解炉温度急剧降低。

2. 处理措施

（1）迅速降低窑速。

（2）迅速降低生料喂料量。

（3）迅速减慢窑尾高温风机转速。

（4）减慢冷却机箅床速度。

（5）查找断煤原因。

3.5.5　箅冷机箅板损坏

1. 现象

（1）箅冷机风室内严重漏料。

（2）箅板温度过高。

（3）箅板压力下降。

2. 处理措施

（1）仔细检查，确认箅板已经损坏，这时要执行停机程序：停止喂料；停止分解炉喂煤；减少窑头喂煤；将窑主传动转为窑辅助传动；增加箅冷机鼓风量，目的是加速熟料冷却；增加箅冷机的箅速，加速物料的输送速度，最快排出物料。

（2）当箅冷机的温度降低到人可以进入时，执行下列操作：停止所有的鼓风机；停止箅冷机驱动电机；停止箅冷机破碎机；停止窑的辅助传动；所有 ICV 开关均已上锁；如果翻动窑体，维修人员必须先撤出箅冷机。

3.5.6　箅冷机排风机停机

1. 现象

（1）窑头罩呈正压。

（2）排风机电流降为"0"。

2. 处理措施

（1）将箅冷机后段风机转速都设定为"0"，减少前段风机的鼓风量。

（2）降低箅冷机的箅床速度。

（3）减少窑的喂料量和喂煤量。

（4）降低窑的转速。

（5）增加窑尾高温风机的排风量。

（6）关闭排风机的风门，重新启动。

（7）若启动失败，则采取下列操作程序：减少生料喂料量；减少窑炉煤量；降低窑速；降低箅床速度；调整高温风机转速，尽量保持窑头负压；调整箅冷机前段风机的鼓风量；再重新启动。

3.5.7 箅冷机驱动电机停机

1. 现象

（1）箅床压力增加。

（2）箅冷机鼓风量减少。

2. 处理措施

（1）减少生料喂料量。

（2）减少窑炉喂煤量。

（3）窑的转速减为最慢。

（4）减小窑尾高温风机的转速。

（5）关闭箅冷机速度控制器后重新启动。

（6）若启动失败，启动紧急停机程序，及时通知电工和巡检工进行检查处理，完毕后按启动程序重新升温投料。

3.5.8 燃烧器净风机停机

1. 现象

（1）火焰形状改变。

（2）风压降低为零。

2. 处理措施

（1）关闭净风机的风门，重新启动。

（2）如果启动失败，则减少生料喂料量；减少窑炉煤量；降低窑速；降低箅床速度；调整高温风机的转速，保持窑内处于氧化气氛，煤粉完全燃烧，减少生成 CO；电工和巡检工检查处理后，按启动程序重新升温投料。

3.5.9 熟料输送设备停机

1. 现象

（1）冷却机负载加重。

（2）冷却机里有大块窑皮。

（3）箅下压力高。

（4）箅冷机驱动电机电流升高。

2. 措施处理

（1）立即将窑速调到最小，重新启动熟料输送机和箅冷机驱动电机。

（2）10min 之内不能成功启动，需要执行停窑操作程序。

（3）窑停之后，减少转窑次数，防止箅冷机超载。

3.5.10 红窑

1. 现象

（1）筒体表面有明显的变色迹象。

（2）筒体表面扫描温度在 450℃ 及以上。

（3）出窑熟料中有掉落的耐火砖。

2. 处理措施

（1）开启筒体冷却风机。

（2）改变煤管的内风外风比例，保持火焰细长，不会侵蚀窑皮。

（3）尽可能地减少停窑和开窑，维持正常的烧成带温度。

（4）改变入窑生料的化学组分，避免生料饱和比过高，保证有足够的液相量，改善生料的易烧性。

（5）如果红窑部位发生在烧成带，并且红迹面积不是很大，可以采取补挂窑皮的办法继续正常生产；如果红窑部位发生在轮带及其附近部位，这里通常不能挂上窑皮，应马上停窑。

（6）不能向红窑部位泼洒冷水，这样将使筒体变形。

3.5.11　全线停电

1. 现象

生产线的所有设备全部停止运转。

2. 处理措施

（1）迅速通知窑头岗位启动窑辅助传动柴油机。

（2）通知窑巡检手动将煤管退出。

（3）通知窑巡检将摄像仪、比色高温计退出。

（4）通知箅冷机巡检岗位人员特别注意冷却机箅床的检查。

（5）供电正常后，将各调节器设定值、输出值均打至 0 位。

（6）供电后应迅速启动冷却机冷却风机、窑头一次风机、熟料输送设备，重新升温投料。

3.6　安全注意事项

（1）窑点火时一定注意调整窑头负压，特别是短时间停窑重新点火时，防止窑头向外喷火伤人。

（2）窑投料运转，现场打开人孔门作业时，防止热气向外喷出伤人。

（3）窑正常运转时，控制 CO 含量在 0.20％以下，防止收尘设备发生燃烧爆炸事故。

（4）巡检中特别注意检查大型电机的电流及轴承温度，防止设备跳停和烧坏。

（5）根据窑筒体表面温度的变化，控制窑皮的厚度，保护窑筒体发生变形。

（6）进入分解炉的废气未达到煤粉燃烧温度时，严禁给煤操作，以免发生燃烧爆炸事故。

（7）操作过程中注意风、煤、料及窑速的配合，防止温度过高烧坏有关设备。

（8）停窑时应尽量将煤粉仓中的煤粉烧空，防止煤粉自燃，便于检查、维修煤粉输送设备。

（9）窑尾排风机入口温度不允许超过 320℃，若有超过趋势，开启喷水降温装置。

（10）保护好窑尾大布袋收尘器，当生料磨未开时，高温风机入口温度不允许超过 240℃。

（11）保护好窑头大布袋收尘器，收尘器入口温度不允许超过 180℃。

（12）增湿塔排灰水分过高（手抓成团）时，不得输送到均化库，要采取外放处理。

思 考 题

1. 预分解窑内新砌筑的耐火材料为什么要进行烘干操作？
2. 预分解窑如何进行烘窑操作？
3. 耐火材料烘干结束标志是什么？
4. 预分解窑第一次点火投料前的准备工作有哪些？
5. 简述预分解窑投料初期的操作要点。
6. 预分解窑如何进行紧急停窑操作？
7. 如何进行分解炉的点火操作？
8. 简述篦冷机常见的故障及处理。
9. 如何处理窑尾高温风机跳停故障？
10. 如何处理预分解窑的红窑故障？
11. 如何处理分解炉的停煤故障？
12. 如何处理生料断料故障？

项目6　预分解窑煅烧系统作业指导书

项目描述： 本项目详细地讲述了生产巡检、设备巡检作业、中控操作等方面的专业知识和技能。通过本项目的学习，掌握预分解窑巡检内容及巡检操作等方面的技能；掌握预分解窑煅烧系统的预热器、分解炉、回转窑、煤粉燃烧器、箅冷机等设备巡检、设备保养及维护等方面的技能；掌握板式斗提机和皮带输送机的维护保养及检修操作规程。

任务1　预分解窑生产的巡检

任务描述： 新型干法水泥生产线的巡检是工艺和设备管理的一个重要环节。要保证生产设备的安全运行，不管是中控操作员的画面监视，还是现场巡检人员的具体巡检，都要认真对待。现场巡检人员一定要佩戴合格的劳保用品，携带必需的巡检工具和器具，按"一巡、二检、三报、四处置"的原则，及早发现问题，及早处理问题，确保生产设备安全高效运转。

知识目标： 掌握机器巡检、人工巡检及巡检要求等方面的知识内容。

能力目标： 掌握预分解窑巡检内容及"五感"巡检等方面的操作技能。

1.1　机器巡检

预分解窑水泥生产企业的回转窑、生料磨、煤粉磨、水泥磨、原燃材料预均化库的堆料及取料等设备都是中控操作员通过控制系统来完成监控的。中控操作员通过观察模拟工艺流程显示的页面，利用鼠标、键盘就可以完成对工艺过程的操作控制。这个系统就是和人工巡检有着本质区别的机器巡检系统。

根据生产工艺和自动控制的需要，预分解窑煅烧系统在重点和关键要害部位装有温度、压力、流量、浓度、料位、振动、转速等传感器，用来采集现场生产工艺和设备的相关数据，窑操作员根据这些数据，完成对预分解窑的操作和控制。生产系统还装有视频摄像机，直接反映现场的真实生产状况，比如窑头和箅冷机的看火电视等，它们就是最典型的"机器眼睛"，操作员不用到现场，就能直观地看到窑内的燃烧火焰和箅冷机内的熟料冷却情况。回转窑筒体扫描仪也是一种"机器眼睛"，通过它窑操作员能直接观察到窑筒体表面温度，准确判断窑内耐火砖及窑皮的厚度。因此，中控操作员更多地是坐在中控室的电脑前，用眼睛巡视，用画面信息分析和判断，实现对预分解窑的操作和控制。

1.2　人工巡检

现场人工巡检是获取设备状态信息和系统工艺状况的另一个重要渠道。现场人工巡检是整个工艺控制的必要和有机组成部分，与机器巡检互为补充。当仪器、仪表失灵时，机器巡检就失去应有的作用，这时只有依靠现场巡检发挥作用。现场巡检人员，除了接受中控操作员的指令执行辅助操作外，重要的一项工作就是巡回检查：检查生产工艺状况，检查设备运行状况。

1.3 巡检内容

预分解窑生产企业的现场巡检分为三级巡检或多级巡检，其巡检的内容如下：

（1）车间（工段）岗位工的巡检

按岗位巡检责任制要求，对所分管区域内的设备进行巡检并做好记录，班长负责，各岗位自行巡检，一般有定时、定点、定线等要求。

（2）车间（工段）管理人员的巡检

车间或工段负责人组织，车间或工段副职或职能人员进行巡检，检查各岗位的巡检执行情况和记录。这个级别的巡检，对人员级别、技术水平的要求相对较高。

（3）厂级的工艺、机电专业人员等的巡检

由厂领导组织，各职能部门负责人或职能人员参加，检查工艺设备管理制度的执行、日常巡检的执行及巡检记录，检查主机设备的运行情况和故障频发设备的运行情况；对异常设备进行监测和会诊，并提出具体的解决措施；对设备维护、保养及设备卫生进行考核评比。这个级别的巡检，对人员级别、技术水平的要求更高。

三级巡检或多级巡检的实质是要求全员参与巡检管理。它的重要意义是按不同频度、不同层次、不同侧重来对不会"说话"的设备进行"望、闻、问、切"。生产工艺及设备有了问题能及早发现，有了问题能及时处置，把故障或者事故消灭在萌芽状态，确保生产工艺系统的正常运转。高级别的巡检，可能要解决现场更关键、更重要的疑难杂症。通过各种巡检资料的累积，分析把握设备现状，预知设备的未来运行情况，为进一步制定设备维护及保养打下坚实基础。

巡检的"巡"就是要按标准，沿着一定的点，走一定的路线，由点到线，面面俱到，不留死角。但有明确警示不得靠近的，一定不要靠近或正对！比如有毒气体、防爆阀、压缩空气或蒸汽安全阀等的喷出口，以及系统正压气体的可能溢出部位。巡检的"检"就是通过眼看、耳听、鼻子闻、手摸等直接感知，而高温、高压，运动的、带电的、内部的设备，还需要借助仪器仪表的间接测量，获得相关的技术数据，与标准值进行比对，判定设备、设施是否处于正常生产状态。所以"巡检"一定要"巡"、一定要"检"，即一定按规定的频次去巡查，不仅仅是"巡"到位，更要"检"到位！关键点"巡"不到不行，到了不"检"不行！更重要的是"检"出了异常一定要报！紧急的还要第一时间进行处理。

工厂设计的要求之一就是设备状态的"可视化"，或者说是有了异常容易发觉。像煤气行业用的异味掺加技术，就是为了高危的煤气泄漏时很容易就能知道煤气泄漏了。水位计的双色技术、交通安全上像汽车的后视镜、巷道路转角处安装的大视野反射镜等，都是有了问题能轻易地发现，易看到、易发现、易检测等。预分解窑水泥生产经常见到的可视化部位有：电器接头附近的变色示温片，机械润滑等的油窗、液位计，回转窑的观察门，温度、压力等的各种测量指示仪表等。设备的一些技改和管理有时就是围绕可视化来展开的，设备打扫清洁，就是保证可视化的一个必要手段，清洁的设备有问题时容易被发现。在预分解窑水泥生产企业，现场巡检是重要的现场工作，每个现场区域都有具体的巡检要求、巡检方法和巡检手段。

1.4　巡检要求

1. 穿戴好劳动保护用品

在现场要直接面对各种恶劣、污染甚至是危险的工作环境，比如高空、高温、粉尘、噪声等。除了安全制度的严格要求外，如果没有全面的安全防护，心理上你可能就不愿意到现场，就更别说进一步地细致检查和全面维护了。所以说劳动保护用品是现场巡检的第一类硬件，穿戴好合格适用的劳动保护用品，是做好巡检工作的第一步。

（1）安全帽

戴安全帽要系好帽带，防风吹或外物碰掉后失去安全帽对头部的防护。在高空，你掉下的安全帽对别人就是高处落物伤害，更不说你自己也失去了持续的防护。普通帽带下部与人体接触的正确位置是在下巴最突出位置，所以帽带有个圆弧托在下巴的下边，减少帽子向后掉落帽带勒颈的危害。

（2）工作服

不同的工作场所要穿不同的工作服。在夜间，工作服上的反光条，能很好地让别人知道你的存在，此处也是一个可视化理念的具体体现。你穿"礼服"，一般是不舍得去接近可能有油污的机器设备，认真巡检和作业更是不可能。穿的衣服和头发都不能披散，因为披散的衣服和头发，可能被旋转部件缠绕，使人受到严重的伤害。

（3）劳保鞋

岗位巡检人员到污物较多、雨水或积水较多的岗位检查设备，一定要穿雨靴，否则会影响巡检效果。电气巡检人员维护、保养及检修设备，一定要穿绝缘等级符合标准要求的绝缘鞋，以免出现人身伤亡事故。

（4）眼镜

眼镜可以用来预防机械伤害和强光伤害。看火时没有专门的镜子，就无法有效观察火焰形状。电气焊作业时，要戴专门的深色眼镜。清理预热器堵塞、清理窑尾烟室的结皮，要戴防护等级更高的、有镜面的面罩和头罩等。

（5）耳塞

在高噪声区域巡检，必须戴耳塞，保护自己的耳朵不受伤害，能够辨别设备运转发出的声音。

（6）口罩

在有害粉尘浓度超标的区域巡检，必须佩戴性能合格的专用防尘口罩。

（7）手套

不同性质的工作，佩戴的手套也不同，要区分必戴和禁戴，比如操作车床，戴手套被视为违章。虽然预分解窑水泥企业的电气作业大部分都实现自动化了，但对高压电器进行分闸、合闸等作业时，除了穿合格的绝缘靴子，还必须佩戴经过检验合格的绝缘手套。

（8）安全带

进入高空特殊岗位检查，要正确佩戴合格的安全带，并按要求高挂低用。进入密闭空间巡检，还要携带测氧仪等。

2. 巡检工具

工具是现场巡检人员身体器官的延伸。欲善其事，必先利其器。人眼不能直接看到红外线和紫外线，人耳不能听到超声和次声。预分解窑生产线已经安装了大量的传感器，巡检人员可以有效地利用这些资源，借助携带的必要工具、器具，获知更多、更进一步的设备状态信息，取得较好的巡检效果。

通讯工具是现场巡检人员耳朵、嘴巴沟通能力的延伸。预分解窑水泥生产区域面积大，工艺设备像预热器、各种料库等高度高，设备速度、能力大，没有通讯工具，生产协调几乎是不可能的，或者说是极其不方便的。现场获得了设备信息，没有通讯工具及时反馈到中控和生产指挥系统，相当于没有巡检，所以巡检时要带好对讲机和手机等通讯工具。

（1）对讲机

预分解窑煅烧生产线使用对讲机沟通很有效，现场巡检人员发现问题能及时汇报中控室，也能在现场随时接受中控室的指令，处理岗位发生的生产故障及设备故障。使用对讲机对安全生产有重要现实意义。比如出现重大危险险情，使用对讲机呼叫，本频道内所有人员都能听到，他们会给予迅速增援和指导帮助。但是对讲机功率大，对电气仪表有干扰破坏作用，喊话时要离开现场仪表一定距离。比如，窑托轮轴承温度测试仪表，在停窑时使用对讲机近距离喊话，能使仪表达到满量程，引起运行中回转窑的错误跳停。

（2）手机

如果生产现场环境噪声很大，使用手机联系工作的通讯效果肯定不如对讲机，但对讲机的使用一般是单工的，手机是双工的，能够实现一对一的通话。

（3）照明和光学器材

手灯或头灯是眼睛的延伸。现场有些部位，即使白天，不用专门的照明也是看不到的，所以现场的巡检人员配备便携的照明灯很有必要。有时巡检也需要望远镜和放大镜，比如高空、高压线路的巡线作业和机械裂纹的仔细观察等。有时由于视角的限制可能还需要反射镜，比如预分解窑水泥企业使用的设备内窥镜，直接把探头通过小孔伸入减速机内部，不用解体就能观察齿轮、轴承等零件的运转情况，极大地提升了设备的检查效果。有时还需要频闪照相机，比如利用频闪照相机的抓拍和定格，仔细观察齿面及油膜，做深入而细致的检测和分析。

（4）测温枪、测振仪、听针

测温枪、测振仪、听针等工具都是耳朵、触觉的延伸。生产现场的设备，有的不能摸，比如运动的部件；有的根本就摸不到、摸不得，比如带电体，这时巡检人员就需要借助测温枪、测振仪、听针等便携工具。

（5）电钳工具

现场岗位巡检人员也是初级的维护保养人员。简单的、小的设备故障或紧急故障，需要岗位巡检人员能够及时处置和排除，所以携带一些必要的机电钳工工具。比如，发现螺栓松了，你没带扳手怎么紧固？处理高压管道或大通径阀门故障，你手工操作就很困难，但使用管钳就很方便。

（6）记录工具

根据 ISO 9000 质量管理体系的要求，岗位巡检人员需要做巡检记录，记录岗位关键设备存在的问题和隐患，记录设备故障的处理及验收结果等方面内容，作为设备管理、维护及保养的依据。

1.5 "五感"巡检

"眼、耳、鼻、舌、身"是人体重要的五种感觉器官。"五感"巡检就是纯粹利用五种感觉器官而不借助任何辅助方式的感觉检查。"五感"巡检的内容如下：

（1）眼看

日常巡检往往用肉眼就能直观地看到，但有时要用专用"眼睛"看，比如用先进的红外成像仪检测设备的异常高温。白天能多看就多看，但热工设备晚上看更容易发现异常高温问题。有杂物的地方就要清理干净看，旮旯的地方要借助照明看。巡检究竟看什么？关键要看变化、看异常、看松动、看防护、看油位、看仪表、看压力、看温度、看烟囱烟气的颜色等。不同的设备有不同"看"法，多条生产线，比着看；走不同的巡检线路，换着方向看、全方位地看；在高处往下看，在下边向高处看；远的用望远镜看，小的用放大镜看，视角受限的用反射镜看，内部用内窥镜看，这些构成了巡检线路"眼看"的关键点。

（2）耳听

正常设备运转的声音一般是轻快均匀的。运转设备的轴承和齿轮等零部件，经过长时间的磨损、腐蚀，会出现异常状况，比如紧固件松动、有气体、液体等介质的压力管线出现泄漏现象，同时伴随声音的变化，轴承在受损初期都会伴随异常响声和轻微震动，这些症状都要靠巡检人员认真仔细的检查才能发现。所以一旦设备出现异常声音变化，不用任何工具、辅助仪器，单是靠耳朵多听，基本上可以判定某些部位出现了异常。预分解窑水泥企业使用的电子听诊器，可以过滤现场噪声，巡检人员戴上它，既保护了听力，又能对可疑部位发出的异常声音做出准确判断。对大型及重要设备的异常声音部位，还可以使用频谱分析仪，做振动、动平衡的深度分析处理。

（3）鼻子闻

现场出现有刺鼻气味往往是有高温点，或者变质点，意味着机电设备的超载、过负荷或者摩擦；或是工艺设施介质或物料有泄漏。预分解窑水泥生产线大量安装的胶带输送机和 V 带传动部位，如果有刺鼻气味一定要注意，这些部位有打滑、烧损甚至起火的危险。电器系统有刺鼻气味时，多数意味着有高温点和绝缘损伤，电机有糊味基本可以判定它是烧了或快要烧了。

（4）舌头

舌头作为味觉器官可以品尝出滋味，在设备巡检中可能很少用。但必要的时候，也能帮你判别一些特殊情况，比如特殊化学物质弥散，可能让你感到苦味或者嗓子难受。

（5）手摸

别乱摸，得会摸，起码知道用手背摸。有时现场巡检人员为了检查设备是否有异常温升和振动，记住一定要先用手背弹触！如果所摸部位出现异常高温或异常带电，手背弹触能免受一定的伤害，因为人体自身无意识的生理反射会帮你迅速脱离。相反，用手心触摸，同样的生理条件反射会加害于你，让你更牢固地抓向高温或带电体。当用手背弹触确认没有危险后，可以再用手心进一步探知设备的温升及振动状况。特别是高速运转的设备部位、电机及电器设备的外壳，使用测温枪、热成像仪等非接触专业工具比手摸更合理。

系统内不同的设备有不同的巡检要求。既要关注全面不漏项，又要分清主次区别对待。即使同一台设备当有不同状况时也要具体问题具体分析。有异常了，频次要加密，吃不准的可以要求上级巡检来进一步确认，相当于检测工具、手段、人员都升级了。不但在运行中检测，必要时甚至要停机检测（比如大型设备减速机），有时还要动态、静态结合检测，热工设备还要采取热态、冷态检测，更复杂和困难的疑难检测，还需要请设备制造厂家或专业外协来完成，比如润滑油的外送检测、工艺系统的热工标定等。

任务 2　巡检作业指导书

任务描述：掌握预分解窑煅烧系统的预热器、分解炉、回转窑、煤粉燃烧器、篦冷机等设备的结构、技术性能、设备巡检、设备保养及维护等方面的技能。

知识目标：掌握预分解窑煅烧系统的预热器、分解炉、回转窑、煤粉燃烧器、篦冷机等设备的结构、技术性能等方面的技能。

能力目标：掌握预分解窑煅烧系统的预热器、分解炉、回转窑、煤粉燃烧器、篦冷机等设备巡检、设备保养及维护等方面的技能。

以日产 5000t 熟料的 Φ4.8×74m 预分解窑为例，详细讲述预分解窑煅烧系统的巡检作业操作。

2.1　入窑斗式提升机的巡检

1. 设备技术性能

入窑斗式提升机的技术性能如表 6.2.1 所示。

表 6.2.1　入窑斗式提升机的技术性能

型号	H-GBW 1000×99500
用途	生料入预热器
头尾轮中心高	99.5m
输送物料	生料
物料水分	<1%
物料容重	0.8kg/m³
物料温度	正常 80℃；最大：120℃
输送能力	正常 380t/h；最大 450t/h
电机功率	200kW

2. 开机前的准备工作

（1）确认各部分螺栓、壳体是否组装到位，有无松动及漏缝。

（2）确认斗提内部是否有异物、积料、积水。

（3）确认胶带接头连接情况是否完好，传动张紧链的张紧度是否适度。

（4）确认各部润滑油是否符合要求。

（5）确认传动及防倒转装置是否完好。

（6）确认液力偶合器是否完好。

（7）确认下游设备是否运行正常。

（8）确认斗提保护装置是否完好。

3. 运行中的检查内容

（1）检查各部分螺栓、壳体是否有漏灰漏风现象。

（2）检查运行中的皮带是否跑偏。

（3）检查各部润滑情况是否正常及设备各部温升情况。

（4）检查斗提运行中是否平衡、有无异常振动声音。

（5）检查入斗提物料温度。

（6）检查电机运转是否异声、振动、温度情况。

2.2　预热器的巡检

1. 设备技术性能

预热器的技术性能如表 6.2.2 所示。

表 6.2.2　预热器的技术性能

	一级筒	二级筒	三级筒	四级筒	五级筒
内径×柱体（m）	$\phi 5.0 \times 9.75$	$\phi 6.9 \times 5.592$	$\phi 6.9 \times 5.542$	$\phi 7.2 \times 6.476$	$\phi 7.2 \times 6.614$
数量	4 套	2 套	2 套	2 套	2 套
材质	Q235A	Q235A	Q235A	Q235A	Q235A
内筒规格（内径×高）(m)	$\phi 2.175 \times 3.130$	$\phi 3.165 \times 3.2$	$\phi 3.3 \times 3.35$	$\phi 3.54 \times 3.92$	$\phi 3.665 \times 3.4$
材质	16Mn	1Cr18Ni9Ti	ZG40Cr25Ni20	ZG40Cr25Ni20	ZG40Cr25Ni20
下料溜管（mm）	$\phi 710 \times 6$	$\phi 900 \times 6$	$\phi 900 \times 6$	$\phi 900 \times 6$	$\phi 900 \times 6$
材质	1Cr18Ni9Ti	1Cr18Ni9Ti	0Cr23Ni13	ZG1Cr25Ni20	ZG1Cr25Ni20

2. 开机前的准备工作

（1）确认系统各溜子翻板阀轴承是否补加黄油，翻板动作是否灵活。

（2）确认各级旋风筒及溜管内有无异物，系统的耐火砖是否完好。

（3）关闭所有的人孔门及检查孔，并进行投球确认系统畅通无阻。

（4）点火升温，应将预热器各级下料溜子翻板用铁丝吊起。

（5）在窑开始投料前应将各级溜子上的翻板阀挡板放下；并再次投球，确认系统畅通无阻。

（6）确认供料系统设备是否正常。

3. 运转中的检查

（1）检查系统各溜子翻板阀动作是否灵活，配重是否调整在合适位置。

（2）检查所有的检查孔及人孔门是否有漏气、跑灰现象，并进行堵漏处理。

（3）检查系统空气炮的气源压力（≥4.5kg）及转换开关是否转到工作状态，气源阀是否打开及运行是否正常。

（4）注意观察各级旋风筒差压变化，防止堵塞。

（5）观察预热器外壳体温度变化，看是否有局部耐火材料脱落现象。

（6）定期对预热器清扫孔进行清理。

（7）经常检查预热器各点监控温度及负压是否正常。

2.3　分解炉的巡检

1. 设备技术性能

分解炉的技术性能如表 6.2.3 所示。

表 6.2.3　分解炉的技术性能

设备名称	NST-I 分解炉
规格	ϕ7.5（内径）×31m
容积	1368.8m³
分解炉主截面风速	8m/s
气体停留时间	3.9s
压力损失	400Pa
喷煤嘴数量	2 套

2. 开机前检查

（1）检查耐火衬料是否完好。

（2）检查分解炉内的积料情况，根据需要进行清扫。

（3）检查分解炉喷煤嘴烧损、磨损情况，结碳需要进行清扫。

（4）检查分解炉三次风入口积料情况。

（5）校正分解炉三次风挡板实际开度与中控对应关系。

（6）所有的人孔门是否关闭。

3. 运转中的检查

（1）检查系统是否有漏风、漏灰现象。

（2）观察分解炉缩口结皮情况，根据需要进行清扫。

（3）检查分解炉喷煤管工作是否正常，管道是否漏气。

（4）检查分解炉的差压是否正常。

（5）检查分解炉炉壁、炉中及锥部温度是否正常。

（6）检查分解炉出口温度及负压是否正常。

（7）分解炉燃烧器无漏风漏料，风机及电机运转无异响，风机轴承箱表面温度≤65℃，电机表面温度≤75℃，振动≤2.8mm/s；振动超过 7.1mm/s 时必须停机检查处理。

（8）检查风门开度是否在正常工作位置，风机联轴器防护罩无摆动、无破损、固定螺栓无松动。

2.4　回转窑的巡检

2.4.1　设备技术性能

回转窑的技术性能如表 6.2.4 所示。

表 6. 2. 4　回转窑的技术性能

规格	$\phi 4.8 \times 74m$（筒体内径×长度）
型式	单传动、单液压挡轮
窑支承	3 档
斜度	4%（正弦）
转速	主传动：0.35～4r/min
	辅助传动：8.52r/h
功率	主传动：630kW/660V
窑头密封装置	弹簧钢片片式密封
窑尾密封装置	配重压紧端面

2.4.2　开机前的准备工作

1. 窑体

（1）确认窑出入口处密封护板及窑口护铁的安装螺栓是否松动。

（2）确认窑体上人孔门是否关好，止松螺母是否拧紧。

（3）窑内耐火衬料是否符合砌筑要求。

2. 轮带

（1）确认轮带与垫板之间的间隙无异物。

（2）确认轮带与垫板间是否加足石墨锂基脂。

（3）确认轮带与托轮接触面之间有无异物。

（4）确认轮带与托轮在旋转时是否碰到其他物体。

3. 托轮

（1）确认各部螺母有无松动。

（2）确认石墨块是否装好，托轮轴温检测装置是否完好。

（3）确认润滑油位及淋油槽是否正常，冷却水阀是否打开。

4. 窑头罩

（1）确认耐火材料是否符合砌筑要求，燃烧器入窑孔周围密封是否添加。

（2）确认窑罩灰斗是否有积料，应排空保持畅通。

（3）窑罩是否与旋转部件摩擦。

5. 传动

（1）确认大牙轮与小齿轮的磨损与接合情况。

（2）小齿轮轴承润滑油路是否畅通。

（3）齿面润滑是否正常。

（4）液压挡轮是否正常。

2.4.3　运转中的检查

1. 每小时检查一次窑主减机及润滑系统

（1）检查减速机运行平稳、无异常响声、振动≤4.5mm/s、温度≤65℃。

（2）检查润滑油站油箱温度（40±3）℃，油泵供油压力≥0.2MPa，过滤器前后压差≤0.15MPa，管路各阀门处于正常工作位置，循环水畅通，目测减速机进油管路上油镜内阀门打开并有大量的油流入减速机。

（3）油泵电机声音正常，温度≤75℃、振动≤1.8mm/s。

（4）油管接头无漏油。

2. 每小时检查一次主电机

（1）电机声音正常，温度≤75℃、振动≤4.5mm/s。

（2）检查电机的碳刷打火情况正常，可允许有少量火花，如出现大量火花或环火，应立即停机并通知电气人员检查处理。

3. 液压档轮

（1）每1h检查一次液压挡轮的工作压力，液压挡轮的理想工作压力应为4～6MPa，不得超过8MPa，对窑筒体上窜和下窜窜动量进行测量记录，保证筒体上下窜动自如。

（2）每4h检查挡轮轴承无异响，温度≤65℃。

（3）每班检查一次液压站油泵及电机无异响，温度≤75℃、振动≤1.8mm/s。

（4）每班检查一次液压管路各部无漏油，油箱的油位在油标中线以上，不足及时补充。

4. 传动大小齿轮、托轮、轮带、前窑口、筒体、窑头及窑尾密封等

（1）每2h检查一次托轮运转状况，检查油位、油质是否正常，油勺是否可以带起足够的油，布油盘是否布油均匀，油膜是否正常，托轮轴温及止推环温度≤65℃，循环水是否畅通，用手触换热点最近位置的循环水管，如发热或发烫即判定循环水不畅通。

（2）每4h检查一次大小齿轮有足够的油带起，小齿轮轴承温度≤65℃。小齿轮轴承振动≤4.5mm/s。

（3）每4h检查一次轮带的运行情况；各档环及档块无开焊或掉落。

（4）每班检查一次窑头、窑尾密封装置密封性能良好，无磨损、变形；窑各部位紧固螺栓无松动；窑尾、窑头密封装置的旋转是否与固定部分之间有无接触及异常响声。

（5）窑罩灰斗是否堵料。

（6）检查各挡轮带滑移量是否在可控的5～10mm范围。

（7）窑罩冷却风机运行是否正常。

（8）每班检查一次窑口浇注料有无脱落。

（9）按中控操作员要求及窑筒体温度情况移动及开停筒体冷却风机。

（10）每班检查两次窑筒体及三次风管，发现红窑、筒体变形现象立即通知中控操作员和生产工艺主任。

2.4.4 回转窑常见故障、产生的原因及处理方法

回转窑常见故障、产生的原因及处理方法如表6.2.5所示。

表6.2.5　回转窑常见故障、产生的原因及处理方法

故障	产生原因	处理方法
掉砖红窑	1. 窑衬及砌筑质量不良或磨损过薄，没按照周期更换，导致掉砖红窑； 2. 窑皮补挂得不好； 3. 轮带与垫板磨损严重，间隙过大，筒体径向变形过大； 4. 筒体中心线不直； 5. 筒体局部过热变形，内壁凹凸不平	1. 选用质量好的耐火砖，停窑更换新砖，提高砌筑质量； 2. 加强配料工作，提高操作水平； 3. 严格控制烧成带附近的轮带与垫板间隙，间隙过大时及时更换垫板； 4. 定期校正筒体中心线； 5. 对变形的位置进行修复

续表

故障	产生原因	处理方法
窑体振动	1. 简体受热不均弯曲变形过大，托轮脱空； 2. 简体大齿轮啮合间隙过大或过小； 3. 大齿圈接口螺栓松动、断裂； 4. 大齿轮弹簧钢板和连接螺栓松动； 5. 传动小齿轮磨损严重，产生台阶； 6. 传动轴瓦间隙过大或轴承螺栓松动； 7. 基础地脚螺栓松动	1. 正确调整托轮，及时补挂窑皮，点火期间严格按照规定翻窑； 2. 调整大小齿轮的啮合间隙； 3. 紧固或更换螺栓； 4. 更换销钉或紧固螺栓； 5. 磨平台阶或更换小齿轮； 6. 调整轴瓦间隙或紧固螺栓； 7. 紧固地脚螺栓
托轮轴瓦过热	1. 窑体中心线不直，轴瓦受力过大； 2. 托轮歪斜，轴向推力过大； 3. 轴承内冷却水管漏水，用油不当或润滑油变质，润滑油内有杂物； 4. 润滑装置发生故障或油沟堵塞	1. 校正中心线，调整托轮受力； 2. 调整托轮； 3. 及时换油，修理水管； 4. 清理油沟，及时修复润滑装置
托轮轴承产生振动	1. 托轮轴向推力过大； 2. 托轮径向压力过大； 3. 错误调整托轮，使得一档的两边托轮中心线呈"八"字形	1. 调整托轮，减轻轴向推力； 2. 调整托轮，减轻负荷； 3. 及时纠正错误的调整，保持托轮推力一致向上，大小均匀
托轮与轮带接触面产生起毛、脱壳及压溃剥伤	1. 托轮中心线歪斜过大，接触不均，局部单位压力过大； 2. 托轮径向力增大； 3. 托轮窜动差，长期在一个位置运转，致使托轮产生台阶，一旦再窜动破坏接触面； 4. 轮带与托轮间滑动摩擦增大； 5. 错误调整托轮同一档托轮中心线，调成"八"字形	1. 调整托轮，减轻轴向推力； 2. 调整托轮，平衡吃力大的托轮，减轻负荷； 3. 及时纠正错误的调整，保持托轮与轮带接触面积，削平台阶，保持窑体正常上下窜动； 4. 调整托轮，保持位置正确； 5. 纠正错误的调整
传动大小齿轮接触表面出现台阶	1. 窑体窜动差，固定在一个位置运转过久； 2. 挡轮与轮带间隙留的过小； 3. 润滑油质量差	1. 磨平台阶，保持窜动灵活； 2. 调整间隙； 3. 更换润滑油
传动轴承摆动、振动	1. 窑体弯曲，大小齿轮传动发生冲击； 2. 大小齿轮啮合间隙不当； 3. 轴承紧固螺栓或地脚螺栓松动； 4. 基础底板刚度不够	1. 调整窑体； 2. 调整啮合间隙； 3. 及时紧固； 4. 加固底板，提高稳定性
电机电流增高	1. 窑皮过厚； 2. 窑内结圈； 3. 托轮推力方向不一致，成"八"字形； 4. 个别托轮歪斜过大； 5. 托轮轴承润滑不良； 6. 简体弯曲； 7. 电机出现故障	1. 合理控制风、煤、料处理窑皮； 2. 处理结圈； 3. 改调托轮成正确推力方向； 4. 改调托轮； 5. 改善润滑，加强管理； 6. 校正简体； 7. 通知电气人员检查处理

2.5 燃烧器的巡检

1. 设备技术性能

燃烧器的技术性能如表 6.2.6 所示。

表 6.2.6 燃烧器的技术性能

型式	NC-15 II 型三风道燃烧器
煤粉/空气的浓度	$4\sim6kg/m^3$
喷煤管总长度	11214mm
喷煤管的用煤量	正常 15t/h；最大 18t/h
一次风比例	约 7.5%
一次风机（罗茨风机）风量	约 $11000m^3/h$
风压	16000Pa
数量	1 台
柴油燃烧装置工作压力	$2.5\sim5.5MPa$

2. 开机前的准备

（1）确认燃烧器的耐火材料是否剥落，本体有否变形，头部磨损及烧损情况，通道是否畅通，各部间隙是否符合要求。

（2）确认燃烧器与窑内的位置是否合适，防止烧坏火砖。

（3）确认燃烧器各处调节挡板是否灵活自如，指示值是否正确。

（4）确认燃烧器活动小车是否自如，燃烧器可否在下车口上下左右调整。

3. 运转中的检查

（1）每 4h 检查一次喷煤管燃烧器无漏风、无漏灰，送煤及送风管路及软连接管无漏风漏灰；耐火浇注料是否烧损。

（2）每 4h 检查一次各仪表指示正常，仪表管路及附件无损坏、无漏风。

（3）每班检查一次行走小车各部件齐全完好，清理行走轨道上的积料杂物。

（4）每班对喷煤管燃烧器头部结料柱清理一次，清理前与中控操作员联系控制好窑头呈负压状态，两人及以上，穿戴好高温防护服及防火面罩，打开点火孔时及清理时，不得正对着点火孔，应站在侧面进行，以防正压红料及热气流喷出伤人，清理完毕后关闭好点火孔，通知中控操作员已清理完毕，可恢复正常操作。

（5）调整燃烧器内、外风比例、伸缩节范围，保证良好的燃烧条件，使火焰长度适当，又不冲刷窑皮。

2.6 篦冷机的巡检

1. 设备技术性能

篦冷机的技术性能如表 6.2.7 所示。

表 6.2.7　篦冷机的技术性能

型式	NC39325 控制流篦冷机
型号	3.9×32.5m
能力	5000～5500t/d
熟料温度	入料：1400℃
	出料：环境温度＋65℃
熟料粒度	≤25mm 占 90%
篦床有效面积	121.2m²
传动段数	3 段
冲程次数	4～25 次/min
冲程	正常 130mm；最大 140mm
单位冷却用风量	≤2.2Nm³/kgcl

2. 开机前的准备工作

(1) 检查空气梁风道是否有积料。

(2) 检查篦板前后的缝隙，一般在(4±2)mm 的范围内，篦板固定螺栓锁紧螺母是否点焊，篦板型号是否符合图纸要求，篦板安装与侧铸件的间隙，大梁支架托辊与斜铁的配合及固定螺栓是否符合要求。

(3) 十字传动轴气封是否完好，润滑油路是否畅通。

(4) 检查各空气室之间的密封是否完好，壳体密封是否完好。

(5) 检查内部耐火材料是否完好。

(6) 各冷却风机是否正常。

(7) 润滑系统是否正常。

(8) 各液压传动循环泵是否具备开机条件。

(9) 检查弧形阀是否正常，冷却机链幕是否完好。

(10) 检查破碎机及破碎腔是否正常、畅通。

3. 运转中的检查

(1) 检查运行部件无异常声音，液压缸的工作压力≤12MPa；液压缸无渗油现象。

(2) 检查液压泵运行无异响，振动≤2.8mm/s，壳体温度≤75℃，油箱油温≤55℃。

(3) 检查篦冷机系统润滑管路和供油管路无渗漏现象。每 4h 启动干油泵对篦冷机润滑系统进行加油，每次工作 10min。

(4) 检查液压缸的关节轴承及滑板润滑良好，以表面无发白现象为准。

(5) 检查篦板有无漏料，各灰斗及风室内无存料、堆料现象，机体无漏风现象，机内的耐火材料无脱落，壳体表面无红斑。

(6) 检查篦床辊轮运行灵活。

(7) 每班检查一次液压缸的底座无开裂现象。

（8）检查篦冷机空气炮运行正常，各空气炮压力表压力不小于 0.4MPa、管道及法兰处无漏气、电磁阀及膜片工作正常。

（9）从篦冷机观察孔检查固定段是否有堆"雪人"现象。检查前必须和中控窑操作员联系，确认窑工况比较稳定，没有塌料及串生料现象，停止使用窑尾及篦冷机的空气炮，在穿好防火服、佩带好防护面罩的情况下，方可打开检查门进行检查。

（10）检查风机前先检查风机安全防护罩无摆动、无破损、固定螺栓无松动。严禁在检查过程中触摸和擦拭设备的旋转部位。

（11）检查电机温度≤75℃，声音无异常，振动≤4.5mm/s。

（12）检查风机轴承温度≤75℃，声音无异常，振动≤4.5mm/s。

（13）检查轴承箱的密封情况及油位情况，保证油量在油镜的 1/2～2/3 处，油量不足，及时补充。

（14）检查风机风门开度与中控反馈一致，风门拉杆无松脱，执行机构动作灵活。

（15）检查风机进风口过滤网上无杂物。

（16）监控冷却机壳体有无变形或烧红，判断内部耐火材料是否正常。

（17）检查各室压力是否在正常范围内。

4. 篦冷机常见故障、产生的原因及处理方法

篦冷机常见故障产生的原因及处理方法如表 6.2.8 所示。

表 6.2.8　篦冷机常见故障产生的原因及处理方法

故障	产生原因	处理方法
篦板脱落	1. 篦床跑偏造成活动梁和固定梁相互摩擦，从而剪断活动篦板螺栓； 2. 受高温膨胀所致，活动篦板与托轮之间间隙过小； 3. 篦床高温遇急冷发生变化； 4. 固定螺栓松动； 5. 固定篦板或托板固定螺栓帽高于工作面； 6. T 型螺栓加工质量不良； 7. 篦板铸造质量不良	1. 查明原因，调整跑偏现象； 2. 重新调整篦板与托轮之间间隙； 3. 保持温度的稳定性； 4. 紧固松动的螺栓； 5. 检查并使螺帽低于工作面； 6. 选择锻造 T 型螺栓； 7. 更换质量好的篦板
篦床运转中有异常响声	1. 个别托轮轴承损坏或进灰； 2. 活动梁与固定活动篦板互相摩擦； 3. 固定篦板与活动篦板间隙过小	1. 清洗或更换轴承； 2. 调整位置，并将固定梁螺栓紧固； 3. 重新调整篦板间隙
篦床运行负荷增大或停止运行	1. 活动篦板与固定篦板之间间隙过小； 2. 液压系统故障； 3. 篦床料层过厚或大块熟料	1. 调整间隙； 2. 检查液压系统，查找原因； 3. 及时调整料层厚度或停机处理

2.7　熟料链斗机的巡检

1. 设备技术性能

熟料链斗机的技术性能如表 6.2.9 所示。

表 6.2.9　熟料链斗机的技术性能

链条型号	AU-625
输送速度	0.299m/s
环境温度	~400℃
熟料粒度	0～50mm
填充系数	正常：53.5%；最大：83.8%
物料容重	1.45t/m³
滚筒直径	φ140mm
头尾轮中心距离	172325mm
水平距离	159380mm
垂直距离	51110mm
滚筒间距	1500mm
倾角	29°

2. 运转前的检查

（1）检查链节、链轮滴油润滑油量是否充足，滴油点是否正确。

（2）检查托辊销有无松动、脱落。

（3）检查裙板上的杂物、裙板有无变形。

（4）检查张紧装置张紧度是否合适。

（5）检查减速机润滑油油量、油质。

（6）检查各地脚螺栓、固定螺栓是否松动、脱落。

（7）检查输送机头、尾轮磨损及螺栓是否松动、脱落。

（8）检查裙扳机下料口是否畅通。

（9）检查逆止器是否完好。

（10）检查液力偶合器是否完好。

3. 运转中检查

（1）检查头尾轮轴承无异响，温度≤75℃、振动≤2.8mm/s，检查头部齿圈的磨损情况、齿圈的螺栓无松脱。

（2）检查电机、减速机、液偶运行无异响，表面温度≤75℃、振动≤7.1mm/s。

（3）检查减速机的油位在标尺的中线以上。

（4）检查裙板运转是否平稳，托轮 T 形销是否脱落。

（5）检查每个托辊与轨道接触是否良好。

（6）检查液压连轴节传动状况是否良好。

（7）检查行轮转动灵活、链条及轨道的磨损情况、检查无脱轨现象。

（8）检查料斗无变形、料斗的螺丝有无松脱。

（9）检查托辊及测速开关是否正常。

（10）检查各下料口是否畅通，是否磨通。

（11）检查各地脚螺栓、连接螺栓是否松动、脱落。

（12）当锤破及篦冷机输送系统跳停后恢复时，注意观察输送机上的物料量，并及时调整箅速，防止下游设备跳停。

4. 检查熟料链斗机的安全注意事项

（1）在进入地坑进行检查时必须先询问中控窑操作员窑工况情况，在窑操作员同意的情况下方可进入地坑内检查。

（2）进入地坑时必须保证有 2 人或 2 人以上。

（3）检查地坑的照明全部完好，声光报警试机正常。

（4）地坑内无积水、积灰，安全通道畅通。

（5）拉链机两侧安全防护网无破损，在检查时严禁触摸和倚靠防护网及设备。

（6）上楼梯时必须抓好扶手，并检查楼梯上无积灰及熟料颗粒，以防滑跌。

2.8　大型排风机的巡检

1. 设备技术性能

窑尾高温风机的技术性能如表 6.2.10 所示；窑头排风机的技术性能如表 6.2.11 所示。

表 6.2.10　窑尾高温风机的技术性能

型号	W6-2×39№31.5F　双吸单出双支承
进风口	逆 135°
出风口	逆 45°
处理风量	900000m³/h
全压	>7200Pa
进口静压	>7200Pa
工作温度	290℃　max：450℃（15min）
主轴转速	300～950r/min
废气密度	1.41kg/Nm³
主电机型号	YKK710-6
主电机规格	2500kW/6000V
主电机转速	994r/min

表 6.2.11　窑头排风机的技术性能

型号	Y4-73-11№31.5F　单吸单出双支承
进风口	逆 135°
出风口	逆 45°
处理风量	580000m³/h
全压	2000Pa
工作温度	200～250℃　max：350℃
主轴转速	580r/min
主电机型号	YRKK500-10
主电机规格	560kW/6000V

2. 运转前的检查工作

（1）检查风机内杂物是否清理干净，风叶是否有积料。

（2）检查人孔门是否密封好，运转部位与静止部位是否接触。

（3）检查冷却水阀门是否打开，轴承、稀油站油量、油质是否正常。

（4）检查各检测装置是否完好。

（5）检查液力偶合器油量是否足够，水电阻是否正常。

（6）检查入口挡板动作是否灵活，是否能关闭到位，指示中控显示是否一致。

（7）检查各地脚螺栓、连接螺栓是否紧固、脱落。

（8）检查慢转是否脱开。

（9）开机前对高压电机绝缘进行检查。

3. 运转中检查

（1）检查风机平台无阻碍安全通道的杂物；对轮防护罩无摆动、固定螺丝无松动、无破损。

（2）机壳及法兰处无冒灰，风阀叶片拉杆固定良好，无脱开，拉杆无摆动，固定销无断裂。

（3）电机运行无异响，振动≤4.5mm/s，超过11.2mm/s时必须停机检查处理，电机壳体温度≤75℃。

（4）风机运行无异响，轴承油位在1/2～2/3处，温度≤65℃，振动≤4.5mm/s，超过11.2mm/s时必须停机检查处理。

（5）液力偶合器的振动≤4.5mm/s；超过11.2mm/s时必须停机检查处理；壳体温度≤50℃。

（6）检查水、油系统是否泄漏，流量、温度是否正常。

（7）检查风机、电机运转是否平稳，声音、振动是否正常。

（8）检查主电机碳刷是否打火。

（9）检查挡板开度是否与中控显示一致，检查液力偶合器开度是否与中控显示一致。

（10）检查各地脚螺栓、连接螺栓是否松动、脱落。

（11）检查轴承温度是否正常。

4. 大型排风机常见故障、产生的原因及处理方法

大型排风机常见故障、产生的原因及处理方法如表6.2.12所示。

表 6.2.12　大型排风机常见故障、产生的原因及处理方法

故障	产生原因	处理方法
轴承箱 振动大	1. 风机轴与电机轴不同心，联轴器歪斜； 2. 机壳或进风口与叶轮摩擦； 3. 基础的刚度不够或不牢固； 4. 叶轮磨损变形严重； 5. 风机与支架、轴承箱与支架连接螺栓松动； 6. 风机进出风管安装不良，产生振动； 7. 轴承间隙过大或损坏/轴弯曲	1. 重新找正、安装； 2. 调整间隙，找正叶轮； 3. 加强基础刚度； 4. 更换叶轮； 5. 紧固螺栓； 6. 调整或修理加设膨胀支撑装置； 7. 更换轴承/更换轴

续表

故障	产生原因	处理方法
轴承温升过高	1. 轴承箱振动大； 2. 润滑油变质，油量不足或过量； 3. 轴承箱盖座连接螺栓的紧力过大或过小； 4. 轴与轴承安装歪斜，前后轴不同心； 5. 轴承损坏	1. 见上； 2. 更换润滑油，调整油量； 3. 合理紧固螺栓； 4. 重新找正； 5. 更换轴承

2.9 熟料破碎机的巡检

1. 运转中检查

熟料破碎机每 4h 巡检 1 次，主要巡检内容如下：

（1）在检查破碎机前先询问中控窑工况情况，在窑工况比较稳定，没有塌料及窜生料的情况下并检查破碎机检修门关闭牢固的情况下方可进行检查。

（2）检查电机的振动≤2.8mm/s，电机壳体温度≤75℃。

（3）检查破碎机轴承的振动≤4.5mm/s，轴承表面温度≤75℃。

（4）检查锤头是否有碰壳现象。

（5）检查传动皮带的使用情况；在检查时只允许观察，绝对不允许用手触摸。传动防护罩无摆动，固定螺丝无松动、无破损。

（6）检查各部位紧固螺栓无松动。

2. 熟料破碎机常见故障、产生的原因及处理方法如表 6.2.13 所示

表 6.2.13 熟料破碎机常见故障、产生的原因及处理方法

故障	产生原因	处理方法
启动初期振动大	1. 转子不平衡； 2. 外壳连接螺栓松动； 3. 锤头夹住转子不平衡	1. 重新找正或调整锤头； 2. 检查连接螺栓并紧固； 3. 停机时处理锤头
轴承温度高	1. 主轴弯曲，使轴承受力不均； 2. 润滑油不足、过多或不清洁； 3. 轴承损坏	1. 更换主轴或将主轴调直； 2. 清洗轴承，更换或调整油量； 3. 更换轴承
破碎机响声异常、振动大	1. 铁件进入机内； 2. 锤头或衬板螺栓折断； 3. 轴承损坏； 4. 地脚螺栓松动； 5. 转子与反击板间隙过小	1. 停机处理； 2. 更换螺栓； 3. 更换轴承； 4. 紧固地脚螺栓； 5. 检查调整至合适值
出破碎机粒度大	1. 出破碎机篦条有脱落； 2. 锤头磨损过大	1. 检查更换篦条； 2. 更换锤头

2.10　窑头一次风机的巡检

（1）检查进风口滤网，有积灰及时清理，进出风道及相关设施有漏风及时处理。

（2）检查润滑油油质差时更换润滑油，从润滑油中是否有金属粉末判断轴承磨损情况，必要时更换。

（3）运行中如果发现撞击叶片或风压不够时，应在停机时调整转子间的间隙和两转子与壳体内表面的间隙，一般为 0.15～0.4mm。

（4）检查罗茨风机与电机的联轴器易损件有无损坏，如损坏时进行更换。

（5）检修完毕后恢复对轮安全防护罩，保证牢固可靠，并清理现场，做到工完场清。

2.11　增湿塔的巡检

（1）检查增湿塔的楼梯安全可靠，无脱焊，护栏无氧化，增湿塔平台无摆动，平台上无杂物，安全通道畅通，照明完好光线充足。

（2）增湿塔本体、进出口管道、膨胀节、风阀无漏风、无漏灰，各检查孔无漏风。入口风阀叶片拉杆固定良好，无脱开，拉杆无摆动，固定销无断裂。

（3）检查水路管道及阀门、接头无泄漏，水压在 2～5MPa。增湿塔水箱水位无满出或缺水现象，浮球阀工作正常。

（4）增湿塔水泵泵体运行正常无异响，振动≤2.8mm/s，电机表面温度≤75℃，泵体表面温度≤65℃。水泵冷却水滴漏水量正常，水泵联轴器防护罩无摆动、无破损、固定螺栓无松动。

2.12　空气输送斜槽的巡检

（1）斜槽各部无漏灰，充气管路无漏风。

（2）用手触摸斜槽上半部壳体输送物料部位，可感觉到与物料温度接近的温度，如是环境温度，则可判断为斜槽堵塞，需及时采取措施处理。

（3）用小锤或小铁件敲击斜槽壳体底部，如声音清脆，说明充气箱内无积料，充气正常；如声音沉闷，说明因透气层穿孔或其他原因引起漏料到充气箱内，需查明原因进行处理。

2.13　袋收尘器的巡检

（1）检查袋收尘及灰斗的楼梯必须牢固，收尘顶部及防爆阀四周的护栏必须牢固。各安全设施完好，设备周围无安全隐患，安全检查通道畅通。

（2）压缩空气压力≥0.45MPa，管路无漏气现象，仪表显示准确。

（3）提升阀、脉冲阀按周期正常工作，根据工作状态判断气缸密封件、脉冲阀膜片无损坏。

（3）箱体、管道无漏风、无积灰，防爆阀无破损漏风。

（4）储气罐、气水分离器每班放水一次，油雾器油量低于下限时及时补充。

（5）目测风机排风口无扬尘。

2.14 电收尘的巡检

(1) 检查或检修前必须办理电收尘及排风机停电工作票，办理高危作业安全审批手续，安全措施落实后方可进行检修作业。

(2) 检查电收尘器电场极板、放电极线的磨损、变形情况，损坏的更换。

(3) 检查阳极、阴极振打工作是否正常，工作不正常时，及时查找原因并进行处理。

(4) 检查电收尘进出口管道的磨损及法兰密封情况，磨损严重的进行补焊。

(5) 检查收尘绞刀的吊轴承装置和叶片的使用情况，必要时更换。

(6) 检修完毕后做好系统检查工作，保证设备内部人员全部撤离后关闭所有检修门并做好密封保证不漏风。清理现场，做到工完场清。

2.15 增湿塔绞刀的巡检

(1) 检查设备周围及地面无杂物，设备周围无安全隐患，安全通道畅通，对轮防护罩无摆动、无破损，固定螺丝无松动。安全防护栏安全可靠无脱焊、无损坏。

(2) 检查壳体无破损，运行中没有刮碰壳体的响声，绞刀吊瓦无异响。绞刀吊瓦、联轴器处的润滑点无积灰、无油污，油杯中油量在一半以上，

(3) 检查电机减速机及绞刀头、尾轴承无异响，温度≤65℃，振动≤1.8mm/s，超过4.5mm/s时必须停机检查处理。减速机油位必须保证在油镜的1/2～2/3处。

(4) 检查绞刀的防雨布固定完好无破损。绞刀盖子密封良好无漏灰、无漏风。

2.16 罗茨风机的巡检

(1) 检查罗茨风机运行无异响，风机及电机振动≤2.8mm/s，超过7.1mm/s时必须停机检查处理。风机及电机壳体温度≤75℃，检查风机油箱油位应在油镜的1/2～2/3处。

(2) 检查传动皮带无打滑、无断裂，联轴器易损件无损坏。

(3) 冷却水管无渗漏，正常畅通。

(3) 检查罗茨风机消声器完好无破损，过滤网无积灰、无破损。

(4) 检查管道安全阀、止回阀灵活无生锈，表面无杂物、无积灰。电机与风机的对轮安全防护罩无摆动、无破损，固定螺丝无松动。设备在运转时出现严重异常现象，应迅速停止设备运行，通知有关人员进行检查。严禁在无任何保护措施的情况下进行检查、检修工作。

2.17 空压机的巡检

1. 空压机安全操作措施

(1) 当机器在运行时严禁拆除各种盖帽，松开和拆除任何接头或装置，机器中的高温液体和压力空气会造成严重的人身伤害。

(2) 在空压机上进行任何检修维护作业之前，必须关闭空压机；办理停电工作票；释放空压机系统内压力，关闭出口阀门将机器与其他气源隔断。

(3) 空压机安全标识："DANGER"表示"危险"、"WARNING"表示"警告"、"CAUTION"表示"告诫"、"NOTICE"表示"注意"。

2. 空压机开机前的检查

(1) 检查空压机冷却油油位，必要时进行填加。

(2) 必须将冷却水阀门打开，冷却水正常畅通。

(3) 检查空压机至储气罐、储气罐至冷却干燥机管路上的阀门处于打开状态，进冷却干燥机处旁路阀处于关闭状态。

(4) 上述检查确认无误后可开启空压机。

3. 空压机的巡检检查

(1) 检查空压机运行无异响，主机温度≤95℃，工作压力≥0.6MPa。

(2) 检查气管路、水管路及各阀门无泄漏。

(3) 检查冷却干燥机处于正常工作状态，正常定时排水。

(4) 储气罐每班放水一次。

任务3 中控操作作业指导书

任务描述：掌握预分解窑的点火升温操作、操作参数的控制、操作参数的调节、异常窑情处理及停窑操作等方面的操作技能；熟悉预分解窑中控操作的安全注意事项及煅烧系统的自动控制回路。

知识目标：熟悉预分解窑中控操作的安全注意事项及煅烧系统的自动控制回路；掌握预分解窑操作参数的控制、操作参数的调节等技能。

能力目标：掌握预分解窑的点火升温操作、异常窑情处理及停窑操作等方面的操作技能。

以日产5000t熟料的Φ4.8×74m预分解窑为例，详细讲述预分解窑煅烧系统的中控操作技能。

3.1 工艺流程

生料磨选粉机收集的成品生料及窑尾电收尘器收集的生料经空气斜槽、提升机、库顶生料分配器，由六条长短不一的空气斜槽，不间断地输送入生料均化库，在库内进行重力及气力均化。

采用多股流式的MF型均化库，用以均化和储存生料。均化库规格为Φ15×52m，有效储量4000t，储存期0.75d，均化能耗为0.12~0.16kW·h/t，均化值K≥7。当均化库入口生料$CaCO_3$标准偏差≤±2.0%时，可使出口生料$CaCO_3$标准偏差≤±0.3%。要求入均化库的生料水分<0.5%。

库底环行区所需强空气由两台罗茨风机轮流提供，由七个气动蝶阀分配供环行区的用气；中心室所需强空气由两台罗茨风机轮流提供。库底卸料由程序器对各充气管路上的电控气动阀控制，以实现有序卸料。

生料库顶和库底均设有脉冲袋除尘器，分别用来处理入库空气斜槽、入库提升机及充气系统含尘气体。净化后的气体由风机排入大气中。

出均化库的生料经手动闸板阀、气动截止阀、流量控制阀等设备进入空气斜槽，再由提升机输送入喂料仓，喂料仓为带荷重传感器的计量仓。由传感器信号控制库底流量控制阀的开度，使喂料仓保持恒定的料位，确保皮带秤计量的准确性。喂料仓的生料经卸料槽、手动截止阀、气动流量阀、调速定量皮带秤、空气斜槽喂入窑尾提升机，再由提升机输送到第二级旋风筒与第一级旋风筒之间的上升管道，经过第一级旋风筒、第二级旋风筒、第三级旋风筒、第四级旋风筒预热，再通过电动分料阀喂入分解炉和窑尾上升烟道进行分解，经第五级旋风筒收集，由下料管喂入两支撑回转窑。当入生料磨原料水分较大，需要窑尾废气温度较高时，生料亦可从第二级旋风筒与第三级旋风筒之间的上升管道处喂入预热器系统。

入窑生料在窑内经高温煅烧，发生一系列物理、化学反应，形成质量合格的高温熟料，进入篦冷机完成冷却过程。

熟料在篦冷机内与鼓入的冷空气进行热交换，排出的高温热空气一部分作为二次风入窑供煤粉燃烧，一部分作为三次风入分解炉供煤粉燃烧；低温废气经过窑头收尘器的收尘净化，由排风机排入大气；大块熟料经破碎机破碎后，由链斗输送机输送至熟料库储存。

3.2 点火升温操作

3.2.1 点火前的检查准备工作

（1）现场检查各有关设备的润滑情况及螺栓是否松动。

（2）检查预热器、窑及冷却机内的耐火衬完好情况，有关人员、支架、工具杂物等是否已全部撤离和清理干净，以及三次风管的积料情况。

（3）将预热器各翻板阀吊起，确认管道畅通无阻后，关闭整个系统的人孔门及捅料孔，并保证密闭良好。

（4）确认各阀门处于正常运行状态。

（5）校准燃烧器角度及距窑口距离，并做好记录（依据生产过程中窑皮、筒体温度情况、耐火材料状况、熟料质量、燃烧器型式综合考虑后进行燃烧器校正）。

（6）根据工艺要求向窑操作员提供升温曲线图。

（7）确认窑头喂煤仓内有足够的煤粉，确认柴油泵站有足够的油量满足点火升温要求，检查油枪是否正常，并做好点火棒。

（8）各专业人员进入岗位并完成各项准备工作。

（9）窑操作员、巡检工应对本系统全面检查了解，以做到胸有成竹，并将准备工作、检查情况及结果全面真实地写入交接班记录，并将存在的问题向分厂主管领导汇报。

（10）中控室接点火指令后，通知原料、烧成、煤磨、电气、自动化等专业人员将设备、仪器仪表送电，通知水泵房送水。

通知现场巡检人员将本系统所有设备的现场控制转入中控位置，检查各设备、仪器是否备妥。

（11）通知空压机站启动空压机，中控启动窑尾排风机润滑系统，启动窑减速机润滑系统，并通知原料操作员检查电收尘排风机情况，准备开机。

（12）确认单机试车及联动试车正常。

3.2.2 升温操作

（1）启动窑尾排风机慢转，打开燃烧器上内外流手动挡板，中控将变频调速器调至最低（带变频器），启动一次风机，并适宜调节转速。

（2）启动点火油泵（冬天时油泵需提前打入循环运行状态），调整供油油站出口压力为

2~3.5MPa，开始向窑内喷油，将点火棒点着，从窑头点火孔伸入，使点火棒前端靠近燃烧器喷嘴前下端，进行点火。

（3）确认柴油点燃后，调整内外流风挡板开度，以期得到较理想的燃烧状况。

（4）按工艺技术员提供的升温曲线控制升温速度。

（5）控制喂煤。

① 根据升温曲线要求，当窑尾温度达到 250℃时，启动窑尾排风机，调整各风机入口挡板开度，使窑罩压力在 -20~-40Pa 左右，启动窑头喂煤系统。

② 喂煤量控制在 0.5~1.0t/h，刚开始喂煤时，要避免熄火，操作要平衡，注意调整各风机挡板及燃烧器内、外流开度，做到既保证煤粉充分燃烧，风量又不过大。当窑内温度过低时，不得随意单独用煤粉升温。

③ 注意观察预热器系统各点温度及窑尾温度是否正常。

④ 根据升温曲线及现场观察，进行加煤、减油，同时调整风量，使煤粉充分燃烧，并保持火焰正常，尽量避免烟囱冒黑烟，严格控制预热器出口 CO 含量在 0.1% 以下。

（6）升温过程的翻窑操作如表 6.3.1 所示。

表 6.3.1 升温过程的翻窑操作

窑尾温度（℃）	旋转量（°）	间隔时间（min）
0~150	0	不慢转
150~300	120	60
300~450	120	30
450~600	120	15
600~850	120	10
850~950	连续慢转	
950 以上	投料	

注：1. 雨天气时，间隔翻窑时间比正常时减半；

2. 预热器出口气体温度达 150℃及以上时，窑尾排风机必须慢转；

3. 翻窑时润滑人员要对各挡轮带抹油，并给托轮轴淋油。

（7）首次升温或烧成带大面积换砖，需从窑口向内铺适宜熟料层，厚度为 200mm，防止未完全燃烧的煤粉及柴油落入砖中，破坏耐火砖。

（8）当窑内大面积换砖时，尾温升至 650℃，可进行预投料：投料量 30t/h，时间为 20~30min；预投料时，窑必须连续慢转并注意预热器各点温度变化情况。

（9）在冷却机前端固定板上部铺 200mm 厚结粒较好的熟料。

（10）升温曲线。

① 烧成带换砖量长度 $L<10m$ 且窑系统更换、修复浇注料量不多时，烘窑时间控制 14h，其升温控制曲线如图 6.3.1 所示。

② 烧成带换砖量长度 $10m \leqslant L<20m$，或者过渡带以后换砖长度 $L \geqslant 20m$，烘窑时间控制 16h，其升温控制曲线如图 6.3.2 所示。

③ 烧成带换砖量长度 $L \geqslant 20m$，或窑口、窑尾更换浇注料时，烘窑时间控制 18h，其升温控制曲线如图 6.3.3 所示。

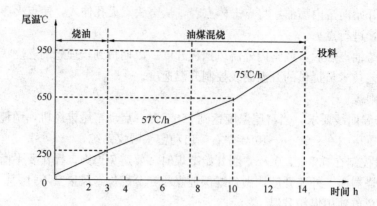

图 6.3.1 烘窑时间为 14h 的升温曲线

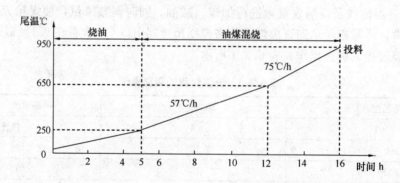

图 6.3.2 烘窑时间为 16h 的升温曲线

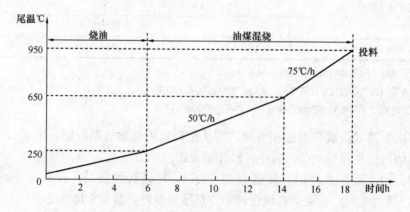

图 6.3.3 烘窑时间为 18h 的升温曲线

④ 窑内未换砖且停窑在 24~48h 之间，烘窑时间控制 10h（停窑期间如遇雨雪天气，升温时间可延长至 12h），其升温控制曲线如图 6.3.4 所示。

⑤ 时停窑 24h 以内的烘窑升温：临时停窑 4h 以内，可以不考虑烘窑升温操作；临时停窑 4~12h 之间，按停窑时间的 1/2 进行烘窑升温操作；临时停窑 12~24h 之间，按 1/3 停窑时间进行烘窑升温操作。

（11）升温操作注意事项。

① 烘烤温度以窑尾温度为基准。

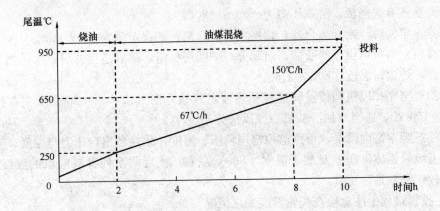

图 6.3.4　烘窑时间为 10h 的升温曲线

② 当窑尾温度升至 250～300℃ 时，可考虑油煤混烧；喷煤初期，操作应平稳，避免燃烧器熄火。

③ 严格按升温曲线进行升温，做到均衡上，不回头，由前向后升的原则。

④ 根据用煤量及升温时间，合理调整一次风机转速和燃烧器内、外流开度，保证油煤完全燃烧，避免 CO 出现。

⑤ 严格按规程进行窑慢转。

⑥ 慢转过程中，注意托轮温度变化情况，及轮带与托轮啮合情况。

⑦ 更换窑口浇注料时，烧油烘烤期间，慢转窑每 30min 一次；油煤混烧初期，每 20min 转窑一次。

3.3　投料前的准备

（1）检查预热器各部位的温度，投料前 1h 放各翻板阀，投球确认预热器是否畅通，同时使空气炮进入正常运行状态。

（2）启动窑辅助运行设备。

（3）启动冷却机空气梁风机，调节余风风机挡板，保持窑头微负压（必要时启动余风风机，并通知窑头电收尘荷电）。

（4）启动熟料输送及窑头回灰系统。

（5）启动篦冷机系统。

（6）启动供料系统袋收尘及喂料机组。

3.4　投料操作

（1）窑尾温度升到 950℃、C_1 级预热器出口气体温度＞350℃ 开始投料。

（2）启动冷却机二、三段空气室风机（其中一段空气室风机在前面若已启动，则在此保持运行）。

（3）开窑前 1h 左右，脱开窑尾排风机慢转启动窑尾排风机，并通知原料操作员注意调整系统负压。

（4）通知将窑头电收尘荷电，关闭余风风机挡板，启动余风风机，注意调整好窑头负压。

(5) 调整各有关挡板，窑罩压力为 −30～−80Pa。

(6) 停止窑慢转，断开离合器，切换主马达。窑速初设定值为 0.5r/min。

(7) 煤粉仓料位可供生产所需，启动分解炉喂煤机组，然后适当开启三次风挡板，向炉内适当加煤，炉出口温度 800℃左右。

(8) 调整窑尾排风机挡板及转速使预热器出口抽力在 −1500～−2000Pa 左右投料，喂料量 100～150t/h，适当增加冷却机一段风量。

(9) 注意观察窑内情况，重点监控窑尾负压、温度，预热器出口压力与温度；五级筒出口温度，五级筒锥体负压差及溜子温度＞800℃左右。注意两系列各对应点的温度、压力，并进行比较，判断是否正常。

(10) 投料过程中注意检查托轮温度变化情况。

(11) 联系现场关注翻板阀运行情况。

3.5 加料操作

(1) 根据窑内及预热器情况，逐渐加料到 330～400t/h，进行满负荷生产，在加料时相应逐渐加快窑速至 3.5～3.95r/min 左右，窑头加煤至 11～13t/h 左右，分解炉加煤至 16～25t/h 左右，加煤操作应缓慢稳定。

(2) 加大窑排风机排风量，使预热器出口抽力在 −4500～−6500Pa，预热器出口气体 CO 小于 0.1%，NO_x 在 400～700ppm。

(3) 加料的同时，增加冷却机各室风量，当喂料量在 330～400t/h 时，同时调整篦冷机各段篦速，控制好各室压力，预热器出口温度稳定在 400℃以内；五级筒溜子温度稳定在 860～880℃；窑尾温度应控制在 1150℃以内；三次风控制在适宜范围。加料过程中，应稳定各部温度，逐步加至满负荷。

(4) 加料时注意风、煤、料、窑速的平衡，处理好窑与分解炉、预热器、冷却机之间关系，稳定系统热工制度。

(5) 当二次风温达到 900℃之后通知巡检工停止烧油，并拔出油枪，停油后适量增大窑头喂煤量。

(6) 增加喂料时，喂煤量调整幅度不宜过大，避免不完全燃烧，做到既不烧高温又不跑生料。

3.6 操作参数的控制

1. 窑尾

(1) 窑尾温度是表示窑系统热工制度是否稳定的重要参数。

(2) 控制范围：(1150±50)℃。

2. 窑尾烟室 O_2% 的含量

(1) 窑尾烟室 O_2% 含量是表示窑内燃烧状况好坏的重要参数。

(2) 控制范围：2.7%～3.0%。

3. 烧成带温度

(1) 烧成带温度的高低是关系熟料煅烧质量好坏的重要参数。

(2) 可以通过红外比色高温仪、窑尾烟室的 NO_x 浓度、窑负荷和熟料 f-CaO 的含量来判断烧成带的温度。

(3) 控制范围：(1400±50)℃。

4. 窑尾烟室 NO$_x$ 的浓度

(1) 烧成过程中 NO$_x$ 的生成量除了与燃料中 N$_2$ 含量有关外，还与过剩空气系数和烧成带温度有密切的关系。窑内烟气中 O$_2$ 含量较高，燃烧温度越高，NO$_x$ 生成量就越多。

(2) 在空气过剩系数一定的情况下，NO$_x$ 生成量越多，烧成带的温度就越高。

(3) NO$_x$ 浓度控制范围：(1100±300)ppm。

5. 窑负荷

(1) 煅烧温度较高的熟料被窑壁带动的高度也较高，因而窑体的传动力矩较煅烧温度低的熟料高，从而间接地反映了烧成带的温度。

(2) 窑负荷也受到窑皮的多少、均匀程度、喂料量的大小、窑的位置及窑内是否有结球、有结圈等因素的影响，窑电流一般控制在设计额定值的 60%～80%。

6. 二次风温和三次风温

(1) 正常情况下，二次风温和三次风温的高低反映了熟料热量回收的好坏程度；同时，也反映了篦床上熟料层的厚度和熟料的结粒情况以及烧成带温度高低、煤管位置等。

(2) 控制范围：二次风温约 1100～1200℃；三次风温约 800～900℃。

7. 分解炉出口气体成分

(1) O$_2$ 含量过高，说明三次风过剩或存在漏风。

(2) 存在 CO，可能是由供风不足、燃烧不完全或喂煤量波动、煤粉细度变粗、煤管损坏、输煤风机风量变化等因素产生。

8. C$_1$ 级预热器出口气体温度

(1) 可以反映生料供应量、生料在预热器内的热交换状况、窑系统拉风大小及系统的漏风或堵塞等。

(2) 一般控制范围：300～320℃。

9. 窑筒体表面温度

(1) 窑筒体表面温度反映烧成带的温度、窑皮的厚度及耐火砖的厚度。

(2) 判断出现结圈和红窑。

(3) 控制范围：≤300℃。当筒体表面温度超过 350℃时，应采取降温措施，最大不能超过 400℃。

10. 熟料 f-CaO 的含量

(1) 正常情况下，熟料 f-CaO 的含量反映了烧成带的温度及熟料的煅烧状况。

(2) 控制范围：0.8%～1.5%。

11. 分解炉出口气体温度与最下级预热器下料管温度之差

(1) 反映分解炉内煤粉燃烧状况。

(2) 一般控制范围：40～50℃。

12. 最下级预热器下料管温度

(1) 反映了入窑物料分解率的高低。

(2) 控制范围：(850±10)℃。

13. 入窑物料分解率

(1) 对物料的煅烧起着决定性作用。

(2) 分解率越高，熟料煅烧越容易，但过高易造成最下级预热器结皮。

(3) 控制范围：90%～95%。

14. 入窑物料 SO_3 含量

(1) 反映窑内的煅烧情况和系统的通风情况。

(2) 入窑物料 SO_3 含量过高，说明窑内硫循环加剧，应适当控制熟料的煅烧温度；同时，还要注意燃料和原料中 SO_3 含量，避免使用 SO_3 含量过高的原料和燃料。

(3) 控制范围：≤1%。

15. 炉窑燃料比

(1) 当分解炉与窑头燃料比相差悬殊时，整个煅烧系统易产生波动。

(2) 控制范围：60%：40%。

3.7 操作参数的调节

3.7.1 箅冷机箅床速度

箅冷机箅床的速度控制箅床上熟料层的厚度。

1. 增大箅床速度的作用

(1) 熟料层厚度较小，箅下压力降低。

(2) 箅冷机出口熟料温度增高。

(3) 二次风温和三次风温降低。

(4) 窑尾气体 O_2% 含量增加。

(5) 箅冷机废气温度增加。

(6) 箅冷机内零压面向箅冷机下游移动。

(7) 熟料热耗上升。

2. 减小箅床速度的作用

(1) 熟料层变厚，箅下压力增加。

(2) 箅冷机出口熟料温度降低。

(3) 二次风温和三次风温上升。

(4) 箅冷机内零压面向箅冷机上游移动。

(5) 熟料热耗下降。

3.7.2 箅冷机排风量

箅冷机排风机是用来排放不用做二次风和三次风的那部分多余气体，调节排风机的风门开度，用于保证窑头罩负压在正常的范围内（10～50Pa），箅冷机排风机风量是通过风机电机的变频器来调节。

1. 在鼓风量恒定的前提下，增大排风机风门开度的作用

(1) 二次风量和三次风量减小，排风量增大。

(2) 箅冷机出口废气温度上升。

(3) 二次风温和三次风温增高。

(4) 二次风量和三次风量体积流量减少。

（5）窑头罩压力减小，预热器负压增大。

（6）窑头罩漏风增加。

（7）分界线向篦冷机上游移动。

（8）窑尾气体 $O_2\%$ 降低。

（9）热耗增加。

2. 在鼓风量恒定的情况下，减小排风机阀门，对系统产生的结果与上述情况相反。

3. 在调节篦冷机排风机风量时，除保持窑头罩压力为微负压以外，同时还应特别注意窑尾负压的变化，要保证窑尾 $O_2\%$ 含量在正常范围内。

3.7.3　篦冷机鼓风量

调节篦冷机鼓风量是为了保证出窑熟料的冷却及为燃料燃烧提供足够的二次风和三次风。

1. 增加篦冷机的鼓风量的作用

（1）篦冷机风室篦下压力上升。

（2）出篦冷机熟料温度降低。

（3）窑头罩压力升高。

（4）窑尾 $O_2\%$ 含量上升。

（5）篦冷机废气温度增加。

（6）零压面向篦冷机上游移动。

（7）熟料急冷效果更好。

2. 减少篦冷机的鼓风量时，情况与上述结果相反

3.7.4　高温风机的流量

高温风机是用来排除分解和燃烧产生的废气并保证物料在预热器内正常运动；通过调节高温风机的流量，满足燃料燃烧所需的 O_2，并控制窑尾气体 $O_2\%$ 含量在正常范围内。

1. 提高高温风机流量的作用

（1）系统拉风量增加。

（2）预热器出口废气温度增加。

（3）二次风量和三次风量增加。

（4）过剩空气量增加。

（5）系统负压增加。

（6）二次风温和三次风温降低。

（7）烧成带火焰温度降低。

（8）漏风量增加。

（9）篦冷机内零压面向下游移动。

（10）熟料热耗增加。

2. 降低高温风机的流量，产生的结果与上述情况相反

3.7.5　分解炉燃料量

分解炉燃料量决定入窑生料的分解率；燃料量增加或减少，助燃空气量都应该相应地增加或减少；入窑生料分解率应控制在大约 95%，分解率过高易造成最低级预热器结皮。

1. 增加分解炉喂煤量的作用

（1）入窑分解率升高。

（2）分解炉出口和预热器出口过剩空气量降低。

（3）分解炉出口气体温度升高。

（4）烧成带长度变长。

（5）熟料结晶变大。

（6）最低级预热器物料温度上升。

（7）预热器出口气体温度上升。

（8）窑尾烟室温度上升。

2. 减少分解炉喂煤量，产生的结果与上述情况相反

3.7.6 窑头喂煤量

窑头喂煤量与烧成系统的热工状况、生料喂料量及系统的拉风量有着直接的关系。

1. 增加窑头喂煤量的作用

（1）出窑过剩空气量降低。

（2）火焰温度升高；若加煤量过多，将产生 CO，造成火焰温度下降。

（3）出窑气体温度升高。

（4）烧成带温度升高，窑尾气体 NO_x ‰含量上升。

（5）窑负荷增加。

（6）二次风温和三次风温增加。

（7）出窑熟料温度上升。

（8）烧成带中熟料的 f-CaO 含量降低。

2. 减少窑头喂煤量，情况与上述结果相反

3.7.7 生料喂料量

生料喂料量的选择，取决于煅烧工艺所确定的生产目标值。

1. 增加生料喂料量的作用

（1）窑负荷降低。

（2）出窑气体和出预热器气体温度降低。

（3）入窑分解率降低。

（4）出窑过剩空气量降低。

（5）出预热器过剩空气量降低。

（6）二次风量和三次风量降低。

（7）烧成带长度变短。

（8）预热器负压增加。

2. 增加生料量后采取的操作

（1）增加分解炉和窑头的喂煤量。

（2）增加高温风机的排风量。

（3）增加窑的转速。

（4）增加箅冷机箅床速度。

3. 减少生料喂料量，效果及其操作与上述情况相反

3.7.8　窑速

调节窑的转速，可以调节物料在窑内的停留时间；在煅烧正常的情况下，只有在提高产量的前提下，才应该提高窑的转速，反之亦然。

1. 增加窑速的作用

（1）入篦冷机熟料层厚度增加。

（2）烧成带温度降低。

（3）窑负荷降低。

（4）熟料中 f-CaO 含量增加。

（5）二次风温增加，随后由于烧成带温度降低使得二次风温也降低。

（6）窑内填充率降低。

（7）熟料 C_3S 结晶变小。

2. 窑的转速降低，效果与上述情况相反

3.7.9　三次风量

三次风是满足分解炉内燃料燃烧的助燃空气，三次风是来自于篦冷机的冷却风，温度一般控制在 1100℃ 及以上，通过三次风管上的阀门开度进行调节。

1. 增加三次风量的作用

（1）三次风温增加。

（2）二次风量减少。

（3）窑尾气体 O_2％含量降低。

（4）分解炉出口气体 O_2％含量增加。

（5）分解炉入口负压减小。

（6）烧成带长度变短。

2. 减小三次风量，效果与上述结果相反

3.7.10　窑头罩压力

调节窑头罩压力，目的在于防止冷空气的侵入和热空气及粉尘的溢出，窑头罩压力是通过调节高温风机、篦冷机冷却风机及窑头废气排风机三者来完成的，其中主要是调节窑头废气排风机。

（1）在调节窑头罩压力的时候，应满足下述条件：

① 窑尾烟室气体的 O_2％含量在正常的范围内（2％～3％）。

② 篦床上的熟料能够得到足够好的冷却。

③ 保证篦冷机篦板温度不要超过 140℃。

④ 调节窑头罩压力处于微负压状态。

（2）在鼓风量一定的情况下，调节窑头罩压力时，应避免高温风机和排风机使劲拉风的情况，这样将造成系统的电耗增加，同时也不利于生产的控制。

（3）窑头罩正压过高时，热空气及粉尘向外溢出，使热耗增加、污染环境，同时也不利于人身安全。窑头罩负压过大时，易造成系统漏风和窑内缺氧，产生还原气氛。

3.8 异常窑情的处理

3.8.1 高温风机跳停

1. 现象

（1）系统压力突然增加。

（2）窑头罩正压。

（3）电流显示为零。

2. 处理措施

（1）立即停止分解炉喷煤。

（2）立即减少窑头喷煤量。

（3）迅速将生料两路阀打向入库方向。

（4）根据情况降低窑速。

（5）退出摄像仪、比色高温计，以免损坏。

（6）调节一次风量，保护好燃烧器。

（7）调整冷却机篦床速度。

（8）根据情况减少冷却机冷却风量，调整窑头排风机转速，保持窑头负压。

（9）待高温风机故障排除启动后进行升温，重新投料操作。

3.8.2 生料断料

1. 现象

（1）出一级预热器温度急剧上升。

（2）每级预热器及烟室负压迅速增加。

（3）每级预热器温度测量值迅速升高。

2. 处理措施

（1）迅速停止分解炉供煤。

（2）迅速调整喷水系统喷水量，确保进高温风机气体温度不超过 320℃（生料磨停时小于 240℃）。

（3）迅速降低窑尾高温风机转速。

（4）根据尾温变化适当减少窑头喂煤量，保证正常的烧结温度。

（5）根据情况降低窑速。

（6）减少篦冷机篦床速度。

（7）减少篦冷机鼓风量。

（8）迅速查找生料断料原因，若在 30min 之内不能重新投料，要降低窑速，停止篦冷机的篦床，根据篦床厚度间歇运转。

3.8.3 窑主电机调停

1. 现象

窑停止运转。

2. 处理措施

重新启动，若启动失败，马上执行停窑程序。

（1）停止喂料。

（2）停止分解炉喂煤。

（3）减少窑头喂煤。

（4）减小篦冷机篦床速度。

（5）减少篦冷机鼓风量。

（6）调节篦冷机排风量，保持窑头罩负压。

（7）启动窑的辅传，防止窑筒体变形。

3.8.4　篦冷机冷却风机停机

1. 现象

（1）风机流量为零。

（2）篦板温度过高。

（3）窑内火焰升长。

2. 处理措施

关闭风机阀门，重新启动。如果启动失败，马上执行停窑程序。

（1）停止篦床速度。

（2）打开相应的篦冷机鼓风室人孔门，用来帮助冷却篦板。

3.8.5　分解炉断煤

1. 现象

（1）分解炉温度急剧降低。

（2）喂煤量指示值为零。

2. 处理措施

（1）迅速降低窑速。

（2）迅速降低生料喂料量。

（3）迅速减慢窑尾高温风机转速。

（4）减慢冷却机篦床速度。

（5）查找断煤原因。

3.8.6　篦冷机篦板损坏

1. 现象

（1）篦冷机鼓风室内漏料。

（2）篦板温度过高。

（3）篦板压力下降。

2. 处理措施

（1）仔细检查，确定篦板已经损坏。

（2）执行停机程序。

（3）停止喂料。

（4）停止分解炉喂煤。

（5）减少窑头喂煤。

（6）将窑主传动转为窑辅助传动。

（7）增加篦冷机鼓风量，目的是加速熟料冷却。

（8）增加篦冷机篦速，加速物料的排出。

（9）当箅冷机已经足够冷，执行下列操作，以便检查维修。

① 停止所有的鼓风机。

② 停止箅冷机驱动电机。

③ 停止箅冷机破碎机。

④ 停止窑的辅助传动。

（10）若需要翻动窑，应确保维修人员都已出箅冷机之后方可转动。

3.8.7 箅冷机排风机停机

1. 现象

（1）窑头罩正压。

（2）排风机电流降为"0"。

2. 处理措施

（1）减小箅冷机箅床速度。

（2）减少窑的喂料量和喂煤量。

（3）降低窑的转速。

（4）增加窑尾高温风机拉风量。

（5）关闭排风机风门，重新启动，若启动失败，执行下列操作：

① 减少喂料。

② 调整燃料量。

③ 降低窑速。

④ 降低箅床速度。

⑤ 调整高温风机转速，尽量保持窑头负压。

（6）通知电气技术人员检查和修理，完毕后重新启动。

3.8.8 箅冷机驱动电机停机

1. 现象

（1）箅床压力增加。

（2）箅冷机鼓风量减少。

2. 处理措施

（1）减少喂料量。

（2）减少分解炉和窑内喂煤量。

（3）窑的转速减为最慢。

（4）减小窑尾高温风机转速。

（5）关闭箅冷机速度控制器后重新启动。

（6）若启动失败，启动紧急停机程序。

（7）及时地通知电工和巡检工进行处理，完毕后按启动程序重新升温投料。

3.8.9 喷煤管净风机停机

1. 现象

（1）火焰形状改变。

（2）风压降低为零。

2. 处理措施

（1）关闭净风机风门，重新启动。

（2）若启动失败，及时减料，减少喂煤量，调整高温风机拉风量，尽量保持窑内燃烧完全，减少 CO 的出现。

（3）及时地通知电工和巡检工进行处理，完毕后按启动程序重新升温投料。

3.8.10　熟料冷却机或熟料输送系统停机

1. 现象

冷却机负载加重；冷却机里有大块窑皮；篦下压力高；篦冷机驱动电机电流高。

2. 处理措施

（1）立即将窑速调到最小，重新启动熟料输送机和篦冷机驱动电机。

（2）5min 之内启动不了驱动电机，需停窑。

（3）窑停之后，尽可能少转窑，防止篦冷机超载（因为窑仍需要周期性的转动）。

3.8.11　火焰形状弯曲

1. 现象

不正常和不规则的火焰形状；火焰发散，影响窑内耐火砖。

2. 处理措施

（1）检查喷煤管是否损坏。

（2）送风管路是否存在堵塞现象。

（3）依次短时间的关闭内风、外风或送煤风，检查风压变化情况，判断送风管路是否有串风现象。

（4）检查送煤罗茨风机有无问题，是否风量或风压不够。

（5）如果火焰不稳定，且严重影响窑内耐火砖，立即按停窑程序停窑处理。

（6）如果火焰只是轻微的弯曲，调节燃烧器的位置、内外风压或喷煤管的位置。若仍不见效，在下次停窑时作出检修喷煤管的计划。

（7）每次停窑要定期检查和维修喷煤管；在喷煤管使用前检查送风管路是否工作正常。

3.8.12　红窑

1. 现象

（1）观察筒体的颜色，有红的痕迹。

（2）筒体扫描温度在 450℃ 及以上。

（3）在出窑熟料中发现掉落的耐火砖。

2. 处理措施

（1）位于烧成带的中央和冷却带的小红点，可采取补挂窑皮方式，继续正常生产。

（2）开启筒体冷却风机。

（3）改变煤管的内外风比例，保持火焰细长。

（4）维持正常的烧成带温度。

（5）改变入窑生料的易烧性。

（6）位于轮带和附近很大的红窑点，这里通常不能挂上窑皮应马上停窑。

3. 注意事项

（1）不能向红窑点泼水，这样将严重破坏窑的筒体。

（2）尽可能地减少停窑和开窑。

（3）避免生料配比过高，保证有足够的液相量。

（4）调整火焰的形状，使火焰的高温区躲过红窑点。

3.8.13 旋风筒堵塞

1. 现象

（1）旋风筒灰斗压力为零。

（2）下料管温度降低。

2. 处理措施

（1）检查翻板阀是否闪动及闪动的频率，若在闪动，则表明有物料下来，应继续仔细观察，若没有闪动流，说明旋风筒已经堵塞。

（2）马上停止喂料。

（3）启动停机程序停机。

（4）保持闪动阀门打开，手动清堵。

（5）从下部标出料位。

（6）手动清堵时，要佩戴好防护用品，保持预热器负压状态，禁止释放空气炮，注意个人安全。

3.8.14 窑内结前圈

1. 现象

（1）窑口结前圈部位通风面积缩小。

（2）入窑二次风量减少。

（3）熟料在烧成带停留时间延长。

（4）出窑熟料发黏。

2. 处理措施

（1）调节燃烧器位置，使火焰偏离物料，防止煤粉被物料压住。

（2）调节一次风，提高一次风冲量，提高风煤混合程度，保证煤粉完全燃烧。

（3）调节三次风挡板开度，避免窑内通风不足造成的不完全燃烧。

（4）前圈垮落时，短时间内大量烧成带物料涌出窑口，操作上及时调整一段箅速，控制合理的箅下压力，保证熟料冷却效果，防止堆"雪人"。

（5）适当降低窑速，少量增加窑头煤量。

3.8.15 窑内结后圈

1. 现象

（1）窑尾负压增加。

（2）窑尾气体 O_2 含量降低。

（3）窑负荷平均值高和波动幅度较大。

（4）结圈处筒体温度偏低。

（5）窑尾密封圈漏料。

（6）窑尾温度下降。

（7）窑内出料变少。

2. 产生的危害

（1）物料滞留。

（2）物料流动不均匀。

（3）导致产量降低。

（4）二次风量和三次风量分配不平衡。

（5）严重时导致停窑。

3. 处理措施

（1）在减料生产前提下，控制窑圈的发展。

（2）稳定箅冷机运转、窑头罩压力和燃料加入量，以便稳定火焰。

（3）适当增加窑头喂煤，适当降低入窑分解率。

（4）减少三次风门的开度并增加引风量。

（5）调整生料率值，减少液相量。

（6）保持窑尾温度比正常温度略高。

（7）保证熟料 f-CaO 小于 1.0％。

（8）适当增加窑速。

（9）利用冷热交替的办法处理后结圈。

（10）所有的措施都没有效果，只能停窑打圈。

3.8.16　窑内结硫碱圈

1. 现象

（1）窑尾负压增加。

（2）窑尾气体 O_2 含量降低。

（3）窑负荷平均值高和波动幅度较大。

（4）筒体温度低，窑尾密封圈漏料。

（5）入窑物料 SO_3 含量持续偏高（＞2.0％）。

2. 危害

（1）物料滞留。

（2）物料流动不均匀。

（3）导致产量降低。

（4）二次风量和三次风量分配不平衡。

（5）严重时导致停窑。

3. 处理措施

（1）增加系统的拉风。

（2）提高煤粉的细度。

（3）提高分解炉燃烧效率。

（4）避免使用含 S 高的燃料。

（5）努力降低 SO_3 在窑内的循环。

（6）保持窑尾温度比正常值略高。

（7）适当降低烧成带温度，控制窑尾气体 NO_x 的含量（＜1200ppm）。

3.8.17 窑内结"球"

1. 现象

（1）出窑熟料中含有较大粒径的球。

（2）窑振动较大。

（3）窑尾负压增加。

（4）窑负荷平均值高和波动幅度较大。

（5）窑尾气体 O_2 含量降低。

（6）窑内出料不均匀。

（7）二次风及三次风的温度波动大。

2. 危害

（1）物料滞留。

（2）物料流动不均匀。

（3）导致产量降低。

（4）二次风量和三次风量分配不平衡。

（5）严重时导致停窑。

3. 处理措施

（1）防止窑内有害成分富集，减小有害成分的内循环。

（2）优化生料率值，控制熟料的液相量。

（3）稳定煤的成分，降低煤粉中的 S 含量。

（4）稳定煅烧，保证煤粉完全燃烧，禁止出现 CO。

（5）处理预热器系统结皮，防止结皮集中入窑。

（6）当发现窑内存在大球影响产量时，采取放"球"措施。

（7）控制生料细度。

（8）保证熟料质量前提下，可适当降低烧成带温度。

（9）调整火焰形状，避免高温煅烧。

（10）在大球进入篦冷机之前，可降低篦床速度，保持较高的熟料层，以保护篦板被大球砸坏。

3.8.18 窑"黄料"

1. 现象

（1）过多的生料涌进烧成带或穿过烧成带。

（2）在烧成带，液相出现的位置前移。

（3）黑影出现在烧成带。

（4）篦冷机篦板温度过高。

（5）篦板压力突然上升。

（6）窑负荷迅速降低。

（7）窑尾气体 NO_x 含量下降。

（8）窑内可见度降低。

2. 处理措施

（1）降低窑头喂煤量。

（2）适当降低窑速。

（3）减少喂料量。

（4）降低高温风机的转速。

（5）增加喷煤管内风，强化煤粉煅烧。

（6）减小篦冷机篦速，保证物料有足够长的冷却时间。

（7）调整篦冷机鼓风量，获得最大的冷却。

3.8.19　窑圈垮落

1. 现象

（1）烧成带有大的脱落窑皮。

（2）窑尾负压突然下降。

（3）窑头罩压力趋于正常。

（4）窑电流突然降低。

2. 产生的危害

（1）篦冷机超负荷。

（2）大量的生料涌进烧成带。

（3）篦冷机篦板容易遭到损坏。

（4）大块窑皮堵塞篦冷机的破碎机。

（5）熟料冷却效果不好。

3. 处理措施

当烧成带有大量的生料和窑皮时，采取下列处理措施：

（1）马上减少窑速。

（2）减少窑的喂料量。

（3）减少燃料和高温风机的转速，来控制窑尾的温度。

（4）在大量物料进入篦冷机之前，可先提高篦速，然后慢慢减小篦床速度。

（5）增加篦冷机的鼓风量。

（6）注意观察篦冷机和破碎机，以防出现过载、过热或堵塞。

3.8.20　全线停电

1. 现象

全线设备停止运转。

2. 处理措施

（1）通知窑头岗巡检人员启动窑辅助传动柴油机。

（2）通知窑中巡检人员手动将煤管退出。

（3）通知篦冷机巡检人员仔细检查篦床。

（4）供电正常后，将各调节器的设定值、输出值均打至 0 位。

（5）供电后迅速启动冷却机的冷却风机、窑头一次风机、熟料输送设备，重新升温投料。

3.8.21　窑筒体表面温度高

窑在运行过程中，因耐火砖过薄或烧成带窑皮掉落，易造成筒体高温。严重的高温会导致窑筒体变形甚至是烧通，因此操作上应积极保持良好的窑皮，保护好耐火砖。

耐火砖过薄的原因通常是运行周期过长，耐火砖质量问题或砌筑、烘烤、运行过程中技术不当，造成砖的碎裂、剥落等。工艺上往往是因为火焰温度过分集中、窑皮不稳定及料子成分不稳定等因素影响。机械上是由于轮带间隙偏大、滑移量不当所造成。

筒体高温时的调整思路：根据各种参数，综合判断高温的原因。包括耐火砖的使用周期、原燃材料状况、运行参数调整记录等；错误的判断和调整只会造成更严重的后果。

3.8.22 烧成带窑皮脱落

1. 现象

（1）烧成带有大量的脱落窑皮。

（2）窑头罩压力增加。

（3）窑电流降低。

2. 处理措施

（1）适当减产、降低窑速，重点是保持窑工况的平稳。

（2）火焰烧窑皮导致的窑皮掉落，应根据燃烧器校正原始记录，小幅度逐步调整燃烧器上下左右位置，同时结合喂料量调节系统排风量和三次风挡板，保持火焰的顺畅。

（3）局部高温导致的窑皮掉落：增大系统排风量，调节三次风挡板，以加大窑内排风量；同时可减小一次风量或增大一次风出口面积，通过减小一次风冲量使火焰变细长，防止温度集中。

（4）烧成带长期低温也会导致窑皮掉落，这种情况多发生在窑口 10m 范围内：通过窑内通风量的减小和燃烧器一次风速的增大，适当缩短火焰，集中火力；或者通过减产和调整篦冷机操作，必须保证窑内正常煅烧，提高窑烧成带温度，补挂窑皮。同时，还可结合对生料易烧性和煤粉细度的调整，综合改善窑工况。

3.9 停窑操作

3.9.1 计划停窑

1. 停窑前的准备

（1）接到停窑通知后，视煤粉仓内煤粉量，确定停窑的具体时间，现场应做好安全防火准备工作，停窑时煤粉仓尽可能放空，若无法排空，必须做好安全防火工作，比如铺生料粉等。

（2）通知原料磨及煤磨操作员调整适用停窑的操作。

（3）通知现场巡检人员准备停窑。

2. 停窑操作

（1）控制生料计量仓的料位。

（2）根据分解炉及窑煤粉仓的煤粉量，确定生料出库量和喂料量，原则是标准仓和煤粉仓放空，便于检修。

（3）关闭生料出库气动闸阀和计量滑板，通知现场巡检人员关闭手动闸板。

（4）当生料计量仓放空时，注意预热器温度变化，通知现场巡检人员检查预热器是否畅通；设定分解炉喂料量为零，调整三次风挡板开度，敲击煤粉输送管道，密切注意分解炉出口温度变化，当确认管道内煤粉已输送完毕后，停分解炉喂煤系统的相关设备。

（5）调整窑头喂煤量，保证正常的煅烧温度，控制窑尾与预热器出口气体温度不能过高。当窑头喂煤量不畅时，通知现场巡检人员敲击煤粉输送管道，当确认管道内煤粉输送完毕后即停窑。停窑后按表 6.3.2 所示的技术要求翻窑。

表 6.3.2　翻窑的技术要求

停主马达后	慢转间隙（min）	旋转量（°）
		连续慢转
0～10min		
10min～1h	10	100
1～3h	20	100
3～6h	30	100
6～20h	60	100
20～48h	120	100

注：1. 雨天气，翻窑时间间隔减半；
　　2. 停窑后即停止筒体冷却风机及窑头罩冷却风机，停止液压挡轮。

（6）停一次风机，启动燃烧器事故风机。

（7）为了保护好窑皮和耐火衬，停高温风机主电机转为慢转。并关闭各风机挡板，使系统内温度缓慢下降，保护好耐火材料。

（8）在保护好箅板的前提下，尽量减少各室冷却机风量，尽可能早停风机。

（9）现场确认冷却机内无红料时，停一段风室的风机。

（10）确认熟料已输送完毕，停冷却机及熟料输送系统的相关设备。

（11）当窑慢转见不到红料时，可停燃烧器事故风机。

（12）预热器出口废气温度在 100℃ 以下时，停窑尾高温风机。

3.9.2　临时停窑操作

（1）停止生料喂料、停分解炉喂煤，窑头喂煤量减少到 1～3t/h，保证不跑生料、防止窑尾温度过高，当临时停窑时间较长时，可停止窑头喂煤。

（2）停窑尾排风机，降低系统风量，实现窑内保温。

（3）停窑的主传动，启动辅助传动翻窑。

（4）检查各级预热器，做投球试验，确认畅通无阻。

（5）调整窑头排风机挡板开度，控制窑头罩部位呈微负压。

（6）为保护窑内耐火材料，当窑尾温度低于 500℃ 时，窑头点火保温。

（7）点火升温时，若停窑时间短，窑内温度高，可启动窑慢转，直接喷煤，用窑内温度点燃煤粉；若停窑时间长，窑内温度比较低，则需喷柴油助燃。

（8）临时停窑后的投料，因系统蓄有一定的热量，因此升温、投料过程都可在较短时间内完成。

3.9.3　冷窑后的操作

（1）停窑后合理调节箅冷机各风机的挡板开度，保证一定的风量对箅冷机各段箅板进行冷却（尤其是一段箅板），约 2～4h 后，根据箅床上物料量及物料温度，由后向前依次停各段箅床及箅冷机风室的冷却机。

（2）停窑后将一次风机切换为事故风机继续冷却燃烧器，约 8h 后可停事故风机，并开窑门退燃烧器。

（3）根据检修安排，约 24h 后可进窑检查、更换耐火材料。

（4）约24h后开启各级预热器的人孔门进行冷却，约48h后可进窑检查、更换预热器系统的耐火材料。

（5）止煤后及时停止筒体及托轮各冷却风机，停止窑尾润滑系统，并通知现场人员将液压挡轮转至断电位置。

3.9.4 冷窑降温曲线

（1）预分解窑、预热器及分解炉等热工设备不更换耐火砖及浇注料时，煅烧系统不需执行冷窑降温制度，让其处于自然冷却状态。

（2）窑内挖补耐火砖，原则上控制冷窑时间不得低于30h。

（3）烧成带、过渡带或分解带换砖长度 $L<10$m，且系统更换或修补浇注料不多（检修3~4d），控制降温时间30h，其冷窑降温控制曲线如图6.3.5所示。

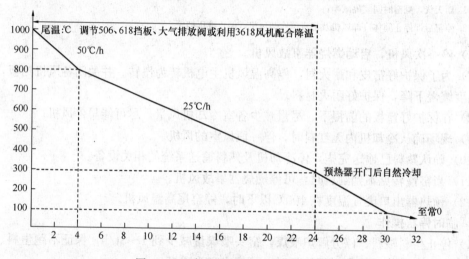

图6.3.5　冷窑时间为30h的降温曲线

（4）烧成带、过渡带或分解带大量换砖，预热器及分解炉系统更换修补较多的浇注料（检修7~10d），控制降温时间20h，其冷窑降温控制曲线如图6.3.6所示。

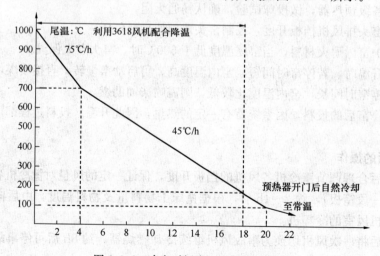

图6.3.6　冷窑时间为20h的降温曲线

3.10 安全注意事项

（1）任何时候都必须保证窑头负压，特别是异常停机恢复时，防止窑头向外喷火、喷热烟气。

（2）现场打开预热器人孔门时，防止热气烧伤。

（3）任何情况下，必须将 CO 含量控制在 0.1% 以下，防止燃烧爆炸。

（4）运转中操作员应经常检查大型电机、电流、定子温度、窑主减速机轴承温度，窑托轮瓦温度（瓦温：65℃，窑联锁停机）。

（5）注意观察筒体扫描温度变化，保护筒体不因高温作用而变形。

（6）正确控制筒体的椭圆度参数。

回转窑筒体最大椭圆率的计算公式是：

$$W \leqslant (D/1000) \times 100\%$$

式中　W——窑筒体椭圆率，%；

　　　D——窑筒体内径，m。

例如：Φ4.8m 的回转窑，其筒体的最大椭圆率为

$$W \leqslant (4.8/1000) \times 100\% = 0.48\%$$

实际测量时，筒体最大椭圆率的计算公式是：

$$W = 4/3 \times D^2 \times \sigma \times 100\%$$

式中　σ——筒体测示仪测得的最大偏差值。

窑筒体最大椭圆度计算公式是：

$$W_s = W \times D \times 103 \text{mm}$$

例如：Φ4.8m 回转窑，当最大椭圆率为 0.48% 时，其最大椭圆度

$$W_s = W \times D \times 103 = 0.48\% \times 4.8 \times 103 = 23.04 \text{mm}$$

（7）正确控制轮带相对滑移量参数。

轮带最大允许相对滑移量计算经验公式：

$$\Delta\mu \leqslant (D/20) \times 100\% \times 103$$

式中　$\Delta\mu$——窑轮带的相对滑移量，mm；

　　　D——窑筒体内径，m。

例如：Φ4.8m 回转窑，窑筒体的最大滑移量为

$$\Delta\mu \leqslant (4.8/20) \times 100\% \times 103 = 24 \text{mm}$$

（8）正确控制轮带间隙参数。

若是没有筒体测试装备，可以通过相对滑动和间隙对椭圆度进行控制，其计算公式如下：

$$S_{理论} \leqslant \Delta\mu/\pi$$
$$S_{实际} \leqslant \Delta\mu/2.6$$

式中　$S_{理论}$——轮带理论间隙，mm；

　　　$S_{实际}$——轮带实际间隙，mm。

例如：Φ4.8m 回转窑，当 $\Delta\mu = 24$mm 时，

$$S_{理论} \leqslant \Delta\mu/\pi = 24/3.14 = 7.64 \text{mm}$$

$$S_{实际} \leqslant \Delta\mu/2.6 = 24/2.6 = 9.23\text{mm}$$

轮带间隙 S（mm）和椭圆率 W 之间的相关式如下：

$$W = 0.0396S + 0.0865$$

例如：Φ4.8m 回转窑，当 $S_{实际} = 9.23\text{mm}$ 时，

$$W = 0.0396S_{实际} + 0.0865 = 0.0396 \times 9.23 + 0.0865 = 0.45\%$$

正确控制轮带间隙参数的注意事项：

① 每次停窑后根据滑移量变化情况，必须测定冷态时轮带间隙，根据测试结果决定是否更换垫板。

② 正常生产时，控制各挡轮带滑移量在 5～10mm 范围（理论滑移量在 3～5mm），当滑移量＞10mm，可停止轮带冷却风机；当滑移量＜3mm，可开启轮带冷却风机。

③ 滑移量太小，易引起筒体缩颈，导致轮带处耐火材料损坏；滑移量太大，筒体易产生蠕变，同样，轮带附近砖易垮落或扭曲。

④ 时刻控制筒体表面温度＜380℃，窑内窑皮垮落时，需立刻采取有效措施进行补挂。

（9）正确控制液压挡轮的工作压力。

液压挡轮的压力反映窑筒体正常下滑的运行状况，日产 5000t 熟料的预分解窑的液压挡轮，正常压力控制在 3～6MPa 较为合适，当发生工作压力过高（如超过 8MPa）或变化波动大时，需进行以下检查：

① 窑筒体是否在上、下极限。

② 各托轮受力情况及止推板的接触情况和温度变化。

③ 大牙轮振动情况。

④ 工艺状况（窑的转速、喂料量、窑皮厚度和长度等）。

（10）开停窑时注意风、煤、料及窑速的配合，严禁加减料过程中系统长时间处于高温状态，以免烧坏相关设备或造成预热器堵塞；开停窑时分解炉出口废气温度严禁超过900℃，预热器出口废气温度严禁超过 400℃，窑尾废气温度不超过 1150℃。

（11）及时开启燃烧器事故风机及预热器顶部的事故风机，保护好燃烧器、预热器顶部斜槽和胶带斗提。

（12）合理调配箅冷机各室的用风及箅速，防止冷却机箅板烧坏和压死。

（13）热工制度极其混乱时，通知现场巡检人员及取样人员特别注意，防止窑尾、窑头、冷却机等处喷出热烟气伤人。

（14）处理窑尾及预热器结皮时，一定预先与中控操作员取得联系，穿戴好劳保用品，现场关闭空气炮开关，逐个关闭空气炮的进气阀，打开气包的卸空阀，防止被热气及物料烧伤，同时挂上警示牌，严格执行预热器清堵安全操作规程。

（15）在投料及停窑过程中，整个系统处于不正常状态，需特别注意操作参数的变化，防止发生事故。

（16）点火投料及停机时，现场必须对预热器系统进行检查确认（如投球确认等），保证系统畅通无阻。

（17）系统大面积更换耐火材料时，严格执行烘窑升温制度。

（18）开停窑时严格执行翻窑制度，雨雪天气慢转间隔时间相应缩短，翻窑量每次为90°，若遇大雨或暴雨，应连续慢转翻窑。

（19）箅冷机清"雪人"、打大块，严格执行安全技术操作规程。

（20）排风机入口温度不允许超过 320℃，若有超过趋势，预先开启喷水系统，实现喷水降温。

3.11 窑操作员下现场巡检内容

为保证预分解窑实现"安全、优质、高产、低耗、环保"的生产目的，要求操作员每班至少一次下现场进行巡检，其巡检内容如下：

3.11.1 预热器

（1）检查各级预热器翻板阀动作是否灵活。

（2）检查四级、五级预热器下料锥体是否结皮。

3.11.2 分解炉

（1）检查分解炉内煤粉燃烧状况，是否出现明亮火焰。

（2）检查分解炉内料、气分散及混合状况。

（3）检查分解炉下料锥体及缩口部位是否积料。

3.11.3 窑尾

（1）检查窑尾烟室是否积料，入窑生料是否发黏、结块。

（2）检查是否出现火星及异常气味，判断煤粉是否产生严重不完全燃烧现象。

3.11.4 窑头

（1）检查火焰是否活泼有力，火焰形状是否完整，是否冲扫窑皮。

（2）检查燃烧器头部是否有积料，燃烧器压力指示值是否正常。

（3）检查窑口浇注料及燃烧器浇注料是否有剥落、烧蚀现象。

（4）检查窑内物料带起高度及结粒大小。

（5）烧成带煅烧温度是否正常。

3.11.5 冷却机

（1）检查箅床料层厚度和风室的漏料情况。

（2）检查箅床上出现"红河"的长度及结粒情况。

（3）检查熟料破碎后温度是否正常。

（4）检查熟料外观及内部有无黄心现象，判断熟料煅烧温度是否合适。

3.12 预分解窑煅烧系统的自动控制回路

3.12.1 窑尾生料喂料小仓的仓重控制

（1）控制参数：窑尾生料喂料小仓的仓重。

（2）操作参数：均化库底计量滑板开度。

（3）控制方式：根据荷重传感器所测得的仓重与给定值比较结果，控制均化库底计量滑板开度，使生料喂料小仓的料位稳定在给定值。

3.12.2 窑尾负压控制系统

（1）控制参数：窑尾排风机入口压力。

（2）操作参数：窑尾排风机转速。

（3）控制方式：根据压力变送器检测窑尾排风机入口压力与给定值比较，控制窑尾排风机的转速，使窑尾排风机入口压力稳定在给定值。

3.12.3 分解炉喂煤控制系统

（1）控制参数：分解炉出口气体温度。

（2）操作参数：分解炉喂煤量。

（3）控制方式：根据热电偶检测五级筒出口气体温度与给定值比较，控制分解炉喂煤量，使五级筒出口气体温度稳定在给定值。

3.12.4 窑头罩负压控制系统

（1）控制参数：窑头罩负压。

（2）操作参数：窑头排风机入口挡板开度。

（3）控制方式：根据压力变送器检测窑头罩压力与给定值比较，控制窑头排风机入口挡板开度，使窑头罩压力稳定在给定值。

3.12.5 篦冷机风室的空气流量控制

（1）控制参数：风室的空气流量。

（2）操作参数：风室鼓风机入口挡板开度。

（3）控制方式：根据压力变送器检测鼓风机入口空气流量与给定值比较，控制鼓风机入口挡板开度，使风室的空气流量稳定在给定值。

3.12.6 篦冷机二室压力控制系统

（1）控制参数：二室篦下压力。

（2）操作参数：篦冷机一段篦床速度。

（3）控制方式：根据压力变送器检测二室篦下压力与给定值比较，控制篦冷机一段篦床速度，使二室篦下压力稳定在给定值。

3.12.7 增湿塔出口气体温度控制系统

（1）控制参数：增湿塔出口温度。

（2）操作参数：增湿水泵回水阀开度。

（3）控制方式：根据温度变送器检测增湿塔出口气体温度与给定值比较，控制增湿水泵回水阀开度，使增湿塔出口气体温度稳定在给定值。

任务4 设备检修维护操作规程

任务描述：掌握板式斗提机的结构、技术性能、设备维护保养及检修规程；掌握皮带输送机的结构、技术性能、设备维护保养及检修规程。

知识目标：掌握板式斗提机的结构、技术性能；掌握皮带输送机的结构、技术性能。

能力目标：掌握板式斗提机的维护保养及检修规程；掌握皮带输送机的维护保养及检修规程。

4.1 板式斗提机检修维护规程

4.1.1 设备性能及作用

1. 用途

板式斗提机主要用于粉状物料的提升及输送。

2. 结构

板式斗提机主要由传动部分、头部链轮组、尾部链轮组、输送链板、料斗及斗提壳体等部分组成。板式斗提机由电机带动减速机，减速机带动斗提机头部链轮的转动液力偶合器，从而把物料提升到所需的高度。

3. 技术性能

板式斗提机的技术性能如表 6.4.1 所示。

表 6.4.1 板式斗提机的技术性能

型号	NE15	NE50	NE150	1232-17	1233-01
提升能力	15t/h	50t/h	150t/h	170t/h	270t/h
提升物料	粉状、颗粒状	粉状、颗粒状	粉状物料	粉状物料	粉状物料

4. 零件及部件完好标准

（1）传动装置底座安装牢固、可靠，壳体支撑架及工作平台固定牢固。

（2）料斗与输送链板牢固，螺栓与螺母点焊牢固，使用规定长度的螺栓连接。

（3）输送链在头尾部扭弯牢固，与头尾轮啮合正确。

（4）减速器、头尾部轴承润滑良好。

（5）链板孔磨损正常，链板伸长率＜2.5％。

（6）壳体无明显变形扭曲。

5. 运行性能

（1）电机、减速器在运行过程中平稳、无振动、漏油、异响等现象。

（2）输送链运行正常，无摩擦声、冲击声、摆动等现象，与头尾轮啮合无偏斜、无顶轮错齿情况。

（3）轴承润滑良好，温升＜40℃。

6. 使用环境

用于室内安装和室外安装，将低处物料提升到所需高度，以实现工艺的输送要求。

4.1.2 设备维护规程

1. 日常维护内容

日常维护内容如表 6.4.2 所示；润滑内容如表 6.4.3 所示；定期维护内容如表 6.4.4 所示；常见故障及处理方法如表 6.4.5 所示。

表 6.4.2 日常维护内容

点检项目	周期	方法	标准
输送链	8h	耳听眼观	无擦壳、冲击声
电机底座螺栓	8h	触摸	底座螺栓无松动
减速器底座、螺栓	8h	触摸	底座螺栓无松动，不漏油，内部无异响
传动链	8h	耳听眼观	运行平稳，无冲击声
轴承	8h	耳听	无异常声音

表 6.4.3 润滑内容

定点	定品种	定周期	定量
头尾轴承	Alvania RL2	3 个月	适量
减速器	Tellus 68	6 个月	适量
逆止器	Alvania RL2	3 个月	适量
传动链	Alvania RL2	3 个月	适量
液力偶合器	32# 透平油	6 个月	适量

表 6.4.4 定期维护内容

检查部位	标准	方法	周期
检查侧板的内侧面是否有磨损	如有磨损检查对中精度，头尾轮重心误差不得大于 2mm	目测，吊锤	每季
销子	有超过 5 个销子断裂需更换链板	用锤子敲击销子进行声音测试	每季
侧板	销孔或套筒孔有超过 3 个以上断裂需更换	检查套筒孔和销孔，对所有侧板目测是否有破损	每季
输送链	$N<2.5\%$ 属正常，如 $N>2.5\%$ 更换链条	测量 10～20 节距链板的总长度后按 $N=[(N_{测}-节距)/节距]\times100\%$	每季
传动链	检查销子里是否有松动，检查链板磨损情况	目测和用锤子敲击进行声音测试	每季
料斗	料斗是否变形，螺栓是否松动	目测	每季

表 6.4.5 常见故障及处理方法

现象	原因	措施
回料现象	1. 卸料溜子被物料充满； 2. 卸料口和溜子过小； 3. 卸料溜角过小	1. 清理物料； 2. 扩大卸料口； 3. 检查卸料溜子角度
摩擦声	1. 尾部壳体底板和斗子相碰； 2. 键松动链条偏摆； 3. 导轨变形； 4. 轴承转动不良	1. 调整链条长度； 2. 调整链轮位置； 3. 修理导轨； 4. 更换轴承
冲击声	1. 头尾轮齿形错误； 2. 头轮和链条啮合不良； 3. 驱动链条打滑	1. 修正齿形或更换链轮； 2. 修正齿形； 3. 调整链条长度
链条摆动	1. 链条和壳体相互干扰； 2. 头尾链轮齿形不对； 3. 链条太松； 4. 支撑不足	1. 修理壳体和链条； 2. 校正齿形； 3. 调整张紧装置； 4. 加强支撑

2. 检修周期及定额

检修周期及定额如表 6.4.6 所示。

表 6.4.6　检修周期及定额

名称	小修	中修	大修
检修周期（月）	1	12	60
工时定额（小时）			

3. 小修内容及标准

（1）检查处理料斗螺栓及更换变形料斗。

（2）检查链条与头尾链轮的啮合情况并及时处理。

（3）检查张紧装置及弹簧。

（4）检查头尾轴承的润滑情况。

4. 中修内容及标准

（1）检查侧板的内侧面是否有磨损，如有磨损检查对中精度，头尾轮重心误差不得大于 2mm。

（2）销子有超过 5 个销子断裂更换链板。

（3）侧板销孔或套筒孔有超过 3 个以上断裂需更换。

（4）输送链：测量 10～20 节距链板的总长度后，按 $N=[(N_{测}-节距)/节距]\times100\%$，$N<2.5\%$ 属正常，如 $N>2.5\%$ 更换链条。

5. 大修内容及标准

（1）更换斗提壳体。

（2）更换输送链及减速器。

6. 试车前准备工作

（1）检查输送链条扭弯是否牢固，张紧程度是否合适。

（2）检查料斗是否固定牢固，螺栓和螺母是否点焊牢固。

（3）检查电机底座是否牢固，支撑架及工作台固定是否牢固。

（4）检查电机旋向是否正确，逆止器选向是否正确。

（5）检查减速器润滑油是否添加，驱动链条是否有润滑脂；有液力偶合器的斗提检查是否充满规定的油。

（6）检查壳体内是否有杂物。

7. 试车

（1）检查基础螺栓和壳体螺栓是否松动。

（2）驱动装置是否有异声，料斗和壳体是否有摩擦声。

（3）机体内是否有异常振动。

（4）电流是否正常。

（5）密封处有无漏风现象。

（6）驱动链条张紧是否合适。

（7）链条与链轮的啮合是否正确。

（8）轴承、电机、减速器是否有过热现象。

（9）逆止器性能是否正常。

8. 验收

(1) 检修项目的验收按检修标准进行验收。

(2) 电机、减速器运行平稳，无振动、异响、漏油等现象。

(3) 输送链运行无摩擦声、冲击声、摆动等现象，头尾轮、链轮与链啮合无偏移。

(4) 逆止器运行平稳，无异常声音。

(5) 头尾轮转动平稳，轴承处无异常声音。

9. 日常维护安全注意事项

(1) 日常维护中，必须劳保穿戴齐全，严禁用手触摸转动部位。

(2) 日常点检过程确需触摸点检的振动部位，用测温枪测一下温度，同时需远离旋转部位，以防烫伤或机械伤害。

(3) 在日常维护过程中发现有异常情况，必须停机处理，不得在开机状态下处理，防止机械伤人或漏电伤人。

10. 检修安全注意事项

(1) 所有检修人员劳保穿戴齐全，检修前对所使用的设备、工具、工作现场进行检查，确认安全可靠后方可作业。

(2) 待办理完停机检修手续后，方可进入检修作业。

(3) 检修时现场负责人通知中控，由中控通知相关人员，并同时办理检修确认，挂牌操作，并严格遵守谁挂牌谁摘牌。

(4) 检修人员必须按现场负责人指定位置接水、电、气等能源动力介质，严禁私接乱挂。

(5) 在检修中如遇电线、管道都应视为有电、通有气体或能源动力介质，要查明源头，确认彻底关停后，方可按有关规定作业。

(6) 检修过程中必须注意头部及脚下，确保在安全条件下再进行检修作业，如确有不安全因素，待处理完安全隐患再行检修。

(7) 在检修中如需用手动葫芦、吊车或其他起重设备时，必须先检查起重设备是否完好，在确认完好的情况下方可使用。

(8) 在起重设备下方严禁站人，起重作业必须有专人负责指挥，专人对吊具检查，吊前要对吊物重量进行估算，严禁超负荷起吊。

(9) 检修中如有高空作业，必须系安全带，并严格执行高挂低用原则，系安全带位置要牢固可靠。

(10) 检修中要将检修废物、备品备件、工具摆放平稳，防止落物伤人。

(11) 在检修过程中如需安装临时照明，须由电工专业人员安装，在安装时确保照明线和临时灯具完好。

(12) 检修过程电焊机、割焊的使用严格执行相应的操作规程。

(13) 检修结束后，清理所有工器具及检修现场。

11. 试车安全注意事项

(1) 试车应检查防护设施是否齐全，待防护设施齐全情况下进行试车。

(2) 在试车前，填写开机确认表，现场负责人、检修、电工、中控都确认后，摘牌准备试车。

（3）试车时，由现场负责人负责开机指令的下达。

（4）现场人员应注意设备异常情况，如有异常立即停车。

（5）试车人员严禁站在联轴器的正前方。

4.2　皮带输送机检修维护规程

4.2.1　设备性能及作用

1. 用途

皮带输送机主要用来输送散装物料。

2. 结构简述

皮带输送机主要由输送带、驱动部分（电机、高速联轴器、减速器、低速联轴器）、滚筒（传动滚筒、改向滚筒）、托辊、张紧装置、卸料装置、清扫装置、制动装置等部分组成。

3. 零件及部件完好标准

（1）基架安装牢固可靠，无振动。

（2）滚筒、托辊、驱动装置转动灵活，无破损，润滑良好。

（3）张紧装置正常，皮带磨损正常，无跑偏、打滑、啃边现象。

（4）各电气设备，按钮灵敏可靠。

4. 运行性能

（1）各转动部件无噪声，轴承无异常温升，滚筒、托辊转动灵活。

（2）清扫器、卸料器清扫效果正常。

（3）带速、输送能力与设计能力无大偏差。

5. 使用环境

环境温度为 $-10\sim40℃$。

4.2.2　设备维护规程

1. 日常维护内容

（1）经常检查减速器温升情况及有无异常声音。

（2）及时更换转动不灵活或不转动的和有轴向窜动的托辊。

（3）清扫器、卸料器、导料槽的橡胶板有磨损应及时调整，并注意清理粘在托辊与滚筒表面的物料。

（4）清理受料段和拉紧装置以及输送机走廊上的溅落物。

（5）保持调心托辊转动的灵活性。

（6）观察输送带表面剥落情况，及时修补。

2. 定期检查内容

定期检查内容如表 6.4.7 所示；润滑内容如表 6.4.8 所示。

表 6.4.7　定期检查内容

检查对象	周期	措施
减速器	每年	清洗后更换
橡胶板	每年	更换

检查对象	周期	措施
包胶滚筒	每年	更换胶面
液压电磁闸瓦制动器	每年	更换制动片
减速器	每两年	拆洗，检查齿轮磨损情况，磨损超齿顶端 1/3 更换
输送带	每两年	修补或更换
漏斗	每两年	对变形损坏的漏斗修补整形

表 6.4.8　润滑内容

定点	定牌号	定期	定量
减速器（电动滚筒）	壳牌 Tellus 46	每年	适量
头尾轴承	壳牌 Alvania RL2	每年	适量
丝杆	壳牌 Alvania RL2	每 3 个月	适量

3. 常见故障处理方法

（1）皮带粘料、洒料：调整清扫器、刮料器使工作正常有效。

（2）皮带跑偏：调整张紧装置和使下料均匀。

（3）滚筒打滑：适度调节皮带张力。

（4）胶皮开裂、起皮：重新粘牢或更换皮带。

4. 检修周期及定额

检修周期及定额如表 6.4.9 所示。

表 6.4.9　检修周期及定额

名称	小修	中修	大修
检修周期（月）	1	12	60
工时定额（小时）			

5. 小修内容及标准

（1）检查更换磨损托辊。

（2）检查输送带的磨损及刮擦并及时处理。

（3）检查滚筒润滑油及包胶是否磨损。

（4）检查尾部张紧装置。

（5）检查处理清扫装置及时恢复。

6. 中修内容及标准

（1）带式输送机（头尾架、中间架、滚筒）纵横向中心线与安装基准线的重合度为 1.5mm。

（2）各托辊上母线应在同一平面上，允许偏差±1.5mm。

（3）橡胶带接头必须对准、牢固，不得有破裂现象，松紧程度适当，拉紧滚筒的位置必须留有松紧行程。

（4）刮板的清扫面与胶带接触，其面积不应小于 85%。

（5）更换磨损电动滚筒、改向滚筒。

7. 大修内容

（1）更换输送带。

（2）更换腐蚀、变形的支架。

8. 试车前准备工作

（1）检查确认动力源是否符合设计要求。

（2）检查各部件是否符合安装技术要求。

（3）检查减速器、滚筒、头尾轮轴承内是否按规定加足润滑油。

（4）调节张紧装置，使初张力适度。

（5）清除现场所有异物，清除输送机内所有杂物。

（6）确认电机转向是否正确。

9. 空载试车

（1）观察整机运行是否平稳，各运转部件有无明显噪声。

（2）检查减速器及轴承是否有异常高温，有无漏油现象。

（3）检查各滚筒托辊是否灵活。

（4）检查所有紧固件是否松动。

（5）检查皮带有无跑偏、打滑、啃边现象，张紧是否适度。

（6）检查记录带速、电机电流、功率是否符合要求。

（7）检查各机构、电气保护装置是否反应灵敏、动作可靠。

10. 负载试车

空载试车运转正常方可负载运行。负载运行期间，除检查空载运行所检查项目外，还需检查记录以下几点：

（1）清扫器、刮料器工作是否正常有效。

（2）皮带机各部位有无漏料、冒灰现象。

（3）记录电机电流、电压、功率和皮带速度、输送能力。

11. 验收

整机运行平稳，各运转部件无明显噪声；减速器、轴承无异常高温，无漏油现象；各滚筒托辊转动灵活，紧固件无松动；皮带无跑偏、打滑、啃边现象，张紧适度；各机构、各电气保护装置反应灵敏，动作可靠。

12. 日常维护安全注意事项

（1）日常维护中，必须劳保穿戴齐全，严禁用手触摸转动部位。

（2）温度测量用测温枪进行，不得用手触摸。

（3）日常点检过程确需触摸点检的振动部位，用测温枪测一下温度，同时需远离旋转部位，以防烫伤或机械伤害。

（4）在总检维护过程中发现有异常情况，必须停机处理，不得在开机状态下处理，防止机械伤人或漏电伤人。

13. 检修安全注意事项

(1) 所有检修人员劳保穿戴齐全，检修前对所使用的设备、工具、工作现场进行检查，确认安全可靠后方可作业。

(2) 待办理完停机检修手续后，方可进入检修作业。

(3) 检修时现场负责人通知中控，由中控通知相关人员，并同时办理检修确认，挂牌操作，并严格遵守谁挂牌谁摘牌。

(4) 检修人员必须按现场负责人指定位置接水、电、气等能源动力介质，严禁私接乱挂。

(5) 在检修中如遇电线、管道都应视为有电、通有气体或能源动力介质，要查明源头，确认彻底关停后，方可按有关规定作业。

(6) 检修过程中必须注意头部及脚下，确保在安全条件下再进行检修作业，如确有不安全因素，待处理完安全隐患再行检修。

(7) 在检修中如需用手动葫芦、吊车或其他起重设备时，必须先检查起重设备是否完好，在确认完好的情况下方可使用。

(8) 在起重设备下方严禁站人，起重作业必须有专人负责指挥，专人对吊具检查，吊前要对吊物重量进行估算，严禁超负荷起吊。

(9) 检修中如有高空作业，必须系安全带，并严格执行高挂低用原则，系安全带位置要牢固可靠。

(10) 检修中要将检修废物、备品备件、工具摆放平稳，防止落物伤人。

(11) 在检修过程中如需安装临时照明，须由电工专业人员安装，在安装时确保照明线和临时灯具完好。

(12) 检修过程电焊机、割焊的使用严格执行相应的操作规程。

(13) 检修结束后，清理所有工器具及检修现场。

14. 试车安全注意事项

(1) 试车应检查防护设施是否齐全，待防护设施齐全情况下进行试车。

(2) 在试车前，填写开机确认表，现场负责人、检修、电工、中控都确认后，摘牌准备试车。

(3) 试车时，由现场负责人负责开机指令的下达。

(4) 现场人员应注意设备异常情况，如有异常立即停车。

(5) 试车人员严禁站在联轴器的正前方。

思 考 题

1. 简述生产巡检的内容。

2. 简述生产巡检的要求。

3. 如何巡检预热器？

4. 如何巡检分解炉？

5. 如何巡检回转窑？

6. 如何巡检燃烧器？

7. 如何巡检篦冷机？

8. 如何巡检窑尾高温风机？
9. 如何控制开窑点火升温曲线？
10. 如何控制停窑降温曲线？
11. 如何维护及保养板式斗提机？
12. 简述皮带输送机的常见故障及处理方法。

项目7 回转窑用耐火材料

项目描述：本项目主要讲述了回转窑用耐火材料的种类、技术性能、施工砌筑及设计等方面的知识内容。通过本项目的学习，熟悉回转窑用耐火材料的种类及技术性能；掌握回转窑用耐火砖的砌筑方法和施工砌筑等方面的技能；掌握回转窑用耐火砖的设计、订购及使用等方面的技能。

任务1 耐火材料的性能

任务描述：熟悉耐火材料的概念、性能、化学组成及分类；掌握耐火材料的物理性能、热学性能、力学性能及使用性能等方面的知识内容。

知识目标：熟悉耐火材料的概念、性能、化学组成及分类等方面的知识内容。

能力目标：掌握耐火材料的物理性能、热学性能、力学性能及使用性能等方面的知识内容。

1.1 耐火材料的概念、技术要求及分类

1. 耐火材料的概念

耐火材料是指耐火度在1580℃及以上的无机非金属材料。它包括天然矿石和经过一定工艺加工的各种制品，用于高温窑炉等热工设备的结构材料，能够承受相应的物理化学变化及机械作用。

2. 耐火材料的技术要求

（1）较高的耐火度

为了适应高温工作条件，耐火材料应该具备高温条件下不软化、不熔化的技术性能。所以要求耐火材料具有较高的耐火度。

（2）较高的荷重软化温度

耐火材料能够承受窑炉的荷重及在操作条件下的各种应力，在高温下不丧失结构强度，不发生坍塌现象。所以要求耐火材料具有较高的荷重软化温度。

（3）具有较高的体积稳定性

耐火材料在高温使用条件下会发生体积变化，这就要求耐火材料具有较高的体积稳定性，在高温使用条件下不至于发生较大的体积膨胀或收缩，产生致命的裂缝和裂纹，影响使用寿命。所以要求耐火材料具有较高的体积稳定性。

（4）良好的热震稳定性

耐火材料受操作条件影响很大，当温度急剧变化时，其内部会产生膨胀应力或收缩应力，使耐火材料产生开裂、裂纹，甚至发生坍塌现象。所以要求耐火材料具有良好的热震稳定性。

（5）良好的抗蚀性

耐火材料在使用过程中，会受到液态、炉尘、气态介质或固态介质的化学侵蚀作用，使制品被侵蚀损坏。所以要求耐火材料具有良好的抗蚀性。

3. 耐火材料的化学组成

（1）主成分

主成分是耐火材料中占绝大多数的组分，是构成耐火基体材料的成分，是耐火材料特性的基础，它的数量和性质直接决定耐火材料的使用性能。其成分可以是元素、氧化物、非氧化物等。

（2）杂质成分

耐火材料的杂质是由原料带进来的。杂质可以降低出现液相的共融温度，增加液相数量，促进煅烧反应，有利于提高耐火材料的使用性能。

（3）添加成分

在耐火材料的生产过程中，为了提高耐火材料某方面的技术性能，人为地添加某种化学成分即是添加成分，这种添加成分也叫矿化剂；为了降低烧结温度，促进烧结反应，也可以人为地添加某种化学成分，这种添加成分就叫烧结剂。

4. 耐火材料的分类

耐火材料按主成分的化学性质可分为如表 7.1.1 所示的三种类型。

表 7.1.1 耐火材料的化学分类

类别	高温耐侵蚀性能	主成分	所属耐火材料
酸性耐火材料	对酸性物质的侵蚀抵抗性强	SO_2、ZrO_2 等四价氧化物	硅石质、黏土质耐火材料
中性耐火材料	对酸性、碱性物质有相近的抗侵蚀性	Al_2O_3、Cr_2O_3 等三价氧化物、C 等原子键结晶矿物	高铝质耐火材料、铬质耐火材料、碳质耐火材料
碱性耐火材料	对碱性物质的侵蚀抵抗性强	MgO、CaO 等二价氧化物	镁质、白云石质耐火材料

1.2 耐火材料的物理性能

1. 气孔率

（1）气孔

耐火材料内的气孔是由原料中气孔和成型后颗粒间的气孔所构成，主要分为下列三类：

① 开口气孔是指一端封闭，另一端与外界相通，能为流体填充。

② 闭口气孔是指封闭在制品中不与外界相通。

③ 贯通气孔是指不但与外界相通，且贯通制品的两面，能为流体通过。

为简便起见，将贯通气孔和开口气孔合并为一类，统称开口气孔。在一般耐火制品中，开口气孔的体积比例较大，闭口气孔的体积比例很小，并且难于直接测定，因此，耐火制品的气孔率常用开口气孔率来表示。

（2）气孔的孔径分布

气孔孔径分布是指耐火制品中各种孔径的气孔所占气孔总体积的百分率。在气孔率相同时，孔径大的制品其强度低。熔铸或隔热耐火制品的气孔孔径可大于 1mm，致密耐火制品中的气孔主要为毛细孔，孔径多为 $1\sim30\mu m$。

(3) 气孔率的概念

气孔率是耐火制品所含气孔体积与制品总体积的百分比，是开口气孔率与闭口气孔率的和。开口气孔率是指开口气孔体积与制品总体积之比；闭口气孔率是指闭口气孔体积与制品总体积之比。致密耐火制品的开口气孔率一般为 $10\%\sim28\%$，隔热耐火制品的总气孔率一般大于 45%。

2. 体积密度

体积密度是耐火制品的干燥质量与其总体积（包括气孔）的比值。它表征耐火材料的致密程度，是所有耐火原料和耐火制品质量标准中的基本指标之一。体积密度高的制品，其气孔率小，强度、抗渣性、高温荷重软化温度等一系列性能指标好。

3. 真密度

真密度是耐火制品的干燥质量与其真体积（不包括气孔体积）之比。在耐火材料中，硅砖的真密度是衡量石英转化程度的重要技术指标。SiO_2 组成的各种不同矿物的真密度不同，鳞石英的真密度最小，方石英次之，石英最大。

4. 相对密度

相对密度是耐火材料的单位体积质量与 $4℃$ 水的单位体积质量之比，相对密度无量纲，即指不包括气孔在内的单位体积耐火材料的质量与 $4℃$ 水的单位体积质量之比，即耐火材料的真密度与水的密度之比。由于 $4℃$ 水的密度为 $0.99973g/cm^3$，故相对密度与密度基本相同，只是前者单位为 g/cm^3，后者无量纲。

5. 吸水率

吸水率是耐火制品全部开口气孔所吸收的水的质量与干燥试样的质量百分比。它实质上是反映制品中开口气孔体积的一个技术指标。由于其测定简便，在生产中习惯上用吸水率来鉴定原料煅烧质量，烧结良好的原料，其吸水率数值较低，一般应小于 5%。

6. 透气度

透气度是耐火制品允许气体在压差下通过的性能。透气度主要是由贯通气孔的大小、数量和结构决定的。某些制品要求具有很低的透气度，如用于隔离火焰或高温气体的制品；而有些制品则要求具有很好的透气度，如吹氩浸入式透气内壁专用透气耐火制品。

耐火材料一般都有气孔，其主要原因在于颗粒级配不当，不能实现最紧密的堆积；成型压力不足，没有使颗粒达到最紧密的密实程度；干燥期水分逸散时或烧制期间颗粒发生体积收缩等。常用耐火材料的体积密度和显气孔率如表 7.1.2 所示。

表 7.1.2 常用耐火材料的体积密度和显气孔率

耐火材料名称	体积密度（g/cm³）	显气孔率（%）
普通黏土砖	1.80~2.00	24.0~30.0
致密黏土砖	2.05~2.20	16.0~20.0
超致密黏土砖	2.25~2.30	10.0~15.0
硅砖	1.80~1.95	19.0~22.0
镁砖	2.60~2.70	22.0~24.0

一般来说，降低气孔率对于提高产品质量、增大机械强度、减少与熔渣及腐蚀性气体的接触表面面积、延长使用寿命是有好处的。但保持一定的显气孔率对于回转窑烧成带形成窑皮及缓冲热膨胀应力影响，又有一定的好处。

1.3　耐火材料的热学性能

1. 比热容

比热容是指 1kg 耐火材料温度升高 1℃所吸收的热量（也称热容）。耐火材料的比热容取决于它的矿物组成和所处的温度，主要用于窑炉设计热工计算。

2. 热膨胀性

热膨胀性是指耐火制品在加热过程中的长度变化，其表示方法有线膨胀率和线膨胀系数两种方法。线膨胀率是指由室温至试验温度间，试样长度的相对变化率。线膨胀系数是指由室温升高到试验温度，期间温度每升高 1℃试样长度的相对变化率。

材料的热膨胀与其晶体结构和键强度有关。键强度高的材料，如 SiC 具有较低的热膨胀系数。对于组成相同的材料，由于结构不同，热膨胀系数也不同。通常结构紧密的晶体，其热膨胀系数都较大，而类似于无定形材的玻璃，则往往有较小的热膨胀系数。

热膨胀性是耐火材料使用时应考虑的重要性能之一。炉窑在常温下砌筑，而在高温下使用时炉体要膨胀。为抵消热膨胀造成的应力，需预留膨胀缝。线膨胀率和线膨胀系数是预留膨胀缝和砌体总尺寸结构设计计算的关键参数。常用耐火制品的平均线膨胀系数如表 7.1.3 所示；耐火浇注料的平均线膨胀系数如表 7.1.4 所示。

表 7.1.3　常用耐火制品的平均线膨胀系数

材料名称	黏土砖	莫来石砖	莫来石刚玉砖	刚玉砖	半硅砖	硅砖	镁砖
平均线膨胀系数 （20～100℃） （10^{-6}/℃）	4.5～6.0	5.5～5.8	7.0～7.5	8.0～8.5	7.0～7.9	11.5～13.0	14.0～15.0

表 7.1.4　耐火浇注料的平均线膨胀系数

胶结剂种类	集料品种	测定温度（℃）	线膨胀系数
矾土水泥	高铝质	20～1200	4.5～6.0
	黏土质	20～1200	5.0～6.5
磷酸	高铝质	20～1300	4.0～6.0
	黏土质	20～1300	4.5～6.5
水玻璃	黏土质	20～1000	5.0～6.0
硅酸盐水泥	黏土质	20～1200	4.0～7.0

3. 热导率导热系数

热导率是指在单位温度梯度下，单位时间内通过单位垂直面积的热量。耐火材料的热导率对于高温热工设备的设计是不可缺少的重要数据。对于那些要求隔热性能良好的轻质耐火材料，检验其热导率更具有重要意义，可以减少厚度或热损失。

耐火材料的导热能力与其矿物组成、组织结构及温度有密切关系。材料的化学组成越复杂、杂质含量越多、添加成分形成的固溶体越多，它的热导率降低越明显。晶体结构越复杂的材料,热导率也越小。

耐火材料通常都含有一定的气孔,气孔内气体热导率低,因此气孔总是降低材料的导热能力。在一定温度以内,对一定的气孔率来说,气孔率越大,则导热率越小。而气孔率相同时,则与固相的连续性以及气孔部分的大小、形状、分布等有关系。一般来说,气孔大的热导率大;球形和扁平气孔,影响也各不相同,扁平气孔的方向性使不同方向测出的热导率有差别。

1.4 耐火材料的力学性能

1. 抗压强度

抗压强度是耐火材料在一定温度下单位面积上所能承受的极限载荷。抗压强度是衡量耐火材料质量的重要性能指标,分常温抗压强度和高温抗压强度。常温抗压强度是指制品在室温下测得的数值;高温抗压强度是指制品在指定的高温条件下测得的数值。常温抗压强度主要是表明制品的烧结情况,以及与其组织结构相关的性质,测定方法简便,可用来间接地评定其他指标,如制品的耐磨性、耐冲击性以及不烧制品的结合强度等。

2. 抗折强度

耐火材料抗折强度是指试样单位面积承受弯矩时的极限折断应力,又称抗弯强度,分为常温抗折强度和高温抗折强度。室温下测得的抗折强度称为常温抗折强度;在规定高温条件下所测得的强度值称为该温度下的高温抗折强度。

3. 粘结强度

粘结强度是指两种材料粘结在一起时,单位界面之间的粘结力,主要表征不定形耐火材料在使用条件下的强度指标。不定形耐火材料在使用时,要有一定的粘结力,以使其有效地粘结于施工基体。

4. 高温蠕变性

当耐火材料在高温下承受小于其极限强度的某一恒定荷重时,产生塑性变形,变形量会随时间的增长而逐渐增加,甚至会使材料破坏,这种现象叫蠕变。耐火材料高温蠕变性是指制品在高温下受应力作用随着时间变化而发生的等高温形变,分为高温压缩蠕变、高温拉伸蠕变、高温弯曲蠕变和高温扭转蠕变等,常用的是高温压缩蠕变。

测定耐火材料的蠕变意义在于:研究耐火材料在高温下由于应力作用而产生的组织结构的变化;检验制品的质量和评价生产工艺;了解制品发生蠕变的最低温度,不同温度下的蠕变速率和高温应力下的变形特征;确定制品保持弹性状态的温度范围和呈现高温塑性的温度范围等。

5. 弹性模量

弹性模量是指材料在外力作用下产生的应力与伸长或压缩弹性形变之间的比例关系,其数值为试样横截面所受正应力与应变之比,是表征材料抵抗变形的能力。

1.5 耐火材料的使用性能

1. 耐火度

耐火度是指耐火材料在无荷重时抵抗高温作用而不熔化的性能。耐火度是判定材料能否作为耐火材料使用的依据。国际标准化组织规定耐火度达到 1580℃ 以上的无机非金属材料即为耐火材料。常见耐火原料及制品的耐火度如表 7.1.5 所示。

表 7.1.5　常见耐火原料及制品的耐火度

品种	耐火度范围（℃）	品种	耐火度范围（℃）
结晶硅石	1730～1770	高铝砖	1770～2000
硅砖	1690～1730	镁砖	＞2000
硬质黏土	1750～1770	白云石砖	＞2000
黏土砖	1610～1750		

2. 荷重软化温度

耐火材料荷重软化温度是指耐火制品在持续升温条件下承受恒定载荷产生变形的温度，表征耐火制品同时抵抗高温和载荷两方面作用的能力。耐火材料高温荷重变形温度的测定方法是固定试样承受的压力，不断升高温度，测定试样在发生一定变形量和坍塌时的温度，称为高温荷重变形温度。影响耐火制品荷重软化温度的主要因素是其化学矿物组成和显微结构。提高原料的纯度，减少低熔物或熔剂的含量，增加成型压力，制成高密度的砖坯，可以显著提高制品的荷重软化温度。

3. 重烧线变化率

重烧线变化率是指烧成的耐火制品再次加热到规定的温度，保温一定时间，冷却到室温后所产生的残余膨胀和收缩。正号"＋"表示膨胀，负号"－"表示收缩。

重烧线变化率是评定耐火制品质量的一项重要指标。化学组成相同的制品重烧线变化产生的原因，主要是耐火制品在烧成过程中，由于温度不匀或时间不足等影响，使其烧成不充分，这种制品在长期使用中，受高温作用时，一些物理化学变化仍然会继续进行，从而使制品的体积发生膨胀或收缩。这种变化对热工窑炉的砌体有极大的破坏作用，因此必须加强制品生产中的烧成控制，使该项指标控制在标准之内。

多数耐火材料在重烧时产生收缩，少数制品产生膨胀，如硅砖。因此，为了降低制品的重烧收缩或膨胀，适当提高烧成温度和延长保温时间是有效措施。

4. 抗热震性

抗热震性是指耐火制品抵抗温度急剧变化而不被破坏的性能，也称热震稳定性、抗温度急变性、耐急冷急热性等。影响耐火制品抗热震性的主要因素是制品的物理性能，如热膨胀性、热导率等。耐火制品的热膨胀率越大，其抗热震性越差；制品的热导率越高，抗热震性就越好。

5. 抗渣性

抗渣性指耐火材料在高温下抵抗熔渣侵蚀和冲刷作用而不破坏的能力。耐火材料的抗渣性主要与耐火材料的化学组成、组织结构、熔渣的性质等有关。采用高纯耐火原料，改善制品的化学矿物组成，尽量减少低熔物杂质，是提高制品抗渣性能的有效方法。同时注意耐火材料的选材，尽量选用与熔渣的化学成分相近的耐火材料，减弱它们界面上的反应强度，如水泥回转窑内熟料呈碱性，则应选碱性耐火材料作为衬砖。

6. 抗碱性

抗碱性是耐火材料在高温下抵抗碱侵蚀的能力。耐火材料在使用中会受碱的侵蚀，例如在高炉冶炼过程中，随着加入原料带入含碱的矿物，这些含碱矿物对铝硅质及碳质耐火炉衬产生侵蚀作用，影响炉衬的使用寿命。提高耐火制品的抗碱性，可以延长高炉的使用寿命。

7. 抗氧化性

抗氧化性是指含碳耐火材料在高温氧化气氛下抵抗氧化的能力。含碳耐火材料具有优良的抗渣性及抗热震性,其应用范围越来越广泛。但是碳在高温下容易发生氧化反应,这是含碳耐火材料损坏的重要原因。要提高含碳耐火材料的抗氧化性,可选择抗氧化能力强的碳素材料;改善制品的结构特征,增强制品致密程度,降低气孔率;使用微量添加剂,如 Al、Mg、Zr、SiC,B_4C 等。

8. 抗水化性

抗水化性是碱性耐火材料在大气中抵抗水化的能力。它是判断碱性耐火材料烧结是否良好的重要指标。碱性耐火材料烧结不良时,其中的 CaO、MgO,特别是 CaO,在大气中极易吸潮水化,生成氢氧化物,使制品疏松损坏。提高碱性耐火材料的抗水化性,可以采用下列 3 种方法:

(1)提高烧成温度使其死烧。

(2)使 CaO、MgO 生成稳定的化合物。

(3)附加保护层,减少与大气的接触,其目的是使制品能较长时间的存放,不至于发生水化反应而遭到损坏。

9. 抗 CO 侵蚀性

抗 CO 侵蚀性是耐火材料在 CO 气氛中抵抗开裂或崩解的能力。耐火制品在 400～600℃ 下遇到强烈的 CO 气体时,由于 CO 发生分解反应,游离 C 就会沉积在制品上而使制品崩解损坏。高炉冶炼过程中,炉身 400～600℃ 的部位,由于上述原因而使高炉炉衬损毁。降低耐火制品显气孔率及氧化铁含量,可以增强其抵抗 CO 的侵蚀能力。

任务 2　回转窑常用的耐火材料

任务描述:熟悉耐火砖的作用及技术要求;掌握硅铝质砖、黏土砖、高铝砖、耐碱砖、碱性砖、隔热材料、碳化硅砖、耐火浇注料及耐火泥等的技术性能;掌握预分解窑耐火材料的配套使用技能。

知识目标:掌握硅铝质砖、黏土砖、高铝砖、耐碱砖、碱性砖、隔热材料、碳化硅砖、耐火浇注料及耐火泥等方面的知识内容。

能力目标:掌握预分解窑耐火材料的配套使用的技能。

2.1　耐火砖的作用及要求

1. 耐火砖的作用

(1)保护窑筒体

回转窑筒体由钢板卷制而成,筒体强度随温度的升高而降低。在烧制水泥熟料时,烧成带热气流温度达 1500～1700℃,而烧成带物料温度也在 1450℃ 左右,如不加以保护,筒体会很快烧坏,因此必须在筒体内镶砌耐火材料来保护筒体,使其不受高温热气流及物料的化学侵蚀和机械磨损,保持正常生产。

(2)减少筒体散热损失

由于筒体温度比周围空气温度高,要向外界周围散热,一般回转窑筒体表面散热损失占总热耗的 15％～20％。镶砌窑衬可以隔热保温，减少窑筒体散热损失。

（3）蓄热、进行热交换

窑衬可以充当传热介质，从热气体中吸收一部分热量，再以传导及辐射方式传给物料。

2. 回转窑对耐火砖的技术要求

（1）耐高温性强

窑内的高温区温度一般都在 1000℃ 以上，要求耐火砖在高温下不能熔化，在熔点之下还要保持一定的强度，同时还要有长时间暴露在高温下不变形的特性，即要求耐火材料的高温荷重变形温度要高。

（2）化学稳定性好

燃料在窑内煅烧时产生的气体、熔渣及物料中的碱都要侵蚀窑衬，尤其在烧成带和过渡带的高温区，衬砖与水泥熟料和窑气中的氧化物、氯化物、硫化物等都会发生化学反应，其结果是降低了共熔温度，导致耐火砖体膨胀或收缩，破坏砖体的组织结构。因此，要求耐火材料要具有良好化学稳定性，抵抗各种化学侵蚀。

（3）热震稳定性好

在开窑、停窑以及窑况不稳定的情况下，窑内温度会发生较大变化，这就要求窑内耐火砖的热震稳定性要好，急冷急热时，不易发生龟裂或者剥落。

（4）耐磨性及机械强度好

窑内物料的滑动及气流中粉尘的摩擦，均会对窑衬造成很大的磨损，尤其是在开窑初期，窑内烧成带还没有窑皮保护时更是如此。窑衬还要承受高温时的膨胀应力及窑筒体变形所造成的应力，因此要求窑衬必须具有较好的耐磨性和较高的机械强度。

（5）良好的挂窑皮性能

窑皮挂在烧成带的衬砖上，对衬砖有很大的保护作用。衬砖具有良好的挂窑皮性能，就容易挂上窑皮，并且窑皮能够维持较长的时间，可以使衬砖不受化学侵蚀与机械磨损，有利于窑的长期安全运转。

（6）孔隙率要低

窑衬的气孔率高，容易使窑内热烟气渗入其内部，造成窑衬产生化学侵蚀性损坏，特别是碱性气体更是如此。

（7）热膨胀系数小

窑筒体的热膨胀系数虽大于窑衬的热膨胀系数，但是窑筒体温度一般都在 280～450℃，而窑衬的温度一般都在 800℃ 以上，在烧成带的高温区，其温度超过 1300℃。因此窑衬的热膨胀比筒体要大，窑衬容易受热膨胀应力作用，产生膨胀裂纹。

（8）尺寸准确，外形整齐

为了保证窑衬的砌筑质量，要求耐火砖的形状和外形尺寸准确，符合设计要求，以利于保证和提高镶砌质量。

2.2　硅铝质砖

1. 黏土砖

黏土砖是由耐火黏土制成，氧化铝含量在 30％～40％ 的硅酸铝质耐火制品，其主要性能如表 7.2.1 所示。

表 7.2.1 黏土砖的主要性能

指标	等级及数值		
	三等	二等	一等
Al_2O_3	>30	35	40
耐火度（℃）	>1610	1670	1730
常温耐压强度（MPa）	>12.5	15	15
显气孔率（%）	<28	20	26
0.2MPa 荷重软化开始温度（℃）	>1250	1250	1450

黏土砖的特点是：耐磨性好，导热系数小，热胀冷缩性小，因此热震稳定性好，但耐高温及耐化学侵蚀性差，一般使用在回转窑的干燥带、预热带、分解带及冷却机内。

2. 高铝砖

高铝砖是指氧化铝含量在 48% 以上的硅酸铝质耐火材料，通常分为三个等级：Ⅰ等是指 Al_2O_3 含量 $>75\%$；Ⅱ等是指 Al_2O_3 含量在 $60\%\sim75\%$ 之间；Ⅲ等是指 Al_2O_3 含量在 $48\%\sim60\%$ 之间。随着氧化铝含量的增加，高铝制品中的主要晶相莫来石和刚玉的数量增加，玻璃相却相应减少，制品的耐火性能提高。回转窑常用高铝砖的性能如表 7.2.2 所示。

表 7.2.2 回转窑常用高铝砖的性能

砖的类型		磷酸盐结合高铝砖		耐磨磷酸盐砖	抗剥落高铝砖	化学结合高铝砖
		优质	普通			
化学成分	Al_2O_3（%）	>82	$\geqslant75$	$\geqslant77$	>70	$\geqslant75$
	SiO_2（%）	<2.5	$\leqslant3.0$	$\leqslant3.0$	$\leqslant2.0$	
	CaO（%）		$\leqslant0.6$	$\leqslant0.6$		
耐火度（℃）		>1770	>1770	>1770	>1780	>1770
体积密度（g/cm³）		3.15	2.65	2.70	$2.50\sim2.60$	>2.60
显气孔率（%）		19		$17\sim20$	$20\sim25$	$18\sim20$
常温耐压强度（MPa）		77	58.8	63.7	$\geqslant45$	$\geqslant60$
荷重软化温度（℃）		1520	1350	1300	$\geqslant1470$	$\geqslant1450$
热震稳定性（次）（1100℃～水冷）		>25	>100	$\geqslant30$	$\geqslant30$	$\geqslant20$

高铝砖与黏土砖相比，耐火度高，荷重软化温度高，抗剥落性、导热性、机械强度、抗化学侵蚀性等都优于黏土砖，可用于回转窑的过渡带及冷却带。高铝砖主要有以下三个类型：

（1）磷酸盐结合高铝砖和磷酸铝结合高铝质耐磨砖

磷酸盐结合高铝砖简称磷酸盐砖，牌号为 P，是以浓度 $42.5\%\sim50\%$ 的磷酸溶液作为结合剂，集料采用经过 1600℃ 及以上高温煅烧的矾土熟料。在使用过程中，磷酸与砖面烧矾土细粉和耐火黏土相反应，最终形成以方石英型正磷酸铝为主的结合剂。

磷酸铝结合高铝质耐磨砖简称耐磨砖，牌号为 PA，是以工业磷酸、工业氢氧化铝配成磷酸铝溶液作为结合剂，其摩尔比为 $Al_2O_3 : P_2O_5 = 1 : 3.2$，采用的集料与磷酸盐砖相同，在砖的使用过程中，同磷酸盐砖一样形成方石英型正磷酸铝为主的结合剂。

两种砖虽然都是使用相同集料机压成型，经 500℃ 左右热处理所得的化学结合耐火制品，使用中最终形成的结合剂也是一样。但是，由于其制作工艺不尽相同，而显示了各具特色的性能。例如，磷酸盐砖的集料颗粒组成中，采用了相当多的 5～10mm 的烧矾土，砖的显气孔率较大，经同样温度处理后，砖的弹性模量较耐磨砖低得多，热震稳定性良好。而耐磨砖采用的矾土集料颗粒＜5mm，并直接采用磷酸铝溶液作为成型结合剂，压制也较密实，所以显示出更高的强度和耐磨性能，但热震稳定性则较差。因此，磷酸盐砖适合于回转窑的过渡带和冷却带，而耐磨砖主要用于窑口及冷却机。

（2）抗剥落高铝砖

抗剥落高铝砖是以高铝矾土熟料和锆英石为原料，按一定配比加压成型，经 1500℃ 煅烧而成。在高铝砖内 ZrO_2 呈单斜与四方型之间的相变，导致微裂纹的存在，不但改善了高铝砖的热震稳定性，而且还具有低导热性、荷重软化温度高及耐碱等性能。

（3）化学结合高铝砖

化学结合高铝砖主要原料为高铝矾土熟料，选入多种添加物，加压成型，再经干燥、热处理即成。化学结合高铝砖的特性为强度高、荷重软化温度高和抗热震稳定性好。

2.3 耐碱砖

在水泥熟料煅烧过程中，由原料和燃料携带的钾、钠、氯、硫等杂质生成碱的硫酸盐和氯化物，它们在窑内和预热器内反复循环挥发、凝聚和富集，对普通黏土砖、高铝砖造成严重的侵蚀。碱化合物的侵蚀，主要是形成膨胀性钾霞石、白榴石等矿物，使黏土砖、高铝砖破裂损坏，所以在预热器等碱侵蚀严重部位必须采用耐碱砖。耐碱砖中 Al_2O_3 的含量一般控制在 30% 左右。大型回转窑的入料区段，表面散热损失大，而且对衬砖的要求具有良好的耐碱性，故采用耐碱隔热砖。耐碱隔热砖是利用半硅质原料，采用化学结合不烧生产工艺，具有高强、隔热及抗碱侵蚀能力强的特性。

回转窑的不同使用部位，要求配置不同的耐碱黏土砖。按理化性能指标进行分类，主要有普通型、高强型、隔热型和拱顶型四种，其理化性能如表 7.2.3 所示。

表 7.2.3 耐碱砖的理化性能

砖的类型		普通型	高强型	隔热型	拱顶型
化学成分（%）	Al_2O_3	25～30	25～30	25～30	30～35
	Fe_2O_3	≤2	≤2	≤2	≤2.5
	SiO_2	65～70	65～70	60～67	60～65
耐火度（℃）		≥1650	≥1550	≥1650	≥1700
体积密度（g/cm³）		2.1	2.2	1.65	2.2
显气孔率（%）		≤25	≤20	≥30	≤25
耐压强度（MPa）		≥25	≥60	≥15	≥30
荷重软化温度（℃）		≥1350	≥1250	≥1250	≥1400
热膨胀率（900℃）（%）		0.7	0.7	0.6	0.6
导热系数（350℃）[W/(m·K)]		1.28	1.28	0.7	1.20
热震稳定性（次）（1100℃～水冷）		≥10	≥25	≥5	≥10

2.4 碳化硅砖

碳化硅质制品是以碳化硅（SiC）为主要原料，加入不同的结合剂制得的耐火材料。碳化硅砖具有高温强度大、导热率高、热膨胀系数小、热震稳定性好、耐磨性和耐蚀性极好等性能特点，是非常理想的窑炉材料。碳化硅和碳化硅复合砖的理化性能如表7.2.4所示。

表 7.2.4　碳化硅和碳化硅复合砖的理化性能

砖的类型		碳化硅砖	碳化硅复合砖	
			碳化硅质砖	高铝质砖
化学成分	SiC	≥80	≥80	
	Al_2O_3			≥80
体积密度（g/cm³）		≥2.6	≥2.6	2.3~2.4
显气孔率（%）		≤20	≤20	≤20
耐压强度（MPa）		≥80		≥40
荷重软化温度（℃）		≥1600	≥1600	≥1450
导热系数(350℃)[W/(m·K)]		≥10	≥10	≥1.4
热震稳定性（次）（1100℃~水冷）		≥20	≥20	≥20

2.5 碱性砖

1. 镁砖

镁砖是氧化镁含量不少于91%，氧化钙不大于3.0%，以方镁石（MgO）为主要矿物的碱性耐火制品。镁砖的特性，可从砖体由含钙、镁、铁的硅酸盐作为方镁石晶体的胶结剂来考虑。其导热率好；热膨胀率大；抵抗碱性熔渣性能好、抵抗酸性熔渣性能差；荷重变形温度因方镁石晶粒四周为低熔点的硅酸盐胶结物，表现为开始点不高，而坍塌温度与开始点相差不大；耐火度高于2000℃；热震稳定性差是使用中毁坏的主要原因。

镁砖的相组成为方镁石80%~90%，铁酸镁（$MgO·Fe_2O_3$）、镁橄榄石（$2MgO·SiO_2$）和钙镁橄榄石（$CaO·MgO·SiO_2$）共约8%~20%，含镁、钙、铁等硅酸盐玻璃体约3%~5%。这些硅酸盐相可能含有硅酸三钙（$3CaO·SiO_2$）、镁蔷薇辉石（$3CaO·MgO·2SiO_2$）、钙镁橄榄石、镁橄榄石、硅酸二钙（$2CaO·SiO_2$）等。如果从镁砖性质要求来考虑，这些硅酸盐作为方镁石的胶结剂，如硅酸三钙，虽荷重变形温度和抗渣性均好，但烧结性很差，烧成困难；镁蔷薇辉石的烧结性差，荷重变形温度低，耐压强度小，无可取之处；钙镁橄榄石虽能促进烧结，常温耐压强度也高，但荷重变形温度很低，属有害矿物；硅酸二钙的荷重变形温度高，但烧结性差，强度低，而且在低温有相变化，容易发生崩散，也不应选做胶结剂。因此，必须以镁橄榄石结合的高荷重变形性能的镁砖及以镁铝尖晶石（$MgO·Al_2O_3$）结合的高热震稳定性的镁铝砖作为发展的方向。改善镁砖质量，在工艺方面要"精料精配，高压高温"，提高原料纯度和提高砖的致密度；在储存及运输方面，应特别注意防水和防潮，以免受潮后砖体发生破裂现象。

2. 聚磷酸钠结合镁砖

聚磷酸钠结合镁砖是一种化学结合镁砖，其组成是以高钙合成镁砂作集料，聚磷酸钠作黏合剂，纸浆废液作水化抑制剂。将部分菱镁矿先经过 1000℃ 轻烧成镁粉，然后以菱镁矿、轻烧镁粉、白云石为原料，经配料、粉磨、压球及回转窑烧结而成。聚磷酸钠为白色玻璃状碎屑，组成为 $P_2O_5 = 69.33\%$，$Na_2O = 32.54\%$，Na_2O 和 P_2O_5 的摩尔比是 1.074；纸浆废液比重为 $1.25 \sim 1.30 g/cm^3$；其百分配比为高钙镁砂∶聚磷酸钠∶纸浆废液∶水＝100∶3∶$(0.7 \sim 1.0)$∶$(3.0 \sim 3.5)$，配料后经湿碾、加压成型，经过 $150 \sim 200℃$ 干燥后即为成品。

聚磷酸钠结合镁砖兼具常温固化及热固化性能，常温强度及 1450℃ 下抗压强度均较高，荷重软化点在 1700℃ 以上，热膨胀系数及弹性模量较普通镁铬砖高，热震稳定性亦较普通镁铬砖好，耐水泥熟料侵蚀性亦较好。

3. 镁锆砖

氧化锆熔点为 2715℃，温度超过 1660℃ 才被熟料侵蚀，因此镁锆砖具有较高的耐火度。氧化锆颗粒的另一特点是颗粒四周形成微裂纹，可吸收外部应力，在热态和冷态条件下，具有较大的抗断裂强度。

镁锆砖具有抵抗 SO_3、CO_2、R_2O 及氯蒸气等有害介质的侵蚀、抵抗熟料液相的侵蚀、抵抗氧化还原气氛作用及较高的抗压强度等优点，含 $4\% \sim 7\% ZrO_2$ 的镁铬砖，其导热系数已低于尖晶石砖，可用于预分解窑的烧成带。

4. 普通镁铬砖、半直接结合镁铬砖、直接结合镁铬砖

普通镁铬砖的 MgO 含量在 $55\% \sim 80\%$，$Cr_2O_3 \geqslant 8\%$（一般 $8\% \sim 20\%$），主要矿物为方镁石和铬尖晶石，硅酸盐相为镁橄榄石和钙镁橄榄石。如果 Cr_2O_3 含量高达 $18\% \sim 30\%$，MgO 含量 $25\% \sim 55\%$，则称为铬镁砖。

普通镁铬砖对碱性渣的抵抗能力强，抗酸性渣的能力比镁砖好，荷重软化点高，高温下体积稳定性好，在 1500℃ 时的重烧线收缩小。这种砖系 20 世纪 70 年代的早期产品，随后逐步被直接结合镁铬砖所取代。

在窑温 1700℃ 以上的大型窑内，普通镁铬砖已难胜任，直接结合镁铬砖就是为了适应水泥生产大型化而发展起来的一种优质镁铬质耐火材料。如前所述，普通镁铬砖的主要矿物方镁石和镁尖晶石四周为硅酸盐基质，呈硅酸盐型结合，而硅酸盐基质恰是碱性砖中熔点最低而最易受侵蚀的部分。直接结合镁铬砖的主要矿物方镁石和尖晶石则多呈直接结合，虽然也有少量硅酸盐相基质，但直接结合率高，因此，大大改善了砖体的高温性能。

直接结合镁铬砖是以优质菱镁矿石和铬铁矿石为原料，先烧制成轻烧镁砂，按一定级配高压成球，在 1900℃ 高温下烧制成重烧镁砂，再配入一定比例的铬铁矿石，加压成型，经 $1750 \sim 1850℃$ 隧道窑煅烧而成。经 $1750 \sim 1800℃$ 烧成者为高温直接结合镁铬砖，经 $1800 \sim 1850℃$ 烧成者为超高温直接结合镁铬砖。其生产的关键一是需要高纯原料，二是要求高压成型，三是要求高温煅烧。

普通镁铬砖烧成温度为 1550℃，直接结合镁铬砖烧成温度为 1700℃，半直接结合镁铬砖的烧成温度在两者之间。三种砖的结合形式也不同，普通镁铬砖以硅酸盐为结合相，硅酸盐基质恰是碱性砖中熔点最低而最易受侵蚀的部分。直接结合镁铬砖是方镁石之间、方镁石与尖晶石之间的固相反应，颗粒与颗粒之间直接结合，生产的关键一是要高纯原料，二是要求高压成型，三是要求高温煅烧。半直接结合镁铬砖既有直接结合，又有硅酸盐结合。

普通镁铬砖对碱性渣的抵抗能力强，荷重软化点高，高温下体积稳定性好，在 1500℃ 时的重烧线收缩小，一般使用在普通回转窑的烧成带。在大型窑内，窑温在 1700℃ 以上，普通镁铬砖、半直接结合镁铬砖已难以适应，一般采用直接结合镁铬砖。表7.2.5列出了普通镁铬砖、半直接结合镁铬砖和直接结合镁铬砖理化性能。

表7.2.5　普通镁铬砖、半直接结合镁铬砖和直接结合镁铬砖理化性能

砖　种		普通镁铬砖	半直接结合镁铬砖	直接结合镁铬砖			
化学成分（％）	MgO	55～60	≥65	.≥70	≥70	≥75	≥80
	Cr_2O_3	8～12	8～13	≥9	≥9	≥6	≥4
	SiO_2	≤5.5	<4.0	<3.0	<2.8	<2.8	<2.5
体积密度（g/cm³）		2.85	2.90	≥2.98	≥2.98	≥2.95	≥2.93
显气孔率（％）		23～24	20～22	<19	<19	<18	<18
荷重软化温度（℃）		$T_1≥1530$	$T_1≥1550$ $T_2≥1650$	$T_1≥1580$ $T_2≥1700$	$T_1≥1600$ $T_2≥1700$	$T_1≥1600$ $T_2≥1700$	$T_1≥1600$ $T_2≥1700$
热膨胀率（1000℃）（％）		1.0	1.1	1.01	1.03	1.05	1.05
热震稳定性（次）（1000℃～水冷）		≥3	≥4	≥4	≥4	≥4	≥4

5. 化学结合不烧镁铬砖

化学结合不烧镁铬砖，不需高温烧结，而是采用化学结合剂，只需经150～250℃的烘烤即可。结合剂一般采用聚磷酸钠（六偏磷酸钠）或水玻璃。化学结合不烧镁铬砖的特点是常温强度及1450℃以下的抗压强度均较高；荷重软化温度，一般0.6％变形开始点波动于1500～1690℃，4％变形点在1700℃；热震稳定性较普通镁铬砖好，耐水泥熟料侵蚀性亦较好。其缺点是未经高温煅烧，镁砂中氧化镁颗粒和粉料易水化，所以此砖保存期较短。

6. 尖晶石镁砖

20世纪80年代以后，由于铬公害以及燃煤燃烧和原料性能的影响，出现了以尖晶石砂和镁砂为基本原料制成的尖晶石砖。尖晶石砖具有比镁铬砖优良的机械性能、抗热化学侵蚀能力以及无铬化的性能，从20世纪80年代起，尖晶石砖逐渐取代预分解窑过渡带及烧成带的镁铬砖。

尖晶石镁砖的原料为尖晶石砂和优质镁砂，尖晶石砂以菱镁矿石、苦土粉和工业氧化铝为原料加压成球，经回转窑内1900℃及以上的高温煅烧而成，也可在电弧炉内经过2200℃左右高温煅烧而成。尖晶石砖中的氧化铝含量在10％～20％，其性能如表7.2.6所示。

表7.2.6　尖晶石砖技术性能

项目内容		电熔合成尖晶石砖	烧结合成尖晶石砖
化学成分（％）	MgO	>78	>80
	Al_2O_3	10～13	8～12
	Fe_2O_3	<1	<1
	SiO_2	<1.8	<1.5
体积密度（g/cm³）		≥2.92	2.92～2.95
显气孔率（％）		≤19	17～19
耐压强度（MPa）		≥40	≥40

项目内容	电熔合成尖晶石砖	烧结合成尖晶石砖
荷重软化温度（℃）	$T_{0.6} \geq 1650$ $T_2 \geq 1700$	$T_{0.6} \geq 1650$ $T_2 \geq 1700$
热膨胀率（1000℃）（%）	0.96	0.99
导热系数（800℃）[W/(m·K)]	3.00	3.00
热震稳定性（次）（1100℃～水冷）	≥8	≥8

（1）镁铝尖晶石砖

镁铝尖晶石砖是为了改善镁砖的热震稳定性，在配料中加入氧化铝而生成的以镁铝尖晶石（$MgO·Al_2O_3$）为主要矿物的镁质砖。

20 世纪 70 年代末期，随着新型干法水泥生产的发展，在生产直接结合镁铬砖之后，又向高级镁铝尖晶石砖的方向发展。20 世纪 90 年代中期以后，由于对直接结合镁铬砖产品限制的呼声日益增高，赋予了镁铝尖晶石砖新的发展动力。20 世纪 90 年代在研发成功第二代尖晶石镁砖后，又研发出第三代产品，其技术特点是采用大的一次晶格尺寸氧化镁，降低了氧化铁含量；采用新技术制造高弹性砖；采用尖晶石封闭结构，阻止熟料中氧化钙等成分进入砖内等。由于采取以上技术措施，增强了镁铝尖晶石砖的抗化学侵蚀性，提高了耐火度和弹性，使之可适用于窑内过渡带和烧成带。

（2）镁铁尖晶石砖

镁铁尖晶石砖是 20 世纪 90 年代末期研发的新产品。为解决镁铝尖晶石砖不易结窑皮、导热系数高的缺陷，以二价铁的尖晶石为主要原料，采用特殊弹性制造技术，在砖的热面形成一层黏性极高的极易挂窑皮的钙铁和钙铝铁化合物，这种砖就是镁铁尖晶石砖。镁铁尖晶石砖除了具备优良的挂窑皮性能外，还具有较高的耐火度和较强的抗氧化还原能力，广泛用于预分解窑的烧成带和过渡带。

（3）尖晶石砖的技术特性

① 抗热震稳定性好

尖晶石砖的主要矿物是镁铝尖晶石和方镁石。由于它们在高温煅烧下的热膨胀性不一致，造成尖晶石颗粒与方镁石基质之间产生有效分离，尖晶石颗粒被气孔所包裹，当砖受到应力和温度变化时，这些气孔起到吸收能量和阻止开裂作用。

② 体积稳定性强

回转窑的窑尾废气氧含量一般控制在 2%～3%，使全窑保持氧化气氛。现在的回转窑基本上均采用煤粉作燃料，经常会出现不完全燃烧现象，产生过量的一氧化碳，和砖中的氧化铁发生氧化还原反应，使砖产生体积膨胀或收缩，造成砖体损坏。尖晶石砖中铁含量极少，基本上不存在体积变化效应，因此它具有很强的体积稳定性。

③ 耐高温性能好

尖晶石砖中 SiO_2 和 Fe_2O_3 杂质极少，所以熔点低的硅酸盐矿物和铁铝尖晶石、镁铁尖晶石很少。它的主矿物方镁石（MgO 熔点 2850℃）和镁铝尖晶石（$MgO·Al_2O_3$ 熔点 2850℃）的高温性能较好。

④ 无铬公害和抗化学侵蚀能力强

尖晶石砖中无氧化铬，所以不会生成含 6 价铬的铬盐公害。尖晶石砖中主要是方镁石和镁铝尖晶石，硅酸盐相很少，它们同碱的反应很微弱，因此尖晶石砖具有很强的抗化学侵蚀性。

7. 白云石砖

白云石砖的主要成分是方镁石（MgO），其成分与生料的成分比较接近，所以这种砖的挂窑皮性能比较好，也不会与物料发生反应，具有较高的耐火性及体积安定性。但当窑皮发生掉落时，窑砖也可能会有一部分与窑皮一起掉落。由于白云石砂中氧化钙易于吸水，使砖体受潮，因此在存储、运输过程中必须采取相应的防水、防潮措施。

20 世纪 90 年代以后，白云石砖的性能有了较大的改进，如加入 1%～3% 的 ZrO_2 颗粒，适当降低显气孔率，以改善白云石砖抗热震稳定性差的缺点。为适应煅烧工业废料，出现了增加镁锆低气孔率的白云石砖，不仅保持较好的挂窑皮性能，还具有较高的抗硫、氯等有害物侵蚀能力，白云石砖的理化性能如表 7.2.7 所示。

表 7.2.7　白云石砖的理化性能

CaO（%）	30
MgO（%）	65
体积密度（g/cm³）	2.80～2.90
显气孔率（%）	13～15
常温耐压强度（MPa）	50
荷重软化温度（℃）	≥1600
热震稳定性（次）（1100℃～水冷）	≥3

2.6　隔热材料

隔热材料是以轻质耐火材料制成的隔热制品。隔热材料具有多孔结构、质轻、导热系数小、保温性能好等特性，广泛应用于回转窑预烧带、预热器及冷却机系统，以降低机体表面温度和散热损失。由于使用隔热材料，回转窑系统的散热损失已有大幅度的降低。

1. 硅酸钙板

硅酸钙板是一种高效节能材料，以硅质材料和石灰为原料，经高温高压工艺制成活性料浆，再经压制和烘干而成。制品主要由硬硅酸钙石和纤维组成。该制品密积密度小、强度高、导热系数低，易加工和施工，一般的硅酸钙板的主要矿物是雪硅酸钙石，使用温度只有650℃，但以硬硅酸钙石为主矿物的硅酸钙板，其使用温度可高达 1050℃。

2. 隔热砖

以含硅矿物为基本材质，加适量外加剂，经一定温度煅烧后，制得轻质高强骨料，再选用合理的颗粒级配，并加入一定比例的能产生微孔的结合剂，制成坯体，经干燥后入窑煅烧而成。此种隔热砖应用范围很广，已形成系列产品，其体积密度为 0.4～1.650g/cm³，抗压强度为 1.0～16MPa，导热系数为（350℃）0.12～0.60W/（m·K），使用温度为850～1300℃。

另一种隔热砖是以硅藻土为原料，以膨润土为粘结剂，木屑为燃料，再加入轻质骨料，挤压成型，经干燥后煅烧制得。抗压强度为 1.0～5MPa，导热系数为（350℃）0.13～

$0.29W/(m \cdot K)$。

回转窑上常用的隔热砖有 CB10 和 CB20。其中 CB10 具有高强、低导热和抗热震等优良性能，一般与黏土质耐火砖组成双层隔热窑衬，用在回转窑的预热带和分解带部位。CB20 的特点是砖的结构致密，除了具有足够的力学强度外，对碱性窑料有高的抗碱侵蚀性能，它既能隔热，又耐高温气流和灼热窑料的冲击，适用于回转窑的预热带和分解带。

2.7　耐火浇注料

耐火浇注料是一种不定型材料，以干料交货，并在使用前混合，施工后不用加热便在环境温度下开始硬化，达到生坯强度。浇注料具有生产工艺简单，生产耗能少，使用灵活方便等特点。在回转窑系统内，特别在结构复杂的预热系统内的应用日趋普遍。

耐火浇注料使用高铝水泥为结合剂。高铝水泥是由电熔铝矾土和石灰或由烧结氧化铝与石灰生产的，烧结氧化铝和石灰生产的水泥有较好的物理性能和较高的耐火度。

1. 传统耐火浇注料

传统耐火浇注料的组成和制备较简单，是由耐火集料和高铝水泥配制而成的，在制备过程中细料部分的颗粒级配差，水泥颗粒也较粗，水泥加入量一般为 15%～25%，施工用水量 10%～15%，这样制备的传统耐火浇注料，加水搅拌后，水泥颗粒在水中呈絮凝状态存在，不能均匀分散，加之水泥用量多，颗粒又粗，使水泥不能得到完全水化，导致浇注料的性能不好。这种耐火浇注料在中温下（800～1000℃）失水并形成二次 CA、CA_z，硬化体总孔隙增多，使中温下强度大幅度下降。在高温下，由于水泥用量多，带入的杂质 CaO 含量相应增多，致使高温下形成低熔相多，影响了高温性能的提高。

2. 低水泥耐火浇注料

为了克服传统耐火浇注料的弱点，采用超微粉技术，选用高效表面活性剂，降低水泥用量和用水量，制备成低水泥耐火浇注料。这种浇注料具有高强、抗剥落、抗冲击和良好的热震稳定性。

（1）低水泥耐火浇注料的特点

① 水泥用量低，浇注料中含钙量仅为传统耐火浇注料的 1/4～1/3，减少了低水泥浇注料中低熔相的数量，从而使高温性能明显改善。

② 施工用水量低，一般为浇注料质量的 6%～7%，因此，具有高的致密度和低的气孔率。

③ 不仅具有较高的常温固化强度，而且经中温和高温处理后的强度不发生下降，强度绝对值为传统耐火浇注料的 3～5 倍。

④ 在高温下具有良好的体积稳定性，虽为不烧耐火材料，但经干燥和煅烧后，体积收缩小。

（2）低水泥耐火浇注料的分类

① 刚玉质低水泥耐火浇注料：以电熔白刚玉为集料，以纯铝酸钙水泥为结合剂配制而成。这种浇注料的最高使用温度可达 1800℃，1400℃下的热态抗折强度达 7.4MPa，在高温下也具有较好的耐磨性能，适宜在新型干法水泥窑的前窑口、多通道喷煤管等部位使用。

② 高铝质低水泥耐火浇注料：以煅烧高铝矾土熟料为集料，以纯铝酸钙水泥为结合剂配制而成，适用于中小型干法水泥窑前后窑口、窑门罩、冷却机弯头等部位。

③ 耐碱高铝质低水泥耐火浇注料：通过基质成分的调整和控制制备而成，具有机械强度高、耐碱侵蚀能力强的特点，最高使用温度达1500℃。耐碱高铝质低水泥耐火浇注料主要用于预热器顶部、锥体、三次风管等不宜采用定形砖的部位，以及生产所用原燃料中含碱、硫、氯高的大型干法窑的窑门罩、冷却机热端、喷煤管后部等部位。

④ 钢纤维增强低水泥耐火浇注料：将钢纤维加入到浇注料中，组成钢纤维增强耐火浇注料，明显改善了浇注料的热震稳定性能、抗冲击性能和耐磨性能，并可提高浇注料的抗折强度，主要用于前窑口以及多筒冷却机弯头等部位。

3. 高强度耐火浇注料的理化性能

高强度耐火浇注料的理化性能如表7.2.8所示。

表7.2.8 高强度耐火浇注料的理化性能

项目内容		性能指标	
		优等品	一等品
Al_2O_3（%）		＜93	＜93
SiO_2（%）		＜0.5	＜1.0
CaO（%）		＜4.0	＜4.0
不同温度的抗压强度（MPa）	110℃	＞80	＞60
	1100℃	＞100	＞70
	1500℃	＞120	＞100
不同温度的抗折强度（MPa）	110℃	＞8	＞6
	1100℃	＞9	＞7
	1500℃	10	9
线变化率（%）	1100℃，3h	＜0.5	＜±0.5
	1500℃，3h	＜0.5	＜±0.5
110℃体积密度（kg/m³）		＞2900	＞2900
耐火度（℃）		＞1800	＞1800

4. 预分解窑系统常用的浇注料

预分解窑系统内不动设备的异型部位、顶盖、直墙和下料管等处，都使用耐火浇注料，其中预热器系统使用量达50%以上。预分解窑系统使用的浇注料主要性能及用途如表7.2.9所示。

表7.2.9 预分解窑系统用浇注料的主要性能与用途

项目内容	牌号	最高使用温度（℃）	110℃烘后体积密度（g/cm³）	110℃烘后抗压强度（MPa）	1100℃烧后抗压强度（MPa）	110℃烧后抗折强度（MPa）	1100℃烧后抗折强度（MPa）	1100℃烧后变化率（%）	主要用途
普通耐碱耐火浇注料	CT-13N	1300	2.20～2.40	≥40	≥30	≥5	≥4	-0.1～-0.5	用于回转窑、1～3级预热器系统衬里及其他工业窑炉内衬

项目内容	牌号	最高使用温度（℃）	110℃烘后体积密度（g/cm³）	110℃烘后抗压强度（MPa）	1100℃烧后抗压强度（MPa）	110℃烧后抗折强度（MPa）	1100℃烧后抗折强度（MPa）	1100℃烧后变化率（%）	主要用途
高强耐碱耐火浇注料	CT-13NL	1300	2.20～2.40	≥70	≥70	≥7	≥7	−0.1～−0.5	用于回转窑、4～5级预热器系统衬里及其他工业窑炉内衬
高铝质低水泥耐火浇注料	G-15	1500	≥2.60	≥80	≥80	≥8	≥8	0.1～−0.3	用于回转窑、前后窑口、窑门罩、冷却机前端等耐高温部位及其他工业窑炉内衬
高铝质高强低水泥耐火浇注料	G-16	1600	≥2.65	≥100	≥100	≥10	≥10	0.1～−0.3	使用部位与G-15的相同，但耐温和强度优于G-15
高铝质高强耐火浇注料	G-16K	1650	≥2.65	≥100	≥100	≥10	≥10	−0.1～−0.3	前窑口部位
抗结皮浇注料	HN-50S	1400	≥2.5	80	100	10	12	−0.1～−0.3	用于回转窑、烟室、窑尾等部位
喷煤管专用浇注料	G-16P	1650	≥2.65	≥80	≥100	≥8	≥10	−0.1～−0.3	喷煤管
刚玉质高强低水泥耐火浇注料	G-17	1650	≥2.65	≥100	≥100	≥13	≥13	−0.1～−0.3	用于大型回转窑前窑口、喷煤管等部位
刚玉质高强低水泥耐火浇注料	G-18	1720	≥3.00	≥100	≥100	≥13	≥13	−0.1～−0.3	使用部位与G-17的相同，但适用的温度更高
刚玉质钢纤维增强低水泥耐火浇注料	—	1500	≥2.85	≥85	≥85	≥15	≥15	−0.1～0.1	用于回转窑的前窑口、冷却机等部位
耐火捣打浇注料	PA-851	1500	≥2.50	≥50	≥50	≥7	≥7	−0.1～−0.5	用于回转窑的前口、冷却机、喷煤管等部位
莫来石高强耐火浇注料	HN-20G	1600	≥2.75	100	110	10	11	−0.1～−0.3	大型回转窑前后窑口、喷煤管等高温耐磨部位

注：施工时都采用振动方式。

2.8 耐火泥

在镶砌窑衬时，胶结耐火砖的材料称为耐火泥，也称耐火胶泥。它的功能是填充砖缝，使砌砖结为整体。耐火泥有镁质、高铝质和黏土质等三种耐火泥，砌筑不同品种的耐火砖要采用相应的耐火泥，但不同种类的耐火泥一般均可采用水玻璃为结合剂。

1. 耐火泥的质量要求

（1）施工性能好，具有适当的细度、黏性、延伸性、保水性，易于形成所要求的砖缝厚度。

（2）在操作温度下具有很强的粘结力和硬度，耐气体的侵蚀和磨损。

（3）不能因干燥和烧成引起膨胀、收缩而造成砖缝开裂。

（4）化学成分和砌筑用砖相同。

（5）具有较高的耐火度。

2. 回转窑常用的耐火泥

回转窑常用的耐火泥如表 7.2.10 所示。

表 7.2.10 耐火砖和耐火泥的匹配表

耐火砖名称	相匹配的耐火泥
黏土砖	黏土质耐火泥
耐碱砖系列	耐碱火泥
高铝砖系列	高铝质耐火泥、磷酸盐耐火泥、PA－80 型高铝质耐火泥等
镁铬砖	镁铬质耐火泥、镁铁质耐火泥
尖晶石砖	镁质及尖晶石质耐火泥
硅藻土砖	硅藻土砖用气硬性耐火泥
硅酸钙板	专用胶结剂

2.9 预分解窑配套的耐火材料

1. 选用原则

（1）冷却带和窑口的衬砖应选用具有良好的抗磨蚀性和抗温度急变性能的耐火材料。在生产能力较小、窑温较低的传统回转窑上可选用 Al_2O_3 含量为 $70\%\sim80\%$ 的高铝砖、耐热震高铝砖；在生产能力较大、窑温较高的新型干法窑的冷却带可选用尖晶石砖、硅莫砖，窑口可选用以刚玉为集料的钢纤维增强浇注料。

（2）烧成带和过渡带内有稳定窑皮的部位应选用碱性砖，包括镁铬砖及白云石砖。在生产能力较小、窑温较低、开停频繁的窑上也可采用磷酸盐结合高铝砖。

（3）在窑皮不稳定甚至常有露砖的过渡带应选用尖晶石砖；在生产能力较小、窑温较低的窑过渡带也可采用磷酸盐结合高铝砖。

（4）在分解带的热端部位，已经产生硫酸盐熔体和部分熟料熔体，容易粘挂不稳的浮窑皮，甚至结圈。大型窑上的这一部位，如砖受侵蚀较快，寿命太短，可采用尖晶石砖，否则可选用抗剥落高铝砖。分解带的其余部位，可以采用高铝砖。

（5）大型窑的窑门罩、箅式冷却机喉部及高温区部位，一般采用抗剥落高铝砖、化学结合高铝砖、钢纤维增强浇注料做工作层材料，但这些部位的拱顶处一般采用烧结高铝砖，不宜采用化学结合高铝砖；在高风压的篦冷机高温区侧壁处，应采用碳化硅复合砖、低水泥增强耐火浇注料，如该处磨蚀不严重，也可采用磷酸盐结合高铝耐磨砖。

（6）在窑尾预热部位，包括回转窑分解带以后的尾部、预热器及分解炉系统、三次风管道以及篦冷机的中温区，所有衬里表面温度≤1200℃的部位采用黏土质耐火材料，包括耐火砖、耐碱浇注料和普通黏土砖等。

新型干法窑系统的上述部位，最宜采用耐碱砖，包括用于预热器本体和锥体部位以及篦冷机中温区的普通耐碱砖，用于三次风管道的高强耐碱砖，用于窑尾部的耐碱隔热砖，用于拱顶的耐碱拱顶砖以及相应的耐碱浇注料。

（7）在长窑的预热分解部位，可以采用黏土砖工作层及高强度隔热砖（≥9MPa）组成的复合衬里。

（8）在非窑体的不动设备内，除工作层材料外，一般都用隔热材料做隔热层衬里，包括硅酸钙板、耐火纤维材料、隔热砖和轻质浇注料。

（9）燃烧器外保护衬一般选用低水泥刚玉质耐火浇注料、高铝质耐火浇注料以及钢纤维增强耐火浇注料等。

2. 预分解窑用耐火材料的配置

预分解窑用耐火材料的配置如表 7.2.11 所示。

表 7.2.11　预分解窑用耐火材料的配置

工艺部位		工作层材料	隔热层材料
燃烧器		刚玉质耐火浇注料	—
预热器及连接管道		普通耐碱砖、耐碱浇注料	硅酸钙板、硅藻土砖、轻质浇注料
分解炉		抗剥落高铝砖、耐碱砖、耐碱浇注料	硅酸钙板、硅藻土砖、轻质浇注料
三次风管		高强耐碱砖、耐碱浇注料	硅酸钙板、硅藻土砖、轻质浇注料
篦冷机		碳化硅复合砖、抗剥落高铝砖、高铝质浇注料、高铝质砖	硅酸钙板、硅藻土砖、轻质浇注料
窑门罩		抗剥落高铝砖、高铝质浇注料	硅酸钙板、硅藻土砖、轻质浇注料
回转窑	前后窑口	刚玉质浇注料、碱性砖、碳化硅复合砖	
	过渡带	尖晶石砖、抗剥落高铝砖	
	烧成带	白云石砖、铬镁砖	
	分解带	碱性砖、抗剥落高铝砖	

任务 3　预分解窑用耐火材料的砌筑及使用

任务描述：熟悉砌砖前的准备工作；掌握衬砖的砌筑方法及砌筑施工技能；掌握衬砖使用的注意事项。

知识目标：熟悉砌砖前的准备工作；掌握衬砖使用的注意事项。

能力目标：掌握衬砖的砌筑方法及砌筑施工技能。

3.1 砌砖前的准备工作

1. 检查耐火砖的外形、规格、质量是否符合标准要求，是否受潮。凡外观上有裂纹及边角有碎裂、崩落，原则上不用。如砌筑受潮耐火砖，需缓慢地进行烘干操作。同一规格的耐火砖，由于制造加工的误差而导致尺寸不准确，所以砌筑前需选砖，选好的砖可按砌筑的顺序分规格和型号存放于窑的附近，便于砌筑使用。

2. 准备砌筑设备、工具及材料。

3. 全面检查窑体。砌筑前清除窑筒体内壁的积灰和渣屑，对窑体作全面检查，要特别注意筒体上起凸的地方。砌筑新窑时，必须对烧成带备有足够的耐火砖，用于修补砌筑之用。

4. 砲筑第一环砖时应遵守如下规则：每环应与窑的轴线绝对成直角，从挡砖圈处开始砌砖；在检修换砖时，必须观察砌筑砖的起始处现存的衬砖与窑的轴线是否成直角，若不符合标准则必须校正。

3.2 衬砖的砌筑放线和要求

1. 衬砖砌筑前的放线要求

窑纵向基准线要沿圆周长每 1.5m 放一条，每条线都要与窑的轴线平行；环向基准线每 10m 放一条，施工控制线每隔 1m 放一条，环向线均应互相平行且垂直于窑的轴线。

2. 砌砖的基本要求

衬砖紧贴壳体，砖与砖靠严，砖缝直，灰口小，弧面平，交圈准，锁砖牢，不错位，不下垂脱空，要确保衬砖与窑体在窑运行中可靠地同心，衬砖内的应力要均匀地分布在整个衬里和衬内每块砖上。当镶砌镁质耐火材料时，必须严格地留好适当的膨胀缝，否则，火砖在高温下膨胀，很容易产生膨胀应力，使砖产生裂纹剥落。镁质砖砌筑时通常在砖与砖之间加入纸板来保证预留的砖缝，点火升温后，纸板烧化，留下的空间供砖膨胀。

3.3 衬砖的砌筑方法

1. 根据是否使用耐火胶泥，分为湿砌法和干砌法

(1) 湿砌法是将窑内壁铺上耐火胶泥，耐火砖的周围也要均匀抹上胶泥，将火砖逐块砌起来。湿砌法主要适用于黏土砖和高铝砖。

(2) 干砌法是将耐火砖在窑内铺好，砖与砖之间用纸板或钢板挤紧。加钢板的目的是防止高温膨胀挤碎耐火砖。大约 1000℃ 时，衬砖发生烧结反应，钢片或铁片氧化并部分熔融，与耐火材料紧密熔合，形成一个整体。干砌法主要用于白云石砖与镁铬砖，砌筑前要严格检查砖的含水量。

2. 根据砖的排布方式，可以分为横向环砌法与纵向交错砌法

(1) 横向环形砌法是将耐火砖沿窑体圆周方向成单环砌筑，此方法简单，砌筑速度快。但当砖缝超过一定范围时，易从环内掉砖，严重时，整环砖都有脱落的危险。

(2) 纵向交错砌法是将耐火砖沿窑体纵向排列，使砖缝交错砌筑。此种方法不易掉砖，整体强度比较大，互相之间比较紧密。但发生问题时，一个较小的点破坏，就可能会造成较大的面破坏。

3. 根据衬砖的紧固方式，分为顶杠法、胶粘法及固定法

（1）顶杠法

顶杠法也称螺旋千斤顶法，适合直径≤4m的窑。采用这种砌砖技术，需要在顶杠脚与砖之间嵌入木板或垫片，钢脚绝不能直接接触于砖上，以免造成砖的损坏。对于直径大于4m的窑，若用顶杠法砌筑，可用三排螺旋顶杠，或者用盘簧螺旋顶杠。对于直径大于5m的窑，若采用顶杠法砌筑，在撑窑时产生巨大的压力会使窑筒体变形，同时窑撑笨重，搬运不方便。窑径越大，窑撑承受的力也就越大，窑筒体越容易变形，砌砖的速度比较慢。

（2）胶粘法

胶粘法是在沿轴向成行的砖中，大约20％的砖与窑体用粘结剂进行粘结，当砌到第一个半圆时，粘结剂可把砖固定得较好。采用胶结法砌筑时不需要辅助工具，砌砖速度快，但不能确定砌砖圈是否牢固，对于收尾砖及凹凸不平处很难处理，砌砖前要求窑内非常干净，否则会影响到粘结的效果。

（3）固定法

窑筒体下半圈利用人工砌筑，上半圈利用砌砖机进行固定，砌砖过程中不需要转窑，在窑截面的任何一个地方都可以砌砖，砌砖机在窑内移动非常方便。固定法具有砌砖速度快、效率高、操作安全等优点。

3.4   衬砖的砌筑施工

1. 湿砌法的砌筑施工

（1）找平

砌砖前，将砖与窑体之间用浓泥浆找平，其厚度一般为5～8mm，窑体的表面凹凸部分用泥浆找平。

（2）分段砌筑

为了换砖方便，节约窑衬，砌砖时应分段进行，每段的长度要根据各区域衬砖的使用周期和窑的结构决定，一般4～8m。

（3）砌筑顺序

镶砌的顺序一般从窑尾方向开始，最后砌筑烧成带。

（4）铺底

开始时找出较平的地方，从窑底划一条与窑中心线平行的直线，沿此线开始砌第一排砖，要求砌得直，砖面平，灰口大小均匀。第一排砌好后，沿圆周方向同时均衡地向两边各砌筑2～3趟砖，用木锤找正、找平，用灰浆灌饱，最后用灰铲将砖面刮平。

（5）砌砖

铺底工作完成后，开始向两边同时砌砖，以免由于砖的自重使其发生倾斜，影响砌筑质量。砌砖时，每块砖的侧面都应抹胶泥，已经砌上的砖必须及时用木锤敲击，以达到严实合缝的要求。砌筑过程中，要保持灰缝均匀，不得超过3mm，并且缝要直，纵向砖缝与窑的中心线平齐，砌砖不要出台阶，大小头不准颠倒，大小头的缝必须一致。每趟的挤缝砖必须大于半块砖，以保证其强度和防止砖与砖之间松动。当镶砌超过窑内壁一半稍多4～5趟时，应进行支撑加固工作。

（6）锁口

当砖砌到最后3～5趟时，应进行锁口，也称收尾。锁口砖应分为几种不同规格，应具有正确的楔形、平整的表面、准确的尺寸。锁口砖要用整块砖，必须从侧面打入，保证结合紧密，相邻环要错开1～2块砖。最后一个空位需要加工成可放两块或多块较小的砖，其中有一块砖应做成大小头相等，另几块砖大小头不等，并与原来的砖相仿，先把有大小头的砖放进去，灌入灰浆约为半块砖，最后把大小头相等的砖从上面打入。当挤得不够紧时，可在砖的一面或两面楔入铁板固紧，打铁板时要全部打入，不可打断或打弯，否则会造成耐火砖应力不均而破坏。两块砖之间只能放一块铁扳，相邻两圈中的小锁口砖要错开，尽量分成两行或者是两块。

2. 固定砌砖法的砌筑施工

将砌砖作业分成下半圈与上半圈两个操作面。运砖小车可以从砌砖机底部通过，把砖放到操作平台上。上下两个操作面可以同时进行工作，操作空间互不影响，有利于提高砌砖效率。下半圈的砖砌到窑径60％高度就结束，此时可以使用砌砖机在上半圈进行操作。

砌砖机由操作平台和撑砖圈两部分组成。操作平台是由钢管焊接而成，平面上铺有木板。平台由四个滚轮支撑，下部留有空间，运砖小车与行人可以通过，整个操作平台可用人力在窑内推动行走，不需要搬运。撑砖圈架在操作平台上，它的下部有导轨与操作平台相连，撑砖圈与操作平台之间可以相对移动，撑砖圈上部有两排垫子，全部采用气动控制阀。

砌砖机每砌完一块砖，便可以用气垫将砖顶好，全部砌完后（顶部有一部分没有砌），在未砌砖的空位中加一个气动的夹紧器将砖夹紧，然后松开第一排气垫（砖在夹紧器的压力下不会掉落），推动撑砖圈在导轨上向前移动，将第二排气垫停到第一排气垫的位置，把气垫顶起，将砖顶好。第二排气垫只有一个气动控制开关。

松开气动夹紧器，进行收尾砖的砌筑工作。每圈砖收尾时，要根据实际情况选择收尾砖，保证收尾砖底部与筒体贴紧，前部、底部不可留有缝隙，砖彼此之间要整面贴紧。如果是每圈的砖收尾，收尾砖可以从边部放入；如果是最后一块砖收尾，只能从下部进入到砖缝中。首先将砖的下端尺寸量好，假设有5块砖要砌，要使4块砖的小端与另一块砖的大端尺寸之和等于或小于下端的尺寸，这样最后一块砖才能放进去。然后在砖缝间打入铁板，使砖接触更加紧密。

3. 前后窑口耐火浇注料的砌筑施工

新型干法窑的前后窑口通常采用耐火浇注料。砌筑施工时，浇注料中间需设有锚固件，锚固件上要涂刷一层沥青或缠绕一层塑料胶布。锚固件的膨胀系数比浇注料大，沥青或塑料胶布在高温下会熔化，相当于留有膨胀缝。筒体浇注料的施工必须一气呵成，施工操作不能中断。施工前要检查待浇注设备的外形及清洁情况，使待浇注部分要清洁干净；要在窑筒体上焊设分格板，将整个窑圈分成12等分，每次施工只能浇注一等分。

耐火浇注料的砌筑施工步骤如下：

（1）按设计的位置焊接锚固件、间隔板。

（2）将间隔板和模板固定好。模板要有足够强度、刚性好、不走形、不漏浆。

（3）要用强制搅拌机搅拌浇注料，搅拌时预先干混，再加入80％用水量，视其干湿程度，徐徐加入剩余的水继续搅拌，直到获得适宜的工作稠度为止。搅拌不同的浇注料时，应先将搅拌机内腔清理干净。浇注料的加水量应严格按使用说明书控制，不得超过限量，在保证施工性能的前提下，加水量宜少不宜多。

（4）将搅拌好的浇注料马上倒入模板内，立即用振动棒分层振实，每层高度应不大于300mm，振动间距以250mm左右为宜。振动时不得触及锚固件，不得在同一位置久振和重振。看到浇注料表面翻浆后应将振动棒缓慢抽出，避免浇注料产生离析现象和出现空洞。

（5）完成以上步骤后进行转窑30°，把要施工的部位置于最低点，再重复以上步骤，直到完成整圈的浇筑施工。

（6）待浇注料表面干燥后，立即用塑料薄膜将露在空气中的部分盖严，达到初凝后要定期洒水养护，保持其表面湿润，养护时间至少2d。浇注料终凝后可拆除边模继续喷水养护，但承重模板必须待强度达到70%以后方可拆模。

4. 预热器浇注料的砌筑施工

预热器的结构复杂，高度大，拐弯抹角多，孔洞多，密封性要求高。砌筑前，必须对所有的预热孔洞进行检查，如检修口、水管、气管、测温及测压管、清灰口、观察口、摄像口等部位，因为若砌筑完成后再开孔，会影响砌体的质量和炉体的密封效果。

预热器中的砌砖主要分成三部分，即直筒、顶盖及下料管。预热器中的耐火材料的工作温度及负荷比窑内要低些，一般很少损坏。在建预热器的时候就可进行耐火砖的砌筑，砖是由下向上砌，在旋风筒的外壁上都留有一些孔洞，供砌砖时搭架使用。

在预热器内砌砖时，旋风筒的锥体面与直筒部分的砌砖比较方便，其他不易砌砖的部位，如壳体拐弯处，一般采取先砌砖，后灌浇注料的方法。浇注料施工前，应先完成砌体施工，完毕后再在接触面上刷一层防水剂。复合砌体应分层砌筑，先砌隔热砖，后砌耐火砖，使砖体紧贴炉壳，砌体内部不应有空隙存在，如壳体不平，应用耐火泥在隔热材料与壳体之间找平。

托砖板的平整度和宽度应符合技术要求。托砖板及顶盖下一般留有膨胀缝，膨胀缝下一层的砖可竖砌，以保证膨胀缝厚度。

旋风筒的顶盖采用"工"字形吊挂砖。顶挂砖的施工方法是：先用水玻璃将一层3mm厚的纤维毡粘在砖上，再将砖的两侧抹上火泥，然后把砖推入钢槽内，最后在顶部与腰部分别塞入纤维毡和硅酸钙板。顶挂砖的腰部是受力部位，因此施工时注意检查砖的腰部是否有裂纹，如有裂纹应弃之不用。

由于旋风筒是圆的，顶盖边缘不能砌满，需用浇注料填实，这样顶盖上需要开口，以便灌浇注料。使用浇注料的部位，为避免硅酸钙板等隔热材料吸收水分降低固化效果和强度，在硅酸钙板与浇注料相接触面涂上一层防水剂。

5. 窑头罩的砌筑施工

窑头罩耐火砖的温度一般在1100℃左右，由于温度较高，一般选用特种高铝砖，在结构上采取复合砌体，隔热砖加一层耐火砖，托砖板用刚玉质浇注料保护起来。

对于直径在4m以上的拱顶必须认真对待。首先，制作的拱胎必须符合设计弧度，胎面要平整；其次，支设拱胎时，必须正确和牢固；再次，要从两侧拱脚开始砌筑，同时向中心对称浇筑，以免拱脚受力不均匀，产生倾斜现象，砌体的放射缝应与半径方向相吻合。

3.5　衬砖的使用

砌筑后的衬砖必须经过烘烤，方可投入使用，对碱性砖尤其是这样。碱性砖本身的热膨胀系数最大，热震稳定性最差，如用于窑内温度最高的部位，碱性砖内的温度梯度最陡，温差应力最大，因而最易产生开裂剥落现象。所以碱性砖投入使用前必须采用适当的升温制度进行烘烤。升温烘烤的原则是"慢升温，不回头"。

当用湿法新砌全部窑衬时，升温烘烤温度以 30℃/h 为宜；只检修部分碱性砖衬时，以 50℃/h 为宜。实践证明，在 300℃以内、800℃以上（直接结合镁铬砖要在 1000℃以上）烘烤升温速度可以稍快；在 300～800℃范围内升温速度不能过快，以 30℃/h 为佳，最快也不能超过 50℃/h；从常温起到砖面温度升达 800℃的低温烘烤时间及其从点火起到开始投料的总烘烤时间如表 7.3.1 所示。

表 7.3.1 窑内耐火砖的烘烤制度

项目	低温烘烤时间（h）	总烘烤时间（h）
≤1000t/d 窑只更换碱性砖	≥8	≥16
2000t/d 窑只更换碱性砖	≥8	≥16
2000t/d 窑更换全部衬砖	≥8	≥20
≥4000t/d 窑只更换碱性砖	≥10	≥20

注：烘烤中不准发生温度骤降和局部窑衬过热现象。

新型干法窑的预热系统使用大量耐火浇注料，并且采用导热系数不同的复合衬里，面积和总厚度都很大，为确保脱去附着水和化学结合水，在常温下施工后的 24h 凝结期内不准加热烘烤。在窑衬表面温度为 200℃和 500℃时还应保温一定时间，具体升温制度如表 7.3.2 所示。

表 7.3.2 浇注料窑衬烘烤的升温制度

升温区间（℃）	升温速度（℃/h）	需用时间（h）
20～200	15	12
200	保温	20
200～500	25	12
500	保温	10
500～使用温度	40	18
共计		72

3.6 使用碱性砖的注意事项

1. 开停是关键

由于碱性砖的热膨胀系数大，1000℃的热膨胀率大约为 1%～1.2%，升温至 1000℃且砖衬中的应力松弛尚未出现前，可产生 300N/mm² 压应力，这相当于 10 倍普通镁铬砖的结构强度，6 倍直接结合镁铬砖、白云石砖和尖晶石砖的结构强度，因此，任何一种碱性砖都会遭到破坏。窑体受热膨胀，可部分补偿砖衬内的膨胀率达 0.2%～0.4%，为 1000℃时普通镁铬砖热膨胀率的 1/3。但这是在热平衡条件下发生的作用，特别在点火烘窑时，窑速要慢，使窑体温度缓慢上升，这样才能发挥窑体的补偿作用。所以在烘窑升温过程中，一定要控制升温速度小于 6℃/h，尤其在砖面温度达到 300～1000℃的区域内，这对于以煤粉作燃料的回转窑来讲，在操作上有很大难度。

（1）温度不易控制。因为在窑内煤粉燃烧形成火焰需要一定的浓度；尤其是检修后的冷窑点火烘窑时，由于窑内和二次风温度都很低，煤粉燃烧速度和火焰传播速度都较慢，因此着火浓度下限较高，当达到了着火浓度能够点着并形成火焰时，所发出的热量就大大地超过了所需热量，温度无法控制，1h 之内砖面温度就会升到 500℃以上，使碱性砖受到了一定的挤压损伤。为此，有些水泥企业采用燃油点火控制系统，喷油量在 100～1000kg/h 范围内可任意调节，喷油压力控制在 1.0～2.0MPa。开始时用油烘窑，到一定温度后采用油煤混烧，砖面温度超过 1000℃后改为烧煤，可较好地控制升温过程。

（2）每次用 10～20h 烘窑，有的水泥企业生产管理者不易接受，尤其是生产任务紧张时，连推行 4～8h 的烘窑制度都有困难。

（3）不执行停窑保温操作。在准备更换烧成带碱性砖时，不是执行停窑保温操作，等待窑内温度慢降，而是采取增加窑内抽风的操作，尽快降低窑内温度，以便尽快检修更换碱性砖。这样的急冷操作，使碱性砖受到严重损伤：新换的砖第一次停窑后常发现窑皮带着 30～60mm 的砖脱落，剩下的砖面还可见到明显的横向、纵向裂纹。经过这样 3～4 次的急冷作用，即使是新砖也可能发生"红窑"事故。

2. 设备是基础

要想避免开停车期间急骤升温和急冷作用对碱性砖的损害，除需有适用的燃烧装置外，更重要的是要认真地执行点火升温和冷窑制度。设备的长期安全运转是严格执行点火升温制度和停窑冷窑制度的基础，如果每次点火升温后都能正常运行一个月、甚至几个月的时间，那么用于点火升温花费的时间和费用就会变得无足轻重，但如果设备状况不好，每月都要有几次甚至十几次的停窑，就不可能严格地执行点火升温和停车冷窑制度。因为频繁的停窑，每次都用十几个小时的时间来烘窑，从时间到费用上都花不起。因此事故频繁的回转窑，其碱性砖的使用寿命都不会太长。

3. 窑皮是屏障

窑皮作为碱性砖的外层屏障，对碱性砖具有重要的保护作用。

（1）减少砖内因温差造成的内应力。

预分解窑内火焰的温度可以达到 1700℃及以上，如果没有窑皮保护，碱性砖极易因砖内温差应力太大而发生炸裂和剥落。窑皮的导热系数为 1.63W/(m·K)，而碱性砖的导热系数为 2.67～2.97W/(m·K)，如果生产上能保持厚度 150mm 左右的窑皮，碱性砖的热面温度可降低到 600～700℃，热面层的膨胀率只有 0.6%～0.7%；如果没有窑皮保护碱性砖，其热面层的膨胀率可达 1.5%及以上，造成砖内温差压力达到 60～70MPa，完全超过碱性砖的结构强度，导致碱性砖产生裂纹、炸裂，甚至随窑皮一起剥落。

（2）减少化学侵蚀的机率。

如果没有窑皮保护，熟料中的液相、熔融盐类，废气中的碱、氯、硫、一氧化碳等有害物质都会对碱性砖进行化学侵蚀，使砖面结构发生化学侵蚀而易遭到损坏。

（3）减缓热震的幅度。

窑皮既然是屏障，自然也是窑内温度波动的缓冲层，窑温在一定范围内的波动，通过窑皮传到砖面影响甚微，即使是停车冷窑和开车点火升温期间，由于窑皮的存在，减缓了砖热面的升温速度，降低了膨胀率，因此，窑皮较完好时点火升温可适当加快速度。同时由于窑皮的保护，砖面的热疲劳程度也会明显减轻。

（4）窑皮的存在还可减少高温对碱性砖的烧蚀和在高温状态下对耐火砖的磨损。

4. 稳定是前提

挂好和保持好窑皮对延长碱性砖的使用寿命至关重要，一旦窑皮脱落，耐火砖就会暴露在高温中并被迅速加热，废气中的碱、氯、硫就会渗入砖内发生化学侵蚀，使膨胀系数较大的碱性砖发生膨胀性破坏，同时液相和碱盐的渗入又会使砖的结构遭到破坏，降低其抗热疲劳的性能。

挂好和保护好窑皮的前提是稳定热工制度，因为窑内每次较大的温度波动变化，都会对窑皮造成不同程度的损伤。

稳定热工制度就要做好以下几项工作：

（1）稳定入窑的生料成分，保证入窑生料计量的准确性。

（2）稳定入窑及入炉煤粉质量，保证入窑及入炉煤粉计量的准确性。

（3）保证热工计量仪表读数的准确性，为中控操作员提供准确的操作参数。

（4）加强设备的维护及管理，提高设备的运转率。

5. 管理是保证

（1）正确选择砖型。

B 型砖（VDZ）是 71.5mm 等腰砖，砖体较小，每环砖缝多，可产生 0.4% 的膨胀补偿，加上窑体的膨胀补偿，可以达到 0.6%～0.8%，相当于普通镁铬砖热膨胀率的一半稍多，有利于缓解点火升温产生的热应力。

（2）正确选择碱性砖的厚度。

生产实践证明，在烘窑过程中，碱性砖的冷端，有一 80～100mm 的低应力厚度区，越过该区后热应力陡增，完全超过碱性砖的结构强度，使砖产生开裂及炸裂现象。频繁开停车的回转窑，使用厚度为 200mm 的 B 型碱性砖，距热端 100mm 以内的区域，在烘窑过程中会产生较大的热应力，而剩余的 100mm 部分，却还能用较长一段时间。因此，对频繁开停车的回转窑来说，B 型碱性砖的厚度选 180mm 比选 200mm 更经济实用。

（3）正确选择供货及验货方式。

回转窑使用的碱性砖价格比其他种类的耐火砖价格都高，碱性砖一般都采用托盘集装箱包装，并加塑料薄膜进行防潮，以保证其使用效果。因此水泥企业要和生产厂家签订协议，来货后应整箱卸车，整箱入库保管，整箱吊运至窑头平台，到使用时再开箱检验、砌筑。只要在保质期内，开箱检查出的质量问题，生产厂家应予承认并负责解决，这样可充分利用出厂时包装保护，减少保管及搬运过程中的损坏。

（4）正确管理碱性砖的砌筑环节。

回转窑完成检修试车后才能砌筑碱性砖，砌完砖到点火升温前不允许有较多的翻窑。因为耐火砖表面并不规整，如有较长时间的转窑，会使砖松动、缝隙增大，每环上方的砖就要下沉，这时不论采用加铁板处理，还是采用加砖处理，都减小了用于烘窑期间膨胀补偿的缝隙，增大了烘窑期间耐火砖热面的膨胀挤压应力，会明显降低使用寿命。

（5）正确制订和执行开窑点火的升温制度及冷窑降温制度。

任务 4　预分解窑用耐火砖的设计

任务描述：熟悉耐火砖的设计与选用原则；掌握楔形砖的设计技能；掌握 B 型砖及 $\pi/3$ 型砖的搭配设计技能。

知识目标：熟悉耐火砖的设计与选用原则；掌握楔形砖的设计技能。

能力目标：掌握 B 型砖及 $\pi/3$ 型砖的搭配设计技能。

4.1　砖型设计与选用的原则

1. 设计砖型一定要和砌筑方法密切结合起来，尤其使用钢板或耐火泥砌筑碱性砖时更是如此。

2. 尽量采用标准系列的砖型。如回转窑内砌筑的碱性砖适宜选择 B 型，其楔形面平均宽度 71.5mm，单重约 7～8kg；黏土砖和高铝砖适宜选择 ISO 型，其楔形面的大头宽度固定为 103mm。选用 B 型或 ISO 型砖时，一定选择两种相同系列的楔形砖配套使用，并配置两种不同型的锁缝砖。

3. 衬砖高度的选择。

（1）回转窑衬砖高度的选择如表 7.4.1 所示。

表 7.4.1　回转窑衬砖高度的选择

窑筒体内径（mm）	3000～3600	3600～4200	4200～5200
碱性砖高度（mm）	180～200	200～220	220～230
高铝砖高度（mm）	150～180	180～200	200～220
黏土砖高度（mm）	150～180	180～200	180～200

（2）筒式冷却机衬砖高度的选择如表 7.4.2 所示。

表 7.4.2　筒式冷却机衬砖高度的选择

窑筒体内径（mm）	2000	2500	3000	3500
高砖的高度（mm）	160～180	200～220	220～240	250～260
低砖的高度（mm）	120～140	160～180	180～200	200～220

4. 沿筒体轴线方向，衬砖的长度选择 200mm 或 250mm 为宜。

5. 为了便于制造和砌筑，碱性砖的单重以 7～8kg 为宜，黏土砖和高铝砖的单重以 10kg 左右为好。

6. 预热器、分解炉等不动设备的砖型设计与选用，应尽量采用标准系列的砖型（如 ISO 型）。在设备的圆柱体和锥体部位，宜采用两种砖型相搭配设计。在直墙部位可采用直形标准砖和楔形砖搭配，如果采用直形标准砖时，必须配置适当的锚固砖，衬砖的高度（厚度）可在 65mm、114mm、230mm 或 76mm、250mm 系列中选用。

4.2　楔形耐火砖的设计

1. 设计原则

（1）楔形砖的几何尺寸必须满足所用部位的弧度要求，其误差不大于 0.5mm；如果不用胶泥、不加铁板时，其误差应小于 0.2mm。

（2）两块砖之间有足够的接触面，保证每环砖的稳定、坚固。

（3）根据使用部位的工艺要求设计砖的几何尺寸，一般碱性砖的腰部尺寸应<80mm，硅铝质砖的腰部尺寸应<110mm。单重都应<10kg，特殊部位用砖也应以单重<20kg 为宜，以利于砌筑并增强体积稳定性。

2. 楔形砖的尺寸设计

楔形砖的大小头尺寸可按下列公式计算

$$a = (Ds/2h) - \delta$$
$$b = a - s$$

式中　a——砖大头尺寸，mm；

　　　b——砖小头尺寸，mm；

　　　D——窑筒体内径，mm；

　　　h——砖高，mm；

　　　s——砖梢度即砖的大小头之差，mm；

　　　δ——砌筑灰缝，mm。

其公式推导过程如下：

设 d 为耐火砖层内径，mm；m 为每圈耐火砖的砌筑块数，则

$$\pi D = m(a + \delta)$$
$$\pi d = m(b + \delta)$$
$$\pi D/(\pi D - \pi d) = m(a + \delta)/[m(a + \delta) - m(b - \delta)]$$

整理得：

$$D/(D - d) = (a + \delta)/[(a + \delta) - (b + \delta)] = (a + \delta)/(a - b)$$

把 $D - d = 2h$、$a - b = s$ 代入上式得：

$$D/2h = (a + \delta)/s$$
$$a = (Ds/2h) - \delta$$
$$b = a - s$$

3. 锁缝砖尺寸的设计

楔形砖不论用于窑内还是用于不动设备的圆筒、圆锥以及拱顶，每环砌筑到最后都必须要锁缝。如果全部用切砖机加工正常砖来锁缝，影响砌筑施工效果，因此要设计锁缝砖。锁缝砖的用量比较少，平均每环用 2～3 块，其大小头尺寸可比正常砖分别减少 10mm、20mm 和 30mm，而形成的三种规格锁缝砖基本可满足砌筑要求。

例如，正常砖 $a/b \times h \times L = 95/85 \times 180 \times 200$，其配用的三种锁缝砖的尺寸可分别选为：

$$85/75 \times 180 \times 200$$
$$75/65 \times 180 \times 200$$
$$65/55 \times 180 \times 200$$

锁缝砖的材质与正常砖相同。如果同时有几个品牌的耐火砖，高品位的锁缝砖可以用于较低品位砖的锁缝。例如，直接结合镁铬锁缝砖可用于半直接结合镁铬砖、普通镁铬砖的锁缝；抗剥落高铝锁缝砖可用于磷酸盐结合高铝砖、耐碱砖、黏土砖的锁缝。但低品位的锁缝砖不能用于高品位砖的锁缝。不同类型的砖不可互作锁缝砖。例如，碱性砖不能用作硅铝质

砖的锁缝，硅铝质砖也同样不能用作碱性砖的锁缝。

4. 用砖量的计算

(1) 单块砖的质量（单重）

$$m = V_b \times D_b \quad (\text{kg/块})$$

式中 m——单块砖的质量，kg；

V_b——耐火砖的体积，cm^3；

D_b——耐火砖的体积密度，g/cm^3。

$$V_b = [(a+b)/2] \times h \times L \times (1/10^6) \quad (cm^3)$$

D_b 值一般可以在耐火砖的设计手册中查到，常用耐火砖的体积密度如表7.4.3所示。

表 7.4.3 常用耐火砖的体积密度

耐火砖品种	耐火砖体积密度（g/cm^3）
直接结合镁铬砖	2.90～3.00
半直接结合镁铬砖	2.95～3.00
尖晶石砖	2.90～2.95
磷酸盐结合高铝砖	2.65～2.70
磷酸盐耐磨砖	2.65～2.70
抗剥落高铝砖	2.50～2.60
普通高铝砖	2.30～2.50
普通黏土砖	2.10～2.20
高强耐碱砖	2.20
普通耐碱砖	2.10
隔热耐碱砖	1.65

(2) 每圈用砖块数 N 的计算

$$N = \pi D/(a+\delta) \quad (\text{块})$$

式中 a——砖大头尺寸，mm；

D——窑筒体的内径，mm；

δ——砌筑灰缝厚度，mm。

在计算用砖量时，如用切砖机加工锁缝砖，N 值一律进位为正整数，例如，$N=107.1$ 时取108块；如采用锁缝砖时，N 值舍去小数后减去1，例如，$N=107.1$ 时取106块。

(3) 总用砖量的计算

正常砖的块数 N_z 按下列公式计算：

$$N_z = [L_z/(L+\delta_h)] \times N$$

式中 N_z——正常砖用量，块；

L_z——砌筑总长度，mm；

δ_h——每圈间灰缝厚度，mm；

L——耐火砖的长度，mm；

N——每圈用砖块数，块。

当用锁缝砖时，必须考虑锁缝砖的用量。三种规格的锁缝砖，每环应有2块及以上的储备量，即每段至少应有 $2 \times N$ 块以上的储备用量。

用砖的块数乘以其单重即得出该砖的总质量，订货时还应该考虑5％的损耗。

5. 楔形砖尺寸的验算

（1）大小头尺寸的验算

假设大头尺寸合适的前提下，验算小头的尺寸。若小头尺寸大，则应是正误差；若小头尺寸小，则应该是负误差。

① 求出每圈砖数 N（精确到小数点后2位）。

$$N = \pi D / (a + \delta) \ \text{块}$$

胶泥砌筑 $\delta = 2mm$，洁净砌法 $\delta = 0mm$。

② 求出相应的小头尺寸 b_y。

$$b_y = (\pi d / N) - \delta \ \text{mm}$$

③ 验算误差 Δb。

$$\Delta b = b - b_y \ \text{mm}$$

一般情况下，采用洁净砌筑法时，Δb 应小于 0.2mm；采用胶泥砌筑法时，Δb 应小于 0.5mm。

将上式整理得：

$$\Delta b = b - b_y = b - [(\pi d / N) - \delta]$$
$$= b - (d/D)(a+\delta) + \delta \ \text{mm}$$

计算 Δb 数值，即可判断误差是否在控制要求之内。

（2）适用直径（砖的外径，筒体内径）的验算

由 $a = (Ds/2h) - \delta$ 可得：

$$D = [(a+\delta)/s] \times 2h = [(a+\delta)/(a-b)] \times 2h \ \text{mm}$$

求出适用直径，就可以判断该直径是否与所要砌筑的直径相符。

6. 应用举例

例1 某单筒冷却机，规格为 $\Phi 2 \times 13.4m$（筒体内径2m），采用黏土质耐火砖，设计其砖型尺寸。

黏土砖的设计步骤如下：

（1）筒体直径较小，不易掉砖，筒体内热力强度不高，因此砖高 h 选120mm。

（2）采用耐火胶泥砌筑，纵向及横向的灰缝 δ 均取2mm。

（3）筒内每米可砌5圈砖，所以砖长取 $(1000/5) - 2 = 198mm$。

（4）计算砖的大头尺寸：

$$a = (Ds/2h) - \delta = [2000s /(2 \times 120)] - 2 = 8.333s - 2mm$$

用尝试法取 $s = 10mm$ 则 $a = 81mm$，太小；改取 $s = 14mm$，则 $a = 115mm$。

（5）计算砖的小头尺寸：

$$b = a - s = 115 - 14 = 101mm$$

其腰部尺寸为 $(115 + 101)/2 = 108mm < 110mm$ 满足设计标准要求。

（6）误差验算：

$$\Delta b = b - (d/D)(a+\delta) + \delta = b - [(D-2h)/D](a+\delta) + \delta$$
$$= 101 - [(2000 - 2 \times 120)/2000](115 + 2) + 2$$
$$= 0.04mm < 0.5mm$$

该砖的尺寸完全符合设计标准要求，因此其尺寸确定为

$$115/101\text{mm} \times 120\text{mm} \times 198\text{mm}$$

（7）锁缝砖尺寸的确定：

按大小头尺寸分别比正常砖减少 10mm、20mm、30mm，得到以下三种规格的锁缝砖：

1# 105/91mm × 120mm × 198mm

2# 95/81mm × 120mm × 198mm

3# 85/71mm × 120mm × 198mm

（8）单块砖质量的计算：

查表 $D_b = 2.15\text{g/cm}^3$

$$V_b = [(a+b)/2] \times h \times L \div 1000000 \text{dm}^3$$
$$= [(115+101)/2] \times 120 \times 198 \div 1000000 = 2.566\text{dm}^3$$

正常砖的单块质量

$$m = V_b \times D_b$$
$$= 2.566 \times 2.15 = 5.517\text{kg/块}$$

锁缝砖的单块质量

$$V_{b1} = [(105+91)/2] \times 120 \times 198 \div 1000000 = 2.328\text{dm}^3$$
$$m_1 = 2.328 \times 2.15 = 5.006\text{kg/块}$$
$$V_{b2} = [(95+81)/2] \times 120 \times 198 \div 1000000 = 2.091\text{dm}^3$$
$$m_2 = 2.091 \times 2.15 = 4.495\text{kg/块}$$
$$V_{b3} = [(85+71)/2] \times 120 \times 198 \div 1000000 = 1.853\text{dm}^3$$
$$m_3 = 1.853 \times 2.15 = 3.985\text{kg/块}$$

（9）每圈用砖量的计算：

$$N = \pi D/(a+\delta) = [2000\pi/(115+2)] = 53.70 \text{ 块/圈}$$

因采用锁缝砖，故每圈用砖量取 52 块。

（10）总用砖量计算：

$$N_z = [L_z/(L+\delta_h)] \times N = [13400/(198+2)] \times N$$
$$= [13400/(198+2)] \times 52 = 3484 \text{ 块}$$

考虑有 5% 的损耗，订货数量应为 3484×1.05＝3658 块，所以正常订货量为 3658×5.517＝20181kg。

锁缝砖按 2 块/圈准备，其每种储备量分别为：

$$[L_z/(L+\delta_h)] \times 2 = [13400/(198+2)] \times 2 = 134 \text{ 块，所以订货量分别为：}$$

1# 锁缝砖为：134×5.006＝671kg

2# 锁缝砖为：134×4.495＝602kg

3# 锁缝砖为：134×3.985＝534kg

总用砖量为 20181＋671＋602＋534＝21988kg。

如果耐火黏土胶泥按耐火砖总量的 5% 计算，则需要订购耐火黏土胶泥 21988×5%＝1099kg。

例 2 某回转窑筒体内径 3m，烧成带长 12m，选用半直接结合镁铬砖，采用洁净砌筑法，试设计烧成带的砖型。

设计该回转窑烧成带砖型的步骤如下：

（1）设计砖的大小头尺寸

$a=(Ds/2h)-\delta(3000s/2\times180)-\delta$，洁净砌法 $\delta=0$

取 $s=9$，则 $a=75$mm

$b=75-9=66$mm

砖的长度 L 取 200，砖的高度 h 取 180，该尺寸有利于点火升温时吸收膨胀应力。

（2）误差的验算

$$\Delta b = b-[(D-2h)/D](a+\delta)+\delta$$
$$= 66-[(3000-2\times180)/3000]\times(75+0)+0 = 0$$

所以正常砖的尺寸可确定为 75/66mm×180mm×200mm。

（3）确定锁缝砖的尺寸

采用 2 种锁缝砖，每圈各备用 3 块，则

1♯锁缝砖的尺寸为 65/56mm×180mm×200mm

2♯锁缝砖的尺寸为 55/46mm×180mm×200mm

（4）单块砖质量的计算

$$V_b = [(a+b)/2]\times h\times L\times(1/10^3)$$
$$= [(75+66)/2]\times180\times200\times(1/10^3) = 2.538\times10^3 \text{cm}^3$$

查得半直接结合镁铬砖的 $D_b=2.95$g/cm^3，根据 $m=V_b\times D_b$ 计算砖的质量：

正常砖 $m=2.538\times10^3\times2.95=7.49$kg/块。

1♯锁缝砖[(65+56)/2]×180×200×(1/10^3)×2.95=6.43kg/块

2♯锁缝砖[(55+46)/2]×180×200×(1/10^3)×2.95=5.36kg/块

（5）计算每圈用砖量

$$N=\pi D/(a+\delta)$$
$$=3000\pi/75=125.66 \text{ 块}$$

因使用锁缝砖，所以每圈用砖量取 $N=124$ 块/圈。

（6）总用砖量的计算

正常砖的块数为 $N_z=[L_z/(L+\delta_h)]\times N=[12000/(200)]\times124=7440$ 块

考虑 5%的损耗，实际订购的块数为 7440×1.05=7812 块，实际订购的质量为 7.49×7812=58512kg。

1♯锁缝砖订购量为 [12000/(200)]×3×6.43=1157kg。

2♯锁缝砖订购量为 [12000/(200)]×3×5.36=965kg。

总订购量为 58512+1157+965=60634kg。

4.3 型砖的搭配设计

对于只有一台回转窑或有几台相同规格回转窑的水泥企业，一般采取自行设计或选择回转窑的砖型，其优点是设计、采购、储存和砌筑施工都比较方便，缺点是耐火材料生产厂家在生产中需要频繁更换模具，不利于提高生产效率和产品的质量。对于有几种不同规格回转窑和有预热器等复杂不动设备的水泥企业，如果采取自行设计耐火砖，则砖型就过于复杂，不同规格、不同品种的耐火砖就会多达上百种，增加了耐火材料的储备量，不用时占压库

位，用时又不容易找出来，打开包装的耐火砖混在一起，有时无法区分，砌筑中很容易发生砌错事故，影响耐火砖的使用周期，这不仅增加了流动资金的占用量，而且有些长年没有使用的耐火砖，由于储存日久和管理不善而降低使用性能，甚至无法使用，造成不必要的浪费。搭配使用标准化的型砖，可以满足不同窑径衬砖的砌筑要求，这样就大大地减少了水泥企业所需耐火砖的种类，减少了耐火砖的储存量，缩短了耐火砖的储存周期，简化了耐火材料生产厂家的生产管理，缩短了交货周期，降低了耐火砖的生产成本和销售价格。这样由少数几家耐火材料生产大厂按国际标准统一供应各厂家不同直径的众多水泥窑用耐火砖。

目前，预分解窑配用的型砖主要有 VDZ 系列和 ISO 系列，表 7.4.4 列出了 VDZ 系列 B 型砖的砖码及规格，表 7.4.5 列出了 ISO 系列 π/3 型砖的砖码及规格。

表 7.4.4　VDZ 系列 B 型砖的砖码及规格

砖码	a (mm)	b (mm)	h (mm)	L (mm)	D (m)	容积 (dm³)	白云石砖	镁质、尖晶石质、镁铬质砖	黏土质高性能黏土质砖	高铝砖
B218	78.0	65.0	180	198	2.160	2.55	■	■		
B318	76.5	66.5	180	198	2.754	2.55	■	■		
B418	75.0	68.0	180	198	3.857	2.55	■	■		
B618	74.0	69.0	180	198	5.328	2.55	■	■		
＊B718	78.0	74.0	180	198	7.020	2.71	■	■		
B220	78.0	65.0	200	198	2.400	2.83	■	■		■
B320	76.5	66.5	200	198	3.060	2.83	■	■		
B420	75.0	68.0	200	198	4.286	2.83	■	■		■
B620	74.0	69.0	200	198	5.920	2.83	■	■		■
＊B820	78.0	74.0	200	198	7.800	3.01	■	■		
B222	78.0	65.0	220	198	2.640	3.11	■	■		
B322	76.5	66.5	220	198	3.366	3.11	■	■		
B422	75.0	68.0	220	198	4.714	3.11	■	■		
B622	74.0	69.0	220	198	6.512	3.11	■	■		
＊B822	78.0	74.0	220	198	8.580	3.31	■	■		

注：1. VDZ 系列是指国际通用系列，砖中部宽度（除表中带＊者外）恒定为 71.5mm；

　　2. 带"■"表示表中的耐火砖使用对应的 B 型砖进行搭配使用。

表 7.4.5　ISO 系列 π/3 型砖的砖码及规格

砖码	a (mm)	b (mm)	h (mm)	L (mm)	D (m)	容积 (dm³)	白云石砖	镁质、尖晶石质、镁铬质砖	黏土质高性能黏土质砖	高铝砖
216	103.0	86.0	160	198	1.939	2.99				■
316	103.0	92.0	160	198	2.996	3.09				■
218	103.0	84.0	180	198	1.952	3.33	■		■	
318	103.0	90.5	180	198	2.966	3.45			■	

砖码	a (mm)	b (mm)	h (mm)	L (mm)	D (m)	容积 (dm³)	白云 石砖	镁质、尖晶 石质、镁 铬质砖	黏土质 高性能 黏土质砖	高铝砖
418	103.0	93.5	180	198	3.903	3.50	■		■	
618	103.0	97.0	180	198	6.180	3.56	■		■	
220	103.0	82.0	200	198	1.962	3.66	■	■	■	■
320	103.0	89.0	200	198	2.943	3.80	■	■	■	■
420	103.0	92.5	200	198	3.924	3.87	■	■	■	■
520	103.0	94.7	200	198	4.964	3.91	■	■		■
620	103.0	96.2	200	198	6.059	3.94	■	■	■	■
820	103.0	97.8	200	198	7.923	3.98	■			
222	103.0	80.3	220	198	1.996	3.99	■	■	■	■
322	103.0	88.0	220	198	3.021	4.16	■	■	■	■
422	103.0	91.5	220	198	3.941	4.24	■	■	■	■
622	103.0	95.5	220	198	6.043	4.32	■	■	■	■
822	103.0	97.3	220	198	7.951	4.36	■	■	■	■
425	103.0	90.0	250	198	3.962	4.78				■
625	103.0	94.5	250	198	6.059	4.89				■

注：1. ISO 系列是指国际通用系列，砖的大头宽度恒定为 103mm；

2. 带"■"表示表中的耐火砖使用对应的 π/3 型砖进行搭配使用。

4.3.1 VDZ 系列 B 型砖的选型和配用

VDZ 系列的 B 型砖，中部宽度恒等于 71.5mm。由于砖的形状较薄，砌在回转窑内的每环砖的砖缝较多，对砖的热膨胀有较大的补偿作用，所以碱性砖的砖型选择 B 型最佳。

1. B 型砖选用原则

（1）砖高的选择。对于直径小于 3m 的窑，砖高 h 可选 160mm，直径大于 3m 的窑应按本项目的推荐值选择。

（2）直径的选择。从表 7.4.4 中可见，相同砖高系列的砖型，可以适用不同规格的直径。例如，砖高为 200mm 的系列砖型，B220 砖适用内径为 2400mm，B620 砖适用内径为 5920mm。如用 B220 和 B620 搭配，理论上可满足内径为 2400～5920mm 范围内任何直径的砌筑要求。

（3）两种砖的搭配比例最好控制在 1∶1～1∶2 之间比较理想，这样有利于砖衬紧靠在窑筒体，提高耐火砖的砌筑质量。

（4）尽量选择适用直径之差较大的两种砖，大小头尺寸差较大，易于用肉眼区分开来。

2. B 型砖的搭配计算

确定两种搭配的砖型，就可以推算出不同窑内径两种砖的搭配比例。以 B220 和 B620 两种砖型搭配为例，说明其推导过程。

已知 B220 型砖的规格是 $b/a \times h \times l = 65/78 \times 200 \times 198$；B620 型砖规格是 $b/a \times h \times l =$

69/74×200×198，采用洁净法砌筑，不加耐火胶泥和铁板。

设窑筒体内径为 D，每环用 B220 砖数量为 x 块，每环用 B620 砖数量为 y 块，则可以列出如下的两个方程：

$$78x + 74y = \pi D$$
$$65x + 69y = \pi(D - 2h)$$

解这个方程得：

$$x = 162.6 - 0.0275D \text{ 块/环}$$
$$y = 0.0714D - 174.4 \text{ 块/环}$$

实际应用时，只要将窑的内径值代入上式，即可求出每环 B220 和 B620 搭配比例数值。

例如，某水泥企业有 5 台内径不同的回转窑，采用 B220、B620 搭配都可以满足砌筑要求，计算的配砖结果如表 7.4.6 所示。

表 7.4.6　5 台回转窑的配砖

窑 别	筒体内径（mm）	每环配砖（块）	
		B620	B220
1#	3360	69	71
2#	2960	40	81
3#	3950	111	54
4#	4000	114	53
5#	3200	57	75

B 型砖为 71.5mm 等腰砖，在同一高度系列内体积都相同，可在表 7.4.4 中查到其规格。

3. VDZ 系列 B 型砖的配砖表

不同直径的回转窑搭配使用 B 型砖，可以参考表 7.4.7。

表 7.4.7　VDZ 系列 B 型砖的搭配设计表

砖型 内径	B218： B618	B318： B618	B418： B618	B418： B718	B220： B620	B320： B620	B420： B620	B420： B820	B222： B622	B322： B622	B422： B622	B422： B822
3300	56：81	89：48			72：64				88：47			
3300	57：78	91：44			73：61				89：44			
3400	53：88	84：57			69：72	111：30			86：54			
3400	54：86	87：53			71：68	113：26			87：51			
3500	50：96	80：66			66：79	106：39			83：61			
3500	52：92	82：62			68：75	108：35			84：58			
3600	47：103	76：74			64：85	102：47			80：69	127：21		
3600	49：99	78：70			65：82	104：43			81：65	130：16		
3700	45：110	72：83			61：93	98：56			77：76	124：29		
3700	46：107	74：79			62：90	100：52			79：72	126：25		
3800	42：117	67：92			58：100	93：65			74：83	119：38		

续表

砖型 内径	B218： B618	B318： B618	B418： B618	B418： B718	B220： B620	B320： B620	B420： B620	B420： B820	B222： B622	B322： B622	B422： B622	B422： B822
3800	43：114	69：88			60：96	95：61			76：79	121：34		
3900	39：124	63：100			56：107	89：74			72：90	115：47		
3900	41：120	65：96			57：103	91：69			73：86	117：42		
4000	37：131	58：110	146：22	154：13	53：114	84：83			69：97	110：56		
4000	38：128	61：105	152：14	157：8	54：111	87：78			71：93	113：51		
4100	34：138	54：118	135：37	149：22	50：121	80：91			66：104	106：64		
4100	35：135	56：114	141：29	152：17	51：118	82：87			68：100	108：60		
4200	31：146	50：127	124：53	144：31	47：129	76：100			64：111	102：73		
4200	32：142	52：122	130：44	147：26	49：124	78：95			65：107	104：68		
4300	28：153	45：136	113：68	139：40	44：146	71：109			61：118	97：82		
4300	30：149	48：131	119：60	142：34	46：132	74：104			62：115	100：77		
4400	25：160	41：144	102：83	134：48	42：143	67：118			58：126	93：91		
4400	27：156	43：140	108：75	137：43	43：139	69：113			60：121	95：86		
4500	23：167	36：154	91：99	129：57	49：150	62：127	156：33		53：133	88：100		
4500	24：163	39：148	97：90	132：52	40：126	65：121	162：24		57：128	91：94		
4600		32：162	80：114	124：66	36：157	58：135	145：48		52：140	84：108		
4600		35：157	87：105	127：61	38：153	61：130	152：39		54：136	87：103		
4700		28：171	69：130	119：75	34：164	54：144	134：64	158：37	50：147	80：117		
4700		30：166	76：120	122：70	35：160	56：139	141：54	161：32	51：143	82：112		
4800			58：145	114：84	31：171	49：153	123：79	153：46	47：154	75：126		
4800			65：135	116：79	32：167	52：147	130：60	157：40	49：149	78：120		
4900			47：160	109：93	28：179	45：162	112：95	148：55	44：162	71：135		
4900			45：151	111：88	30：174	48：156	119：85	152：49	46：157	74：129		
5000			36：176	103：102	25：186	40：177	101：111	143：64	42：168	66：144	166：44	
5000			43：166	107：96	27：181	43：155	108：100	146：58	43：164	69：138	173：34	
5100			25：191	98：111	22：193	46：179	90：125	138：73	39：175	62：152	155：59	178：34
5100			32：181	102：105	24：188	39：173	97：165	141：67	40：171	65：146	162：49	181：29
5200				93：120	20：200	32：188	79：141	133：82	36：183	58：161	144：75	173：43
5200				96：114	22：195	35：182	87：130	136：76	38：178	61：155	152：64	176：37
5300				88：129		27：197	68：156	128：90	33：190	53：170	133：90	168：52
5300				91：123		30：191	76：145	131：85	35：185	56：164	141：79	171：46
5400				83：138		23：205	57：171	122：100	31：197	46：179	122：166	163：61
5400				86：132		26：199	65：160	126：94	32：192	52：172	130：94	166：55
5500				78：147			46：187	117：109	28：204	44：188	111：121	158：70
5500				81：141			54：176	121：102	30：199	48：181	119：110	161：64

续表

内径＼砖型	B218：B618	B318：B618	B418：B618	B418：B718	B220：B620	B320：B620	B420：B620	B420：B820	B222：B622	B322：B622	B422：B622	B422：B822
5600				72：156			35：202	112：118	25：211	40：196	100：136	152：79
5600				76：150			43：191	116：111	27：206	43：190	108：125	156：73
5700				67：165			24：218	107：127	22：219	36：205	89：152	147：88
5700				71：158			32：206	111：120	24：213	39：198	97：140	151：81
5800				62：174				102：136	14：226	31：214	78：167	142：97
5800				66：167				106：129	22：220	35：207	87：155	146：90
5900				57：183				97：144		27：223	67：183	137：106
5900				61：176				101：137		30：216	76：170	141：99
6000				52：192				92：153		23：231	56：198	132：115
6000				56：185				96：146		26：224	65：185	136：108

注：窑径相同时，第一行表示没有缝隙的配砖比，第二行表示有 1mm 砖缝的配砖比。

4.3.2　ISO 系列 π/3 型砖的选择和配用

ISO 系列砖也称 π/3 砖，其特点是大头为 π/3 的 100 倍，即 π/3×100＝104.7mm，考虑去掉 1.7mm 的灰缝，大头恒等于 103mm，比较适用于硅铝质耐火砖。

1. π/3 砖规格的选择

（1）π/3 砖高度 h 的选择。

窑内径小于 3m 的，砖高 h 选 120～160mm，其余按项目的推荐值选择。

（2）适用直径的选择原则与 B 型砖相同。

2. π/3 砖的搭配计算

π/3 型砖的搭配计算过程与 B 型相同，现以 π/3 砖的 218 及 618 砖的搭配计算为例。

已知 218 砖的规格是 $b/a×h×l＝84/103×180×198$；618 砖的规格是 $b/a×h×l＝97/103×180×198$，采用耐火胶泥砌筑，缝隙取 $δ＝2$mm。

设每环用 218 砖的数量为 x 块，每环用 618 砖的数量为 y 块，则可以列出如下的两个方程：

$$(103＋2)(x＋y)＝πD$$
$$x(84＋2)＋y(97＋2)＝π(D－2h)$$

解这个方程得：$x＝87－0.0138D$
$$y＝0.0437D－87$$

实际应用时，只要将窑的内径值代入上式，即可求出每环 218 和 618 砖的搭配比例数值。

例如，某水泥企业有 5 台内径不同的回转窑，采用耐火胶泥砌筑，缝隙取 $δ＝2$mm。采用 218、618 搭配都可以满足砌筑要求，计算的配砖结果如表 7.4.8 所示。

表 7.4.8　5 台回转窑的配砖

窑　别	筒体内径（mm）	每环配砖（块）	
		π/3 型 618 砖	π/3 型 218 砖
1#	3360	60	41
2#	2960	42	46
3#	3950	86	33
4#	4000	88	32
5#	3200	53	43

3. ISO 系列 π/3 型砖的配砖表

不同直径的回转窑搭配使用 π/3 型砖，可以参考表 7.4.9。

表 7.4.9　ISO 系列 π/3 型砖的搭配设计表

砖型 ＼ 窑径	218：618	318：618	418：618	220：620	320：620	420：620	420：820	222：622	322：622	422：622	422：822	425：625
3300	41：60	81：20		40：61	80：21			41：60	84：17			
3300	41：59	82：18		41：59	81：19			42：58	85：15			
3400	39：65	78：26		39：65	77：27			60：64	81：23			
3400	40：63	79：24		39：64	78：25			40：63	82：21			
3500	38：69	76：31		37：70	74：33			38：69	78：29			
3500	38：68	77：29		38：68	75：31			39：67	79：27			
3600	36：74	73：37		36：74	71：39			37：73	75：35			
3600	37：72	74：35		37：72	72：37			37：72	76：33			
3700	35：78	70：43		35：78	68：45			35：78	74：41			
3700	36：76	71：41		35：77	69：43			36：76	73：39			
3800	34：82	67：49		33：83	65：51			34：82	66：48			
3800	34：81	68：47		34：81	66：49			34：81	70：45			
3900	32：87	64：55		32：87	62：57			32：87	65：54			
3900	33：85	65：53		32：86	63：55			33：85	67：51			
4000	31：91	61：61		30：92	59：63			31：91	62：60			
4000	31：90	63：58		31：90	60：61			30：90	64：57			
4100	29：96	59：66		29：96	56：69			29：96	59：66			113：12
4100	30：94	60：64		29：95	58：66			30：94	61：63			115：9
4200	28：100	56：72	103：25	27：101	53：75	104：24		28：100	56：72	105：23		107：21
4200	29：98	57：70	106：21	28：99	55：72	107：20		28：99	57：70	108：19		109：18
4300	26：105	53：78	98：33	26：105	51：80	99：32	108：23	26：105	53：78	100：31	109：22	101：30
4300	27：103	54：76	101：29	26：104	52：78	101：29	110：20	27：103	54：76	102：28	111：19	104：26
4400	25：109	50：84	93：41	24：110	48：86	93：41	105：29	25：109	50：84	94：40	106：28	95：39
4400	26：107	51：82	95：38	25：108	49：84	95：38	107：26	25：108	51：82	96：37	108：25	98：35

续表

砖型 窑径	218： 618	318： 618	418： 618	220： 620	320： 620	420： 620	420： 820	222： 622	322： 622	422： 622	422： 822	425： 625
4500	24：113	47：90	88：49	23：114	45：92	87：50	102：35	23：114	47：90	88：49	103：34	90：47
4500	24：112	49：87	90：46	23：113	46：90	90：46	104：32	24：112	48：88	91：45	105：31	92：44
4600	22：118	44：96	82：58	21：119	42：98	82：58	99：41	22：118	44：96	82：58	100：40	84：56
4600	23：116	46：93	85：54	22：117	43：96	84：55	101：38	22：117	45：94	85：54	107：37	87：52
4700	21：112	41：102	77：66	22：123	39：104	76：67	96：47	20：123	41：102	77：66	97：46	78：65
4700	21：121	43：99	80：62	21：121	40：102	79：63	98：44	21：121	42：100	79：63	99：43	81：61
4800		37：107	72：74		36：110	70：76	93：53	18：128	38：108	71：75	94：52	72：74
4800		40：105	75：70		38：107	73：72	95：50	19：126	39：106	74：71	96：40	75：70
4900		36：113	67：82		33：116	65：84	90：59	17：132	35：114	65：84	91：58	67：82
4900		37：111	69：79		35：113	68：80	92：56	18：130	36：112	68：80	93：55	69：79
5000		33：120	62：91		31：122	60：93	88：65	16：137	32：121	60：93	89：64	61：92
5000		35：116	64：87		32：119	62：89	89：62	16：135	33：118	62：89	90：61	64：87
5100		31：125	57：99		28：128	54：102	81：71		29：127	54：102	86：70	55：101
5100		32：122	59：95		29：125	56：98	86：68		30：124	57：89	87：67	58：96
5200		28：131	51：108		25：134	48：111	82：77		25：133	48：111	83：76	50：109
5200		29：128	54：103		26：131	51：106	83：74		27：130	51：106	84：73	52：105
5300		25：137	46：116		22：140	43：119	79：83		23：139	43：119	80：82	44：118
5300		26：134	49：111		23：137	45：115	80：80		24：136	45：115	81：79	47：113
5400					19：146	37：128	76：89		20：145	37：128	77：88	38：127
5400					20：143	40：123	77：86		21：142	40：123	78：85	41：122
5500						31：137	73：95			31：137	74：94	32：136
5500						34：132	74：92			34：132	75：91	35：131
5600						26：145	70：101			25：146	71：100	27：144
5600						29：140	71：98			28：141	72：97	29：140
5700						20：154	67：107			20：154	68：106	21：153
5700						23：149	68：104			23：149	69：103	24：148
5800							64：113				65：112	15：62
5800							65：110				66：109	18：157
5900							61：119				61：119	9：171
5900							62：116				63：115	12：166
6000							58：125				58：125	3：180
6000							59：122				60：121	7：174

注：窑径相同时，第一行表示没有缝隙的配砖比，第二行表示有 1mm 砖缝的配砖比。

思 考 题

1. 简述耐火材料的力学性能。
2. 简述耐火材料的物理性能。
3. 简述耐火材料的热学性能。
4. 简述耐火材料的力学性能。
5. 简述耐火材料的使用性能。
6. 简述回转窑常用耐火砖的作用及技术要求。
7. 简述预分解窑常用碱性砖的技术性能及使用注意事项。
8. 简述预分解窑常用耐火浇注料种类及技术性能。
9. 简述预分解窑衬砖的砌筑方法。
10. 简述预分解窑衬砖的砌筑施工。
11. 简述预分解窑的砖型选用原则。
12. 简述预分解窑的砖型设计步骤。
13. 简述 VDZ 系列 B 型砖的选型和配用。
14. 简述 ISO 系列 $\pi/3$ 型砖的选择和配用。

参考文献

［1］ 赵晓东．水泥中控操作员［M］．北京：中国建材工业出版社，2014．

［2］ 赵晓东．水泥煅烧工艺及设备［M］．北京：中国建材工业出版社，2014．

中国建材工业出版社
China Building Materials Press

我们提供

图书出版、图书广告宣传、企业/个人定向出版、设计业务、企业内刊等外包、代选代购图书、团体用书、会议、培训，其他深度合作等优质高效服务。

编辑部	宣传推广	出版咨询	图书销售	设计业务
010-88364778	010-68361706	010-68343948	010-88386906	010-68361706

邮箱：jccbs-zbs@163.com　　网址：www.jccbs.com.cn

发展出版传媒　　服务经济建设

传播科技进步　　满足社会需求